建筑工程施工现场管理人员必备系列

JIANZHU GONGCHENG SHIGONG XIANCHANG GUANLI RENYUAN BIBEI XILIE

施工员

必·知·要·点

王 振 主编

化学工业出版社
·北京·

本书依据《建筑与市政工程施工现场专业人员职业标准》（JGJ/T 250—2011）、《建筑地基处理技术规范》（JGJ 79—2012）、《砌体结构工程施工质量验收规范》（GB 50203—2011）、《混凝土结构工程施工规范》（GB 50666—2011）、《钢结构工程施工规范》（GB 50755—2012）、《地下防水工程质量验收规范》（GB 50208—2011）、《屋面工程质量验收规范》（GB 50207—2012）、《屋面工程技术规范》（GB 50345—2012）、《建筑工程冬期施工规程》（JGJ/T 104—2011）等国家现行标准编写。本书共分为八章，包括：基础知识、地基与基础工程、砌体工程、混凝土结构工程、钢结构工程、防水与屋面工程、装饰装修工程以及冬期工程等。

本书可供施工技术人员、现场管理人员、相关专业大中专院校的师生学习参考。

图书在版编目（CIP）数据

施工员必知要点/王振主编．—北京：化学工业出版社，2013.10（2015.3 重印）
（建筑工程施工现场管理人员必备系列）
ISBN 978-7-122-18315-6

Ⅰ.①施…　Ⅱ.①王…　Ⅲ.①建筑工程-工程施工-基本知识　Ⅳ.①TU74

中国版本图书馆 CIP 数据核字（2013）第 205851 号

责任编辑：彭明兰　徐　娟　　　装帧设计：刘丽华
责任校对：边　涛

出版发行：化学工业出版社
（北京市东城区青年湖南街 13 号　邮政编码 100011）
印　　装：北京科印技术咨询服务公司海淀数码印刷分部
850mm×1168mm　1/32　印张 10¾　字数 280 千字
2015 年 3 月北京第 1 版第 2 次印刷

购书咨询：010-64518888（传真：010-64519686）
售后服务：010-64518899
网　　址：http://www.cip.com.cn
凡购买本书，如有缺损质量问题，本社销售中心负责调换。

定　　价：35.00 元　　　

前言

随着我国国民经济持续、稳定发展以及人民生活水平的不断提高，我国国民经济的支柱产业——建筑业得到了迅猛发展，施工队伍日益壮大。本书根据《建筑与市政工程施工现场专业人员职业标准》（JGJ/T 250—2011）、《建筑地基处理技术规范》（JGJ 79—2012）、《砌体结构工程施工质量验收规范》（GB 50203—2011）、《混凝土结构工程施工规范》（GB 50666—2011）、《钢结构工程施工规范》（GB 50755—2012）、《地下防水工程质量验收规范》（GB 50208—2011）、《屋面工程质量验收规范》（GB 50207—2012）、《屋面工程技术规范》（GB 50345—2012）、《建筑工程冬期施工规程》（JGJ/T 104—2011）等相关规范和标准编写而成的。

本套丛书体例新颖，内容以“必知要点”形式表达，从工作实际需求出发，力求使读者查找知识点时一目了然，快速掌握知识，提高学习效率。本书共分为八章，包括：基础知识、地基与基础工程、砌体工程、混凝土结构工程、钢结构工程、防水与屋面工程、装饰装修工程以及冬期工程等。本书可供施工技术人员、现场管理人员、相关专业大中专院校的师生学习参考。

本书由王振主编，王文胜、王霞、代斌、田文静、刘恰、吕军、孙奇涵、朱永新、吴善喜、张文权、金慧、杨丕鑫、解兆谦、吴铁强、陈伟军参与编写。

本书在编写过程中参考了许多优秀书籍、专著等资料，并得到了业内有关人士的大力支持，在此表示衷心的感谢。由于编者的经验和学识有限，尽管编者尽心尽力、反复推敲核实，但仍不免有疏漏之处，恳请广大读者提出宝贵意见，以便做进一步修改和完善。

编者

2013.06

目录

第1章

基础知识

必知要点1：施工员的工作职责

施工员的工作职责宜符合表1-1的规定。

表1-1 施工员的工作职责

项次	分类	主要工作职责
1	施工组织策划	① 参与施工组织管理策划 ② 参与制定管理制度
2	施工技术管理	③ 参与图纸会审、技术核定 ④ 负责施工作业班组的技术交底 ⑤ 负责组织测量放线、参与技术复核
3	施工进度成本控制	⑥ 参与制定并调整施工进度计划、施工资源需求计划，编制施工作业计划 ⑦ 参与做好施工现场组织协调工作，合理调配生产资源；落实施工作业计划 ⑧ 参与现场经济技术签证、成本控制及成本核算 ⑨ 负责施工平面布置的动态管理
4	质量安全环境管理	⑩ 参与质量、环境与职业健康安全的预控 ⑪ 负责施工作业的质量、环境与职业健康安全过程控制，参与隐蔽、分项、分部和单位工程的质量验收 ⑫ 参与质量、环境与职业健康安全问题的调查，提出整改措施并监督落实
5	施工信息资料管理	⑬ 负责编写施工日志、施工记录等相关施工资料 ⑭ 负责汇总、整理和移交施工资料

必知要点2: 施工员的专业要求

（1）施工员应具备表1-2规定的专业技能。

表1-2 施工员应具备的专业技能

项次	分类	专业技能
1	施工组织策划	① 能够参与编制施工组织设计和专项施工方案
2	施工技术管理	② 能够识读施工图和其他工程设计、施工等文件 ③ 能够编写技术交底文件,并实施技术交底 ④ 能够正确使用测量仪器,进行施工测量
3	施工进度成本控制	⑤ 能够正确划分施工区段,合理确定施工顺序 ⑥ 能够进行资源平衡计算,参与编制施工进度计划及资源需求计划,控制调整计划 ⑦ 能够进行工程量计算及初步的工程计价
4	质量安全环境管理	⑧ 能够确定施工质量控制点,参与编制质量控制文件、实施质量交底 ⑨ 能够确定施工安全防范重点,参与编制职业健康安全与环境技术文件、实施安全和环境交底 ⑩ 能够识别、分析、处理施工质量和危险源 ⑪ 能够参与施工质量、职业健康安全与环境问题的调查分析
5	施工信息资料管理	⑫ 能够记录施工情况,编制相关工程技术资料 ⑬ 能够利用专业软件对工程信息资料进行处理

（2）施工员应具备表1-3规定的专业知识。

表1-3 施工员应具备的专业知识

项次	分类	专业知识
1	通用知识	① 熟悉国家工程建设相关法律法规 ② 熟悉工程材料的基本知识 ③ 掌握施工图识读、绘制的基本知识 ④ 熟悉工程施工工艺和方法 ⑤ 熟悉工程项目管理的基本知识
2	基础知识	⑥ 熟悉相关专业的力学知识 ⑦ 熟悉建筑构造、建筑结构和建筑设备的基本知识 ⑧ 熟悉工程预算的基本知识 ⑨ 掌握计算机和相关资料信息管理软件的应用知识 ⑩ 熟悉施工测量的基本知识

续表

项次	分类	专业知识
3	岗位知识	⑪ 熟悉与本岗位相关的标准和管理规定 ⑫ 掌握施工组织设计及专项施工方案的内容和编制方法 ⑬ 掌握施工进度计划的编制方法 ⑭ 熟悉环境与职业健康安全管理的基本知识 ⑮ 熟悉工程质量管理的基本知识 ⑯ 熟悉工程成本管理的基本知识 ⑰ 了解常用施工机械机具的性能

第2章 地基与基础工程

必知要点3：土方开挖

土方工程的施工过程主要包括：土方开挖、运输、填筑与压实等。应尽量采用机械施工，以加快施工速度。常用的施工机械有：推土机、铲运机、装载机、单斗挖土机等。土方工程施工前通常需完成以下准备工作：施工现场准备，土方工程的测量放线和编制施工组织设计等。有时还需完成以下辅助工作：基坑、沟槽的边坡保护、土壁的支撑、降低地下水位等。

1. 土方边坡

土方开挖过程中及开挖完毕后，基坑（槽）边坡土体由于自重产生的下滑力在土体中产生剪应力，该剪应力主要靠土体的内摩阻力和内聚力平衡，一旦土体中力的体系失去平衡，边坡就会塌方。

为了避免不同土质的物理性能、开挖深度、土的含水率对边坡土壁的稳定性产生影响而导致塌方，在土方开挖时将坑、槽挖成上口大、下口小的形状，依靠土的自稳性能保持土壁的相对稳定。

土方边坡用边坡坡度和边坡系数表示，两者互为倒数，工程中常以 $1:m$ 表示放坡。边坡坡度是以土方挖土深度 H 与边坡底宽 B 之比表示，如图 2-1 所示，即：

$$土方边坡坡度=\frac{H}{B}=\frac{1}{m} \tag{2-1}$$

式中　m——边坡系数，$m=\frac{B}{H}$。

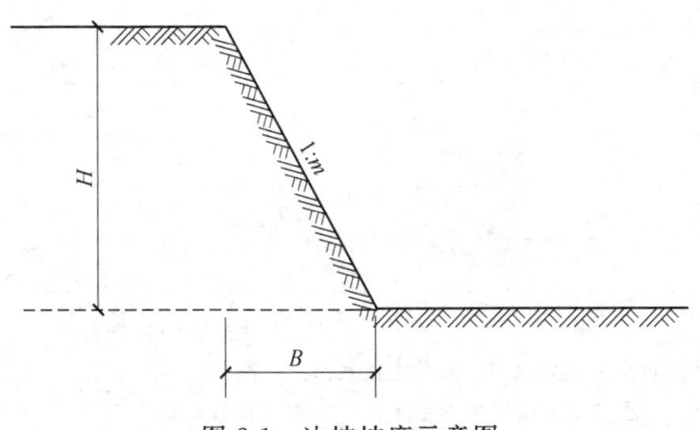

图 2-1　边坡坡度示意图

土方边坡的大小主要与土质、开挖深度、开挖方法、边坡留置时间的长短、坡顶荷载状况、降排水情况及气候条件等有关。根据各层土质及土体所受到的压力，边坡可做成直线形、折线形或阶梯形，以减少土方量。当土质均匀、湿度正常，地下水位低于基坑（槽）或管沟底面标高，且敞露时间不长时，挖方边坡可做成直立壁不加支撑，但深度不宜超过下列规定：

密实、中密的砂土和碎石类土（充填物为砂土）1.0m；

硬塑、可塑的粉土及粉质黏土 1.25m；

硬塑、可塑的黏土和碎石类土（充填物为黏性土）1.5m；

坚硬的黏土 2m。

挖方深度超过上述规定时，应考虑放坡或做成直立壁加支撑。

当土的湿度、土质及其他地质条件较好且地下水位低于基坑（槽）或管沟底面标高时，挖方深度在 5m 以内可放坡开挖不加支撑的，其边坡的最陡坡度经验值应符合表 2-1 的规定。

永久性挖方边坡应按设计要求放坡。对使用时间较长的临时性挖方边坡坡度，根据现行规范，其边坡的挖方深度及边坡的最陡坡度应符合表 2-2 的规定。

表 2-1　挖方深度在 5m 以内不加支撑的边坡的最陡坡度

土的类别	边坡坡度(高∶宽)		
	坡顶无荷载	坡顶有静载	坡顶有动载
中密的砂土	1∶1.00	1∶1.25	1∶1.50
中密的碎石类土(充填物为砂土)	1∶0.75	1∶1.00	1∶1.25
硬塑的粉土	1∶0.67	1∶0.75	1∶1.00
中密的碎石类土(充填物为黏土)	1∶0.50	1∶0.67	1∶0.75
硬塑的粉质黏土、黏土	1∶0.33	1∶0.50	1∶0.67
老黄土	1∶0.1	1∶0.25	1∶0.33
软土(经井点降水后)	1∶1.00	—	—

注：静载指堆土或材料等；动载指机械挖土或汽车运输作业等。静载或动载距挖方边缘的距离应保证边坡和直立壁的稳定；堆土或材料应距挖方边缘 0.8m 以外，高度不超过 1.5m。

表 2-2　临时性挖方边坡值

土的类别		边坡值(高∶宽)
砂土(不包括细砂、粉砂)		1∶1.25～1∶1.50
一般性黏土	硬	1∶0.75～1∶1.00
	硬、塑	1∶1.00～1∶1.25
	软	1∶1.50 或更缓
碎石类土	充填坚硬、硬塑黏性土	1∶0.50～1∶1.00
	充填砂土	1∶1.00～1∶1.50

注：1. 设计有要求时，应符合设计标准。

2. 如采用降水或其他加固措施，可不受本表限制，但应计算复核。

3. 开挖深度，对软土不应超过 4m，对硬土不应超过 8m。

2. 土壁支撑

土壁支撑是土方施工中的重要工作。应根据工程特点、地质条件、现有的施工技术水平、施工机械设备等合理选择支护方案，保证施工质量和安全。土壁支撑有较多的方式。

(1) 横撑式支撑　当开挖较窄的沟槽时多采用横撑式支撑。即采用横竖楞木、横竖挡土板、工具式横撑等直接进行支撑。可分为水平挡土板和垂直挡土板两种，如图 2-2 所示。这种支撑形式施工较为方便，但支撑深度不宜太大。

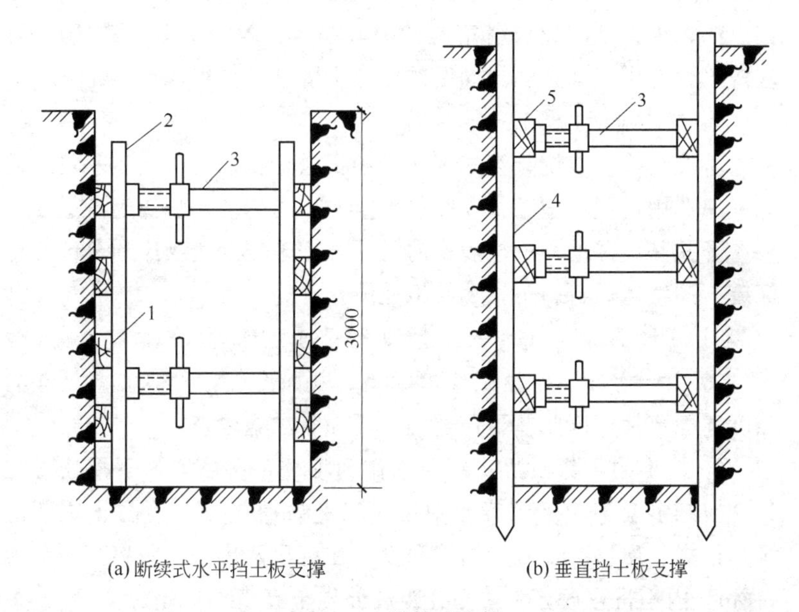

(a) 断续式水平挡土板支撑　　(b) 垂直挡土板支撑

图 2-2　横撑式支撑

1—水平挡土板；2—竖楞木；3—工具式横撑；4—竖直挡土板；5—横楞木

采用横撑式支撑时，应随挖随撑，支撑牢固。施工中应经常检查，如有松动、变形等现象时，应及时加固或更换。支撑的拆除应按回填顺序依次进行，多层支撑应自下而上逐层拆除，随拆随填。拆除支撑时，应防止附近建筑物和构筑物等产生下沉和破坏，必要时应采取妥善的保护措施。

(2) 桩墙式支撑　桩墙式支撑中有许多的支撑方式，如：钢板桩、预制钢筋混凝土板桩等连续式排桩，预制钢筋混凝土桩、人工挖孔灌注桩、钻孔灌注桩、沉管灌注桩、H 型钢桩、工字型钢桩等分离式排桩，地下连续墙、有加劲钢筋的水泥土支护墙等。

(3) 重力式支撑　通过加固基坑周边的土形成一定厚度的重力式墙，达到挡土的目的。如：水泥粉喷桩、深层搅拌水泥支护结构、高压旋喷帷幕墙、化学注浆防渗挡土墙等。

(4) 土钉、喷锚支护　土钉、喷锚支护是一种利用加固后的原位土体来维护基坑边坡稳定的支护方法。一般由土钉（锚杆）、钢丝网喷射混凝土面板和加固后的原位土体三部分组成。

3. 基坑（槽）开挖

基坑（槽）开挖分为人工开挖和机械开挖，对于大型基坑应优先考虑选用机械化施工，以减轻繁重的体力劳动，加快施工进度。

开挖基坑（槽）应按规定的尺寸合理确定开挖顺序和分层开挖深度，连续地进行施工，尽快地完成。

(1) 开挖基坑（槽）时　应符合下列规定。

① 由于土方开挖施工要求标高、断面准确，土体应有足够的强度和稳定性，因此在开挖过程中要随时注意检查。

② 挖出的土除预留一部分用作回填外，在场地内不得任意堆放，应把多余的土运到弃土地区，以免妨碍施工。为防止坑壁滑塌，根据土质情况及坑（槽）深度，在坑顶两边一定距离（一般为0.8m）内不得堆放弃土，在此距离外堆土高度不得超过1.5m，否则，应验算边坡的稳定性，在柱基周围、墙基或围墙一侧，不得堆土过高。

③ 在坑边放置有动载的机械设备时，也应根据验算结果，离开坑边较远距离，如地质条件不好，还应采取加固措施。

为防止基底土（尤其是软土）受到浸水或其他原因的扰动，基坑（槽）挖好后，应立即做垫层或浇筑基础，否则，挖土时应在基底标高以上保留150～300mm厚的土层，待基础施工时再行挖去。

④ 如用机械挖土，为防止扰动基底土，破坏结构，不应直接挖到坑（槽）底，应根据机械种类，在基底标高以上留出200～300mm厚的土层，待基础施工前用人工铲平修整。

挖土不得挖至基坑（槽）的设计标高以下，如果个别处超挖，应用与基土相同的土料填补，并夯实到要求的密实度。如果用当地土填补不能达到要求的密实度时，应用碎石类土填补，并仔细夯实到要求的密实度。如果在重要部位超挖时，可用低强度等级的混凝土填补。

(2) 在软土地区开挖基坑（槽）时　尚应符合下列规定。

① 施工前必须做好地面排水和降低地下水位工作，地下水位应降低至基坑底以下 0.5～1.0m 后，方可开挖。降水工作应持续到回填完毕。

② 施工机械行驶道路应填筑适当厚度的碎石或砾石，必要时应铺设工具式路基箱（板）或梢排等。

③ 开挖相邻基坑（槽）时，应遵循先深后浅或同时进行的施工顺序，并应及时做好基础。

④ 在密集群桩上开挖基坑时，应在打桩完成后间隔一段时间，再对称挖土。在密集群桩附近开挖基坑（槽）时，应采取措施防止桩基位移。

⑤ 挖出的土不得堆放在坡顶上或建筑物附近。

4. 深基坑开挖

深基坑一般采用“分层开挖，先撑后挖”的开挖原则。基坑深度较大时，应分层开挖，以防开挖面的坡度过陡，引起土体位移、坑底面隆起、桩基侧移等异常现象发生。深基坑一般都采用支护结构以减小挖土面积，防止边坡塌方。

深基坑开挖注意事项如下。

① 在挖土和支撑过程中，对支撑系统的稳定性要有专人检查、观测，并做好记录。若发生异常，应立即查清原因，采取针对性技术措施。

② 开挖过程中，对支护墙体出现的水土流失现象应及时进行封堵，同时留出泄水通道，严防地面大量沉陷、支护结构失稳等灾害性事故的发生。

③ 严格限制坑顶周围堆土等超载，适当限制与隔离坑顶周围振动荷载作用。

④ 开挖过程中，应定时检查井点降水深度。

⑤ 应做好机械上下基坑坡道部位的支护。严禁在挖土过程中碰撞支护结构体系和工程桩，严禁损坏防渗帷幕。基坑挖土时，将挖土机械、车辆的通道布置、挖土的顺序及周围堆土位置安排等列为对周围环境的影响因素进行综合考虑。

⑥ 深基坑开挖过程中，随着土的挖除，下层土因逐渐卸载而有可能回弹，尤其在基坑挖至设计标高后，如搁置时间过久，回弹更为显著。对深基坑开挖后的土体回弹，应有适当的估计，如在勘察阶段，土样的压缩试验中应补充卸荷弹性试验等。还可以采取结构措施，在基底设置桩基等，或事先对结构下部土质进行深层地基加固。施工中减少基坑弹性隆起的一个有效方法是把土体中有效应力的改变降低到最少。具体方法有加速建造主体结构，或逐步利用基础的质量来代替被挖去土体的质量，或采用逆筑法施工（先施工主体，再施工基础）。

⑦ 基坑（槽）开挖后应及时组织地基验槽，并迅速进行垫层施工，防止暴晒和雨水浸刷，使基坑（槽）的原状结构被破坏。

必知要点 4：土方回填

1. 土方回填的要求

（1）对回填土料的选择　选择回填土料应符合设计要求。如设计无要求时，应符合下列规定。

① 碎石类土、砂土和爆破石碴（粒径不大于每层铺填厚度的2/3），可用于表层以下的填料。

② 含水量符合压实要求的黏性土，可用作各层填料。

③ 淤泥和淤泥质土一般不能用作填料，但在软土或沼泽地区，经过处理、含水量符合压实要求后，可用于填方中的次要部位。

④ 碎块草皮和有机质含量大于8%的土，仅用于无压实要求的填方。

⑤ 含盐量符合规定的盐渍土，一般可以使用，但在填方上部的建筑物应采取防盐、碱侵蚀的有效措施。填料中不准含有盐晶、

盐粒或含盐植物的根茎。

⑥ 填方土料为黏性土时，填土前应检查其含水量，含水量高的黏土不宜作为回填土使用。淤泥、冻土、膨胀性土及有机物质含量大于8%的土以及硫酸盐含量大于5%的土不能作为回填土料使用。

（2）对回填基底的处理　对回填基底的处理应符合设计要求。设计无要求时，应符合下列规定。

① 基底上的树墩及主根应拔除，应清除坑穴的积水、淤泥和杂草、杂物等，并按规定分层回填夯实。

② 在建筑物和构筑物地面下的填方或厚度小于0.5m的填方，应清除基底上的草皮和垃圾。

③ 在土质较好的平坦地上（地面坡度不陡于1/10）填方时，可不清除基底上的草皮，但应割除长草。

④ 在稳定山坡上填方，应防止填土横向移动，当山坡坡度为1/10～1/5时，应清除基底上的草皮。坡度陡于1/5时，应将基底挖成阶梯形，阶宽不小于1m。

⑤ 当填方基底为耕植土或松土时，应将基底碾压密实。

⑥ 在水田、沟渠或池塘上填方前，应根据实际情况采用排水疏干，挖除淤泥或抛填块石、砂砾、矿渣等方法处理后，再进行填土。

（3）土方回填施工要求

① 土方回填前，应根据工程特点、填料种类、设计压实系数、施工条件等合理选择压实机具，并确定填料含水量控制范围、铺土厚度和压实遍数等参数。对于重要的土方回填工程或采用新型压实机具时，上述参数应通过填土压实试验确定。

② 填土密实度以设计规定的压实系数λ作为检查标准。压实系数是指土的实际干密度与最大干密度之比，土的实际干密度在现场采用环刀法、灌水法或灌砂法实测而得，土的最大干密度一般在试验室由击实试验确定。

③ 土方回填施工应接近水平分层填土和夯实，在测定压实后土的干密度、检验其压实系数和压实范围均符合设计要求后，才能填筑上层土方。填土压实的质量要求和取样数量应符合相关规范的规定。

④ 填土应尽量采用同类土填筑。如采用不同填料分层填筑时，为防止填方内形成水囊，上层宜填筑透水性较小的填料，下层宜填筑透水性较大的填料，填方基底表面应做成适当的排水坡度，边坡不得用透水性较小的填料封闭。因施工条件限制，上层必须填筑透水性较大的填料时，应将下层透水性较小的土层表面做成适当的排水坡度或设置盲沟。

⑤ 分段填筑时，每层接缝处应做成斜坡形，碾压重叠宽度为0.5～1.0m。上下层接缝应错开，错开宽度不应小于1m。

⑥ 回填基坑和管沟时，应从四周或两侧均匀地分层进行，以防基础和管道在土压力作用下产生偏移或变形。

2. 填土压实的方法

填土压实方法有碾压、夯实和振动压实三种。

(1) 碾压法　是靠机械的滚轮在土表面反复滚压，靠机械自重将土压实。

碾压机械有光面碾（压路机）、羊足碾和气胎碾。还可利用运土机械进行碾压。

碾压机械压实填方时，行驶速度不宜过快，一般平碾控制在2km/h，羊足碾控制在3km/h。否则会影响压实效果。

用碾压法压实填土时，铺土应均匀一致，碾压遍数应一样，碾压方向以从填土区的两边逐渐压向中心，每次碾压应有150～200mm的重叠。

(2) 夯实法　是利用夯锤的冲击来达到使基土密实的目的。

夯实法分人工夯实和机械夯实两种。夯实机械有夯锤、内燃夯土机和蛙式打夯机。人工夯土用的工具有木夯、石夯等。

夯实法的优点是可以夯实较厚的土层。采用重型夯土机（如

1t 以上的重锤）时，其夯实厚度可达 1～1.5m。但对木夯、石夯或蛙式打夯机等夯土工具，其夯实厚度则较小，一般均在 200mm 以内。

（3）振动压实法　是将重锤放在土层的表面或内部，借助于振动设备使重锤振动，土壤颗粒即发生相对位移达到紧密状态。此法用于振实非黏性土效果较好。

3. 填土压实的影响因素

填土压实的影响因素较多，主要有压实功、土的含水量以及每层铺土厚度。

（1）压实功的影响　填土压实后的密度与压实机械在其上所施加的功有一定的关系。土的密度与压实功的关系如图 2-3 所示。当土的含水量一定，在开始压实时，土的密度急剧增加，待到接近土的最大密度时，压实功虽然增加许多，而土的密度则变化甚小。实际施工中，对不同的土应根据选择的压实机械和密实度要求选择合理的压实遍数，如：对于砂土只需碾压或夯击 2～3 遍，对于粉土只需 3～4 遍，对于粉质黏土或黏土只需 5～6 遍。此外，松土不宜用重型碾压机械直接滚压，否则土层有强烈起伏现象，效率不高。如果先用轻碾压实，再用重碾压实就会取得较好效果。

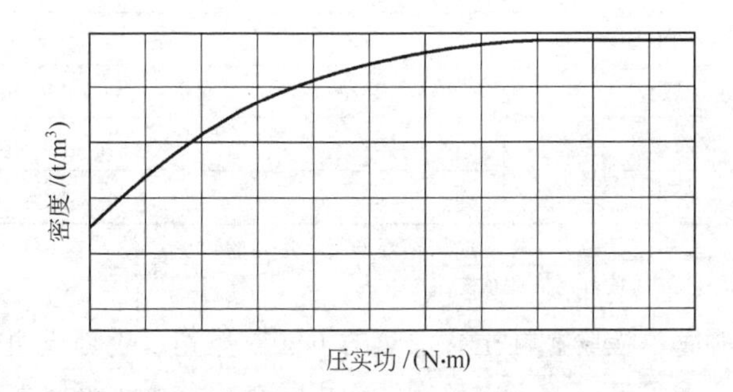

图 2-3　土的密度与压实功的关系示意图

（2）含水量的影响　在同一压实功条件下，填土的含水量对压实质量有直接影响。较为干燥的土，由于土颗粒之间的摩阻力较大，因而不易压实。当含水量超过一定限度时，土颗粒之间孔隙由水填充而呈饱和状态，也不能压实。当土的含水量适当时，水起了润滑作用，土颗粒之间的摩阻力减少，压实效果最好。各种土壤都有其最佳含水量。土在这种含水量的条件下，使用同样的压实功进行压实，所得到的密度最大（图 2-4），各种土的最佳含水量和最大干密度可参考表 2-3。

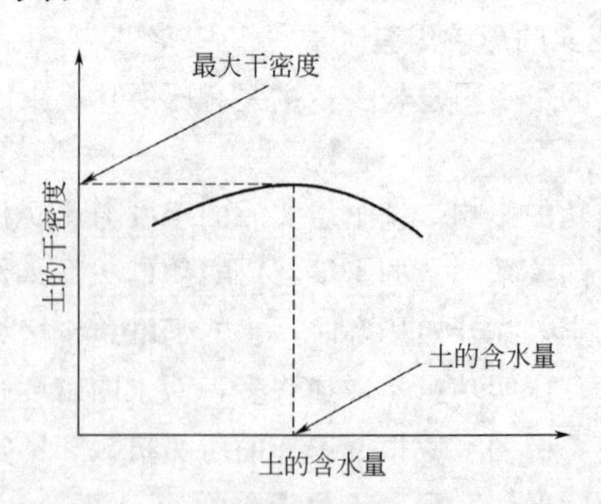

图 2-4　土的干密度与含水量的关系示意图

表 2-3　土的最佳含水量和最大干密度参考表

土的种类	变动范围	
	最佳含水量(质量比)/%	最大干密度/(g/cm³)
砂土	8～12	1.80～1.88
黏土	19～23	1.58～1.70
粉质黏土	12～15	1.85～1.95
粉土	16～22	1.61～1.80

注：1. 表中土的最大干密度应根据现场实际达到的数字为准。
2. 一般性的回填可不做此项测定。

工地简单检验黏性土含水量的方法一般是以手握成团落地开花为适宜。为了保证填土在压实过程中处于最佳含水量状态，当土过湿时应予翻松晾干，也可掺入同类干土或吸水性土料，过干时，则应预先洒水润湿。

(3) 铺土厚度的影响　土在压实功的作用下，土壤内的应力随深度增加而逐渐减小（图 2-5），其影响深度与压实机械、土的性质和含水量等有关。铺土厚度应小于压实机械压土时的作用深度。最优的铺土厚度应能使土方压实而机械的功耗费最少，可按照表 2-4 选用。在表 2-4 中规定的压实遍数范围内，轻型压实机械取大值，重型的则取小值。

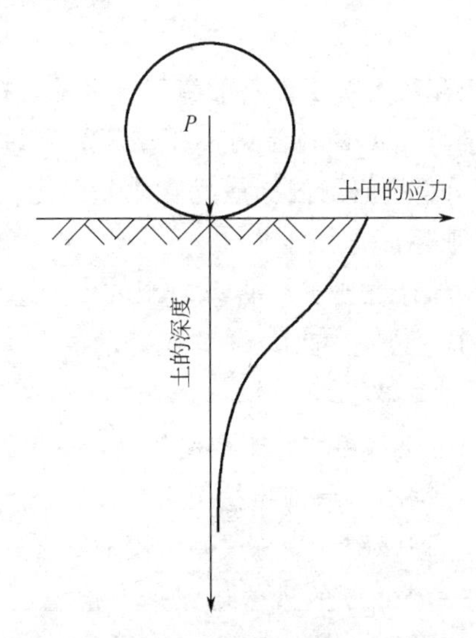

图 2-5 压实作用沿深度的变化示意图

表 2-4 填方每层的铺土厚度和压实遍数参考表

压实机具	分层厚度/mm	每层压实遍数
平碾	250～300	6～8
振动压实机	250～350	3～4
柴油打夯机	200～250	3～4
人工打夯	＜200	3～4

必知要点 5: 换填垫层施工

① 垫层施工应根据不同的换填材料选择施工机械。粉质黏土、灰土宜采用平碾、振动碾或羊足碾，中小型工程也可采用蛙式夯、

柴油夯。砂石等宜用振动碾。粉煤灰宜采用平碾、振动碾、平板振动器、蛙式夯。矿渣宜采用平板振动器或平碾，也可采用振动碾。

② 垫层的施工方法、分层铺填厚度、每层压实遍数等宜通过试验确定。除接触下卧软土层的垫层底部应根据施工机械设备及下卧层土质条件确定厚度外，一般情况下，垫层的分层铺填厚度可取200～300mm。

③ 粉质黏土和灰土垫层土料的施工含水量宜控制在（1±2%）w_{op}（w_{op}为最优含水量）的范围内，粉煤灰垫层的施工含水量宜控制在（1±4%）w_{op}的范围内。最优含水量可通过击实试验确定，也可按当地经验取用。

④ 当垫层底部存在古井、古墓、洞穴、旧基础、暗塘等软硬不均的部位时，应根据建筑对不均匀沉降的要求予以处理，并经检验合格后，方可铺填垫层。

⑤ 基坑开挖时应避免坑底土层受扰动，可保留约200mm厚的土层暂不挖去，待铺填垫层前再挖至设计标高。严禁扰动垫层下的软弱土层，防止其被践踏、受冻或受水浸泡。在碎石或卵石垫层底部宜设置150～300mm厚的砂垫层或铺一层土工织物，以防止软弱土层表面的局部破坏，同时必须防止基坑边坡塌土混入垫层。

⑥ 换填垫层施工应注意基坑排水，除采用水撼法施工砂垫层外，不得在浸水条件下施工，必要时应采用降低地下水位的措施。

⑦ 垫层底面宜设在同一标高上，如深度不同，基坑底土面应挖成阶梯或斜坡搭接，并按先深后浅的顺序进行垫层施工，搭接处应夯压密实。

粉质黏土及灰土垫层分段施工时，不得在柱基、墙角及承重窗间墙下接缝。上下两层的缝距不得小于500mm。接缝处应夯压密实。灰土应拌和均匀并应当日铺填夯压。灰土夯压密实后3d内不得受水浸泡。粉煤灰垫层铺填后宜当天压实，每层验收后应及时铺填上层或封层，防止干燥后松散起尘污染，同时应禁止车辆碾压通行。

垫层竣工验收合格后，应及时进行基础施工与基坑回填。

⑧ 铺设土工合成材料施工应符合以下要求。

a. 下铺地基土层顶面应平整，防止土工合成材料被刺穿、顶破。

b. 土工合成材料应先铺纵向后铺横向，且铺设时应把土工合成材料张拉平整、绷紧，严禁有褶皱。

c. 土工合成材料的连接宜采用搭接法、缝接法或胶接法，连接强度不应低于原材料抗拉强度，端部应采用有效固定方法，防止筋材被拉出。

d. 应避免土工合成材料暴晒或裸露，阳光暴晒时间不应大于8h。

必知要点6：预压地基施工

1. 堆载预压

① 塑料排水带的性能指标必须符合设计要求。塑料排水带在现场应妥加保护，防止阳光照射、破损或污染，破损或污染的塑料排水带不得在工程中使用。

② 砂井的灌砂量应按井孔的体积和砂在中密状态时的干密度计算，其实际灌砂量不得小于计算值的95%。

③ 灌入砂袋中的砂宜用干砂，并应灌制密实。

④ 塑料排水带和袋装砂井施工时，宜配置能检测其深度的设备。

⑤ 塑料排水带需接长时，应采用滤膜内芯带平搭接的连接方法，搭接长度宜大于200mm。

⑥ 塑料排水带施工所用套管应保证插入地基中的带子不扭曲。袋装砂井施工所用套管内径应略大于砂井直径。

⑦ 塑料排水带和袋装砂井施工时，平面井距偏差不应大于井径，垂直度偏差不应大于1.5%，深度不得小于设计要求。

⑧ 塑料排水带和袋装井砂袋埋入砂垫层中的长度不应小

于500mm。

⑨ 堆载预压工程在加载过程中应满足地基强度和稳定控制要求。在加载过程中应进行竖向变形、水平位移及孔隙水压力等项目的监测。根据监测资料控制加载速率，应满足如下要求：

a. 对竖井地基，最大竖向变形量不应超过15mm/d，对天然地基，最大竖向变形量不应超过10mm/d；

b. 边缘处水平位移不应超过5mm/d；

c. 根据上述观察资料综合分析、判断地基的强度和稳定性。

2. 真空预压

① 真空预压的抽气设备宜采用射流真空泵，空抽时必须达到95kPa以上的真空吸力，真空泵的设置应根据预压面积大小和形状、真空泵效率和工程经验确定，但每块预压区至少应设置两台真空泵。

② 真空管路设置应符合如下规定：

a. 真空管路的连接应严格密封，在真空管路中应设置止回阀和截门；

b. 水平向分布滤水管可采用条状、梳齿状及羽毛状等形式，滤水管布置宜形成回路；

c. 滤水管应设在砂垫层中，其上覆盖厚度100～200mm的砂层；

d. 滤水管可采用钢管或塑料管，外包尼龙纱或土工织物等滤水材料。

③ 密封膜应符合如下要求：

a. 密封膜应采用抗老化性能好、韧性好、抗穿刺性能强的不透气材料；

b. 密封膜热合时宜采用双热合缝的平搭接，搭接宽度应大于15mm；

c. 密封膜宜铺设三层，膜周边可采用挖沟填膜，平铺并用黏土覆盖压边、围埝沟内及膜上覆水等方法进行密封。

④ 地基土渗透性强时应设置黏土密封墙。黏土密封墙宜采用双排水泥土搅拌桩。搅拌桩直径不宜小于700mm。当搅拌桩深度小于15m时，搭接宽度不宜小于200mm，当搅拌桩深度大于15m时，搭接宽度不宜小于300mm。成桩搅拌应均匀，黏土密封墙的渗透系数应满足设计要求。

3. 真空和堆载联合预压

① 采用真空和堆载联合预压时，应先进行抽真空，当真空压力达到设计要求并稳定后，再进行堆载，并继续抽真空。

② 堆载前需在膜上铺设土工编织布等保护层。保护层可采用编织布或无纺布等，其上铺设100～300mm厚的砂垫层。

③ 堆载时应采用轻型运输工具，并不得损坏密封膜。

④ 在进行上部堆载施工时，应密切观察膜下真空度的变化，若发现漏气应及时处理。

⑤ 堆载加载过程中，应满足地基稳定性控制要求。在加载过程中应进行竖向变形、边缘水平位移及孔隙水压力等项目的监测，并应满足如下要求：

a. 地基向加固区外的侧移速率不大于5mm/d；

b. 地基沉降速率不大于30mm/d；

c. 根据上述观察资料综合分析、判断地基的稳定性。

⑥ 真空和堆载联合预压施工除应符合上述规定外，尚应符合必知要点6中的1. 和2. 的有关规定。

必知要点7：压实地基施工

① 铺填料前，应清除或处理场地内填土层底面以下的耕土或软弱土层等。

② 分层填料的厚度、分层压实的遍数，宜根据所选用的压实设备，并通过试验确定。

③ 采用重锤夯实分层填土地基时，每层的虚铺厚度宜通过试夯确定。当使用重锤夯实地基时，夯实前应检查坑（槽）中土的含

水量，并根据试夯结果决定是否需要增湿。当含水量较低时，宜加水至最优含水量，需待水全部渗入土中一昼夜后方可夯击。若含水量过大，可采取铺撒干土、碎砖、生石灰等，换土或其他有效措施处理。分层填土时，应取用含水量相当于最优含水量的土料。每层土铺填后应及时夯实。

④ 在雨季、冬季进行压实填土施工时，应采取防雨、防冻措施，防止填料（粉质黏土、粉土）受雨水淋湿或冻结，并应采取措施防止出现“橡皮土”。

⑤ 压实填土的施工缝各层应错开搭接，在施工缝的搭接处，应适当增加压实遍数。先振基槽两边，再振中间。压实标准以振动机原地振实不再继续下沉为合格。边角及转弯区域应采取其他措施压实，以达到设计标准。

⑥ 性质不同的填料，应水平分层、分段填筑，分层压实。同一水平层应采用同一填料，不得混合填筑。填方分几个作业段施工时，接头部位如不能交替填筑，则先填筑区段，应按 1∶1 坡度分层留台级；如能交替填筑，则应分层相互交替搭接，搭接长度不小于 2m。

⑦ 压实施工场地附近有需要保护的建筑物时，应合理安排施工时间，减少噪声与振动对环境的影响。必要时可采取挖减震沟等减震隔振措施或进行振动监测。

⑧ 施工过程中严禁扰动垫层下卧层的淤泥或淤泥质土层，防止受冻或受水浸泡。施工结束后应根据采用的施工工艺，待土层休止期后再进行基础施工。

必知要点 8：夯实地基施工

① 强夯法施工应符合下列规定。

a. 强夯夯锤质量可取 10～60t，其底面形式宜采用圆形或多边形，锤底面积宜按土的性质确定，锤底静接地压力值可取 25～80kPa，单击夯击能高时取大值，单击夯击能低时取小值，对于细颗粒土，锤底静接地压力宜取较小值。锤的底面宜对称设置若干个与其顶面贯通的排气孔，孔径可取 300～400mm。

b. 强夯法施工应按下列步骤进行。

Ⅰ. 清理并平整施工场地。

Ⅱ. 标出第一遍夯点位置，并测量场地高程。

Ⅲ. 起重机就位，夯锤置于夯点位置。

Ⅳ. 测量夯前锤顶高程。

Ⅴ. 将夯锤起吊到预定高度，开启脱钩装置，待夯锤脱钩自由下落后，放下吊钩，测量锤顶高程，若发现因坑底倾斜而造成夯锤歪斜时，应及时将坑底整平。

Ⅵ. 重复步骤Ⅴ，按设计规定的夯击次数及控制标准，完成一个夯点的夯击。当夯坑过深出现提锤困难，又无明显隆起，而尚未达到控制标准时，宜将夯坑回填不超过 1/2 深度后，继续夯击。

Ⅶ. 换夯点，重复步骤Ⅲ至Ⅵ，完成第一遍全部夯点的夯击。

Ⅷ. 用推土机将夯坑填平，并测量场地高程。

Ⅸ. 在规定的间隔时间后，按上述步骤逐次完成全部夯击遍数，最后用低能量满夯，将场地表层松土夯实，并测量夯后场地高程。

② 强夯置换地基的施工应符合下列规定。

a. 强夯置换夯锤底面形式宜采用圆柱形，夯锤底静接地压力值宜大于 100kPa。

b. 强夯置换施工应按下列步骤进行。

Ⅰ. 清理并平整施工场地，当表土松软时可铺设一层厚度为 1.0～2.0m 的砂石施工垫层。

Ⅱ. 标出夯点位置，并测量场地高程。

Ⅲ. 起重机就位，夯锤置于夯点位置。

Ⅳ. 测量夯前锤顶高程。

Ⅴ. 夯击并逐击记录夯坑深度。当夯坑过深而发生起锤困难时停夯，向坑内填料直至与坑顶平，记录填料数量，如此重复直至满足规定的夯击次数及控制标准完成一个墩体的夯击。当夯点周围软土挤出影响施工时，可随时清理并在夯点周围铺垫碎石，继续施工。

Ⅵ. 按由内而外、隔行跳打原则完成全部夯点的施工。

Ⅶ. 推平场地，用低能量满夯，将场地表层松土夯实，并测量夯后场地高程。

Ⅷ. 铺设垫层，并分层碾压密实。

③ 起吊夯锤的起重宜采用带有自动脱钩装置的履带式起重机、强夯专用施工机械，或其他可靠的起重设备，夯锤的质量不应超过起重机械自身额定起重质量。采用履带式起重机时，可在臂杆端部设置辅助门架，或采取其他安全措施，防止落锤时机架倾覆。

④ 当场地表土软弱或地下水位较高，夯坑底积水影响施工时，宜采用人工降低地下水位或铺填一定厚度的砂石材料，使地下水位低于坑底面以下 2m。坑内或场地积水应及时排除，对细颗粒土，应经过晾晒，含水量满足要求后施工。

⑤ 施工前应查明影响范围内地下建构筑物的位置及标高，并采取必要措施予以保护。

⑥ 施工时应设置安全警戒；强夯引起的振动对邻近建构筑物可能产生影响时，应进行振动监测，必要时应采取隔震或减震措施。

⑦ 施工过程中应有专人负责下列监测工作。

a. 开夯前应检查夯锤质量和落距，以确保单击夯击能量符合设计要求。

b. 在每一遍夯击前，应对夯点放线进行复核，夯完后检查夯坑位置，发现偏差或漏夯时应及时纠正。

c. 按设计要求检查每个夯点的夯击次数、每击的夯沉量、最后两级的平均夯沉量和总夯沉量，夯点施工起止时间。对强夯置换尚应检查置换深度。

⑧ 施工过程中应对各项参数及情况进行详细记录。

⑨ 夯实地基施工结束后应根据地基土的性质和采用的施工工艺，待土层休止期后再进行基础施工。

必知要点9：挤密地基施工

1. 土桩、灰土桩挤密地基的施工要求

① 成孔应按设计要求、成孔设备、现场土质和周围环境等情况，选用沉管（振动、锤击）、冲击或钻孔夯扩等方法。

② 桩顶设计标高以上的预留覆盖土层厚度宜符合下列要求：

a. 沉管（锤击、振动）成孔，宜不小于1.0m；

b. 冲击成孔、钻孔夯扩法，宜不小于1.5m。

③ 成孔时，地基土宜接近最优（或塑限）含水量，当土的含水量低于12%时，宜对拟处理范围内的土层进行增湿，增湿土的加水量可按下式估算：

$$Q=v\overline{\rho_d}(w_{op}-\overline{w})k \tag{2-2}$$

式中 Q——计算加水量，m^3；

v——拟加固土的总体积，m^3；

$\overline{\rho_d}$——地基处理前土的平均干密度，t/m^3；

w_{op}——土的最优含水量，%，通过室内击实试验求得；

$\overline{w}$——地基处理前土的平均含水量，%；

k——损耗系数，可取1.05～1.10。

应于地基处理前4～6d，将需增湿的水通过一定数量和一定深度的渗水孔，均匀地浸入拟处理范围内的土层中。

④ 成孔和孔内回填夯实应符合下列要求。

a. 成孔和孔内回填夯实的施工顺序，当整片处理时，宜从里（或中间）向外间隔1～2孔进行，对大型工程，可采取分段施工；当局部处理时，宜从外向里间隔1～2孔进行。

b. 向孔内填料前，孔底应夯实，并应抽样检查桩孔的直径、深度和垂直度。

c. 桩孔的垂直度偏差不宜大于1.5%。

d. 桩孔中心点的偏差不宜超过桩距设计值的5%。

e. 经检验合格后，应按设计要求，向孔内分层填入筛好的素土、灰土或其他填料，并应分层夯实至设计标高。

⑤ 铺设灰土垫层前，应按设计要求将桩顶标高以上的预留松动土层挖除或夯（压）密实。

⑥ 施工过程中，应有专人监理成孔及回填夯实的质量，并应做好施工记录。如发现地基土质与勘察资料不符，应立即停止施工，待查明情况或采取有效措施处理后，方可继续施工。

⑦ 雨季或冬季施工，应采取防雨或防冻措施，防止填料受雨水淋湿或冻结。

⑧ 成桩后，应及时抽样检验挤密地基的质量。对一般工程，主要应检查施工记录、检测全部处理深度内桩体和桩间土的干密度，并将其分别换算为平均压实系数$\overline{\lambda_c}$和平均挤密系数$\overline{\eta_c}$。对重要工程，除检测上述内容外，还应测定全部处理深度内桩间土的压缩性和湿陷性。

⑨ 桩孔夯填质量检验应随机抽样检测，抽检的数量不应少于桩总数的1%；且总计不得少于9根桩。

2. 振冲挤密地基的施工要求

① 振冲施工可根据设计荷载的大小、原土强度的高低、设计桩长等条件选用不同功率的振冲器。施工前应在现场进行试验，以确定水压、振密电流和留振时间等各种施工参数。

② 升降振冲器的机械可用起重机、自行井架式施工平车或其他合适的设备。施工设备应配有电流、电压和留振时间自动信号仪表。

③ 振冲施工可按下列步骤进行。

a. 清理平整施工场地，布置桩位。

b. 施工机具就位，使振冲器对准桩位。

c. 启动供水泵和振冲器，水压可用200～600kPa，水量可用200～400L/min，将振冲器徐徐沉入土中，造孔速度宜为0.5～

2.0m/min，直至达到设计深度。记录振冲器经过各深度时的水压、电流和留振时间。

d. 造孔后边提升振冲器边冲水直至孔口，再放至孔底，重复两三次扩大孔径并使孔内泥浆变稀，开始填料制桩。

e. 大功率振冲器投料可不提出孔口，小功率振冲器下料困难时，可将振冲器提出孔口填料，每次填料厚度不宜大于50cm。将振冲器沉入填料中进行振密制桩，当电流达到规定的密实电流值和规定的留振时间后，将振冲器提升30～50cm。

f. 重复以上步骤，自下而上逐段制作桩体直至孔口，记录各段深度的填料量、最终电流值和留振时间，并均应符合设计规定。

g. 关闭振冲器和水泵。

④ 施工现场应事先开设泥水排放系统，或组织好运浆车辆将泥浆运至预先安排的存放地点，应尽可能设置沉淀池重复使用上部清水。

⑤ 桩体施工完毕后应将顶部预留的松散桩体挖除，如无预留，应将松散桩头压实，随后铺设并压实垫层。

⑥ 不加填料振冲加密宜采用大功率振冲器，为了避免造孔中塌砂将振冲器抱住，下沉速度宜快，造孔速度宜为8～10m/min，到达深度后将射水量减至最小，留振至密实电流达到规定时，上提0.5m，逐段振密直至孔口，一般每米振密时间约1min。在粗砂中施工如遇下沉困难，可在振冲器两侧增焊辅助水管，加大造孔水量，但造孔水压宜小。

⑦ 振密孔施工顺序宜沿直线逐点逐行进行。

3. 沉管挤密地基的施工要求

① 可采用振动沉管、锤击沉管或冲击成孔等成桩法。当用于消除粉细砂及粉土液化时，宜用振动沉管成桩法。

② 施工前应进行成桩工艺和成桩挤密试验。当成桩质量不能满足设计要求时，应在调整设计与施工有关参数后，重新进行试验或改变设计。

③ 振动沉管成桩法施工应根据沉管和挤密情况，控制填砂石量、提升高度和速度、挤压次数和时间、电机的工作电流等。

④ 施工中应选用能顺利出料和有效挤压桩孔内砂石料的桩尖结构。当采用活瓣桩靴时，对砂土和粉土地基宜选用尖锥形；对黏性土地基宜选用平底型；一次性桩尖可采用混凝土锥形桩尖。

⑤ 锤击沉管成桩法施工可采用单管法或双管法。锤击法挤密应根据锤击的能量，控制分段的填砂石量和成桩的长度。

⑥ 砂石桩的施工顺序：对砂土地基，宜从外围或两侧向中间进行，对黏性土地基，宜从中间向外围或隔排施工；在既有建（构）筑物邻近施工时，应背离建（构）筑物方向进行。

⑦ 施工时桩位水平偏差不应大于30%套管外径；套管垂直度偏差不应大于1%。

⑧ 砂石桩施工后，应将基底标高的松散层挖除或夯压密实，随后铺设并压实砂石垫层。

必知要点10：沉管砂石桩复合地基施工

① 砂石桩施工可采用振动沉管、锤击沉管或冲击成孔等成桩法。当用于消除粉细砂及粉土液化时，宜用振动沉管成桩法。

② 施工前应进行成桩工艺和成桩挤密试验。当成桩质量不能满足设计要求时，应在调整设计与施工有关参数后，重新进行试验或改变设计。

③ 振动沉管成桩法施工应根据沉管和挤密情况，控制填砂石量、提升高度和速度、挤压次数和时间、电机的工作电流等。

④ 施工中应选用能顺利出料和有效挤压桩孔内砂石料的桩尖结构。当采用活瓣桩靴时，对砂土和粉土地基宜选用尖锥型；一次性桩尖可采用混凝土锥形桩尖。

⑤ 锤击沉管成桩法施工可采用单管法或双管法。锤击法挤密应根据锤击的能量，控制分段的填砂石量和成桩的长度。

⑥ 砂石桩桩孔内材料填料量应通过现场试验确定，估算时可

按设计桩孔体积乘以充盈系数确定，充盈系数可取1.2～1.4。如施工中地面有下沉或隆起现象，则填料数量应根据现场具体情况予以增减。

⑦ 砂石桩的施工顺序：对砂土地基，宜从外围或两侧向中间进行，在既有建（构）筑物邻近施工时，应背离建（构）筑物方向进行。

⑧ 施工时桩位水平偏差不应大于30%套管外径；套管垂直度偏差不应大于1%。

⑨ 砂石桩施工后，应将基底标高下的松散层挖除或夯压密实，随后铺设并压实砂石垫层。

必知要点11：水泥土搅拌桩复合地基施工

① 水泥土搅拌法施工现场事先应予以平整，必须清除地上和地下的障碍物。遇有明浜、池塘及洼地时，应抽水和清淤，回填土料应压实，不得回填生活垃圾。

② 水泥土搅拌桩施工前应根据设计进行工艺性试桩，数量不得少于3根，多头搅拌不得少于3组。应对工艺试桩的质量进行必要的检验。

③ 搅拌头翼片的枚数、宽度、与搅拌轴的垂直夹角、搅拌头的回转数、提升速度应相互匹配，钻头每转一圈的提升（或下沉）量以1.0～1.5cm为宜，以确保加固深度范围内土体的任何一点均能经过20次以上的搅拌。

④ 竖向承载搅拌桩施工时，停浆（灰）面应高于桩顶设计标高300～500mm。在开挖基坑时，应将桩顶以上500mm土层及桩顶端施工质量较差的桩段用人工挖除。

⑤ 施工中应保持搅拌桩机底盘的水平和导向架的竖直，搅拌桩的垂直偏差不得超过1%；桩位的偏差不得大于50mm；成桩直径和桩长不得小于设计值。

⑥ 水泥土搅拌法施工主要步骤如下：

a. 搅拌机械就位、调平；

b. 预搅下沉至设计加固深度；

c. 边喷浆（粉）、边搅拌提升直至预定的停浆（灰）面；

d. 重复搅拌下沉至设计加固深度；

e. 根据设计要求，喷浆（粉）或仅搅拌提升直至预定的停浆（灰）面；

f. 关闭搅拌机械。

在预（复）搅下沉时，也可采用喷浆（粉）的施工工艺，必须确保全桩长上下至少再重复搅拌一次。

对地基土进行干法咬合加固时，如复搅困难，可采用慢速搅拌，保证搅拌的均匀性。

⑦ 湿法施工应符合下列要求。

a. 水泥浆液到达喷浆口的出口压力不应小于10MPa。

b. 施工前应确定灰浆泵输浆量、灰浆经输浆管到达搅拌机喷浆口的时间和起吊设备提升速度等施工参数，并根据设计要求通过工艺性成桩试验确定施工工艺。

c. 所使用的水泥都应过筛，制备好的浆液不得离析，泵送必须连续。拌制水泥浆液的罐数、水泥和外掺剂用量以及泵送浆液的时间等应有专人记录；喷浆量及搅拌深度必须采用经国家计量部门认证的监测仪器进行自动记录。

d. 搅拌机喷浆提升的速度和次数必须符合施工工艺的要求，并应有专人记录。

e. 当水泥浆液到达出浆口后，应喷浆搅拌30s，在水泥浆与桩端土充分搅拌后，再提升搅拌头。

f. 搅拌机预搅下沉时不宜冲水，当遇到硬土层下沉太慢时，方可适量冲水，但应考虑冲水对桩身强度的影响。

g. 施工时如因故停浆，应将搅拌头下沉至停浆点以下0.5m处，待恢复供浆时再喷浆搅拌提升。若停机超过3h，宜先拆卸输浆管路，并妥加清洗。

h. 壁状加固时，相邻桩的施工时间间隔不宜超过24h。如间隔时间太长，与相邻桩无法搭接时，应采取局部补桩或注浆等补强措施。

⑧ 干法施工应符合下列要求。

a. 喷粉施工前应仔细检查搅拌机械、供粉泵、送气（粉）管路、接头和阀门的密封性、可靠性。送气（粉）管路的长度不宜大于60m。

b. 水泥土搅拌法（干法）喷粉施工机械必须配置经国家计量部门确认的能瞬时检测并记录出粉体的计量装置及搅拌深度自动记录仪。

c. 搅拌头每旋转一周，其提升高度不得超过16mm。

d. 搅拌头的直径应定期复核检查，其磨耗量不得大于10mm。

e. 当搅拌头到达设计桩底以上1.5m时，应开启喷粉机提前喷粉作业。当搅拌头提升至地面下500mm时，喷粉机应停止喷粉。

f. 成桩过程中因故停止喷粉，应将搅拌头下沉至停灰面以下1m处，待恢复喷粉时再喷粉搅拌提升。

必知要点12：旋喷桩复合地基施工

① 施工前应根据现场环境和地下埋设物的位置等情况，复核高压喷射注浆的设计孔位。

② 高压旋喷注桩的施工参数应根据土质条件、加固要求通过试验或根据工程经验确定，并在施工中严格加以控制。单管法及双管法的高压水泥浆和三管法高压水的压力宜大于30MPa，流量大于30L/min，气流压力宜取0.7MPa，提升速度可取0.1～0.2m/min。

③ 高压喷射注浆，对于无特殊要求的工程宜采用强度等级为P.O.32.5级及以上的普通硅酸盐水泥，根据需要可加入适量的外加剂及掺合料。外加剂和掺合料的用量，应通过试验确定。

④ 水泥浆液的水灰比应按工程要求确定，可取0.8～1.2，常

用 0.9。

⑤ 高压喷射注浆的施工工序为机具就位、贯入喷射管、喷射注浆、拔管和冲洗等。

⑥ 喷射孔与高压注浆泵的距离不宜大于 50m。钻孔的位置与设计位置的偏差不得大于 50mm。垂直度偏差不应大于 1%。实际孔位、孔深和每个钻孔内的地下障碍物、洞穴、涌水、漏水及与岩土工程勘察报告不符等情况均应详细记录。

⑦ 当喷射注浆管贯入土中，喷嘴达到设计标高时，即可喷射注浆。在喷射注浆参数达到规定值后，随即按旋喷的工艺要求，提升喷射管，由下而上旋转喷射注浆。喷射管分段提升的搭接长度不得小于 100mm。

⑧ 对需要局部扩大加固范围或提高强度的部位，可采用复喷措施。

⑨ 在高压喷射注浆过程中出现压力骤然下降、上升或冒浆异常时，应查明原因并及时采取措施。

⑩ 高压喷射注浆完毕后，应迅速拔出喷射管。为防止浆液凝固收缩影响桩顶高程，必要时可在原孔位采用冒浆回灌或第二次注浆等措施。

⑪ 施工中应做好泥浆处理，及时将泥浆运出或在现场短期堆放后作土方运出。

⑫施工中应严格按照施工参数和材料用量施工，用浆量和提升速度应采用自动记录装置，并如实做好各项施工记录。

必知要点 13：土桩、灰土桩复合地基施工

① 成孔应按设计要求、成孔设备、现场土质和周围环境等情况，选用沉管（振动、锤击）、冲击或钻孔等方法。

② 桩顶设计标高以上的预留覆盖土层厚度宜符合下列要求：

a. 沉管（锤击、振动）成孔，不宜小于 1.00m；

b. 冲击成孔、钻孔夯扩法成桩，不宜小于 1.50m。

③ 成孔和孔内回填夯实应符合下列要求。

a. 成孔和孔内回填夯实的施工顺序，当整片处理时，宜从里（或中间）向外间隔1～2孔依次进行，对大型工程，可采取分段施工；当局部处理时，宜从外向里间隔1～2孔依次进行。

b. 向孔内填料前，孔底应夯实，并应抽样检查桩孔的直径、深度和垂直度。

c. 桩孔的垂直度偏差不宜大于1.5%。

d. 桩孔中心点的偏差不宜超过桩距设计值的5%。

e. 经检验合格后，应按设计要求，向孔内分层填入筛好的灰土填料，并应分层夯实至设计标高。

④ 铺设灰土垫层前，应按设计要求将桩顶标高以上的预留松动土层挖除或夯（压）密实。

⑤ 施工过程中，应有专人监理成孔及回填夯实的质量，并应做好施工记录。如发现地基土质与勘察资料不符，应立即停止施工，待查明情况或采取有效措施处理后，方可继续施工。

⑥ 雨季或冬季施工，应采取防雨或防冻措施，防止填料受雨水淋湿或冻结。

必知要点14：夯实水泥土桩复合地基施工

① 成孔应按设计要求、成孔设备、现场土质和周围环境等情况，选用钻孔、洛阳铲成孔等方法。

② 桩顶设计标高以上的预留覆盖土层厚度不宜小于0.5m。

③ 成孔和孔内回填夯实应符合下列要求。

a. 宜选用机械成孔。

b. 向孔内填料前，孔底应夯实；分段夯填时，夯锤落距和填料厚度应满足夯填密实度的要求。

c. 土料有机质含量不应大于5%，不得含有冻土和膨胀土，使用时应过2mm的筛，混合料含水量应满足与最优含水量的偏差不大于2%，土料和水泥应拌和均匀。

d. 桩孔的垂直度偏差不宜大于1.5%。

e. 桩孔中心点的偏差不宜超过桩距设计值的5%。

f. 经检验合格后，应按设计要求，向孔内分层填入拌和好的水泥土，并应分层夯实至设计标高。

④ 铺设垫层前，应按设计要求将桩顶标高以上的预留松动土层挖除或夯（压）密实。垫层施工严禁扰动基底土层。

⑤ 施工过程中，应有专人监理成孔及回填夯实的质量，并应做好施工记录。如发现地基土质与勘察资料不符，应立即停止施工，待查明情况或采取有效措施处理后，方可继续施工。

⑥ 雨季或冬季施工，应采取防雨或防冻措施，防止填料用雨水淋湿或冻结。

必知要点15：水泥粉煤灰碎石桩复合地基施工

① 根据现场条件可选用下列施工工艺。

a. 长螺旋钻孔灌注成桩，适用于地下水位以上的黏性土、粉土、素填土、中等密实以上的砂土。

b. 长螺旋钻孔、管内泵压混合料灌注成桩，适用于黏性土、粉土、砂土、粒径不大于60mm、土层厚度不大于4m的卵石（卵石含量不大于30%），以及对噪声或泥浆污染要求严格的场地。

c. 振动沉管灌注成桩，适用于粉土、黏性土及素填土地基。

d. 泥浆护壁成孔灌注成桩，适用土性应满足《建筑桩基技术规范》(JGJ 94—2008）的有关规定。对桩长范围和桩端有承压水的土层，应首选该工艺。

e. 锤击、静压预制桩，适用土性应满足《建筑桩基技术规范》(JGJ 94—2008）的有关规定。

② 长螺旋钻孔、管内泵压混合料灌注成桩施工和振动沉管灌注成桩除应符合国家现行有关规定外，尚应符合下列要求。

a. 施工前应按设计要求由试验室进行配合比试验，施工时按配合比配制混合料。长螺旋钻孔、管内泵压混合料成桩施工的坍落度宜为160～200mm，振动沉管灌注成桩施工的坍落度宜为30～50mm，振动沉管灌注成桩后桩顶浮浆厚度不宜超过200mm。

b. 长螺旋钻孔、管内泵压混合料成桩施工在钻至设计深度后，应掌握提拔钻杆时间，混合料泵送量应与拔管速度相配合，遇到饱和砂土或饱和粉土层，不得停泵待料；沉管灌注成桩施工拔管速度应按匀速控制，拔管速度应控制在1.2～1.5m/min，如遇淤泥或淤泥质土，拔管速度应适当放慢；如遇有松散饱和粉土、粉细砂，淤泥、淤泥质土，当桩距较小时，防止窜孔宜采用隔桩跳打措施。

c. 施工桩顶标高高出设计桩顶标高不宜少于0.5m；当施工作业面与有效桩顶标高距离较大时，宜增加混凝土灌注量，提高施工桩顶标高，防止缩径。

d. 成桩过程中，抽样做混合料试块，每台机械一天应做一组（3块）试块（边长为150mm的立方体），标准养护，测定其立方体抗压强度。

③ 冬期施工时，混合料入孔温度不得低于5℃，对桩头和桩间土应采取保温措施。

④ 清土和截桩时，应采取措施防止桩顶标高以下桩身断裂和桩间土扰动。

⑤ 褥垫层铺设宜采用静力压实法，当基础底面下桩间土的含水量较小时，也可采用动力夯实法，夯填度（夯实后的褥垫层厚度与虚铺厚度的比值）不得大于0.9。

⑥ 施工垂直度偏差不应大于1%；对满堂布桩基础，桩位偏差不应大于40%桩径；对条形基础，桩位偏差不应大于25%桩径，对单排布桩桩位偏差不应大于60mm。

⑦ 泥浆护壁成孔灌注成桩和锤击、静压预制桩施工，应符合《建筑桩基技术规范》（JGJ 94—2008）的有关规定。对预应力管桩桩顶可设置桩帽或采用相同标号混凝土灌芯。

必知要点 16: 柱锤冲扩桩复合地基施工

① 柱锤冲扩桩法宜用直径 300～500mm、长度 2～6m、质量 1～8t 的柱状锤（柱锤）进行施工。

② 起重机具可用起重机、步履式夯扩桩机或其他专用机具设备。

③ 柱锤冲扩桩复合地基施工可按下列步骤进行。

a. 清理平整施工场地，布置桩位。

b. 施工机具就位，使柱锤对准桩位。

c. 柱锤冲孔。根据土质及地下水情况可分别采用下述三种成孔方式。

Ⅰ. 冲击成孔。将柱锤提升一定高度，自动脱钩下落冲击土层，如此反复冲击，接近设计成孔深度时，可在孔内填少量粗骨料继续冲击，直到孔底被夯密实。

Ⅱ. 填料冲击成孔。成孔时若出现缩颈或塌孔，可分次填入碎砖和生石灰块，边冲击边将填料挤入孔壁及孔底，当孔底接近设计成孔深度时，夯入部分碎砖挤密桩端土。

Ⅲ. 复打成孔。当塌孔严重、难以成孔时，可提锤反复冲击至设计孔深，然后分次填入碎砖和生石灰块，待孔内生石灰吸水膨胀、桩间土性质有所改善后，再进行二次冲击复打成孔。

当采用上述方法仍难以成孔时，可以采用套管成孔，即用柱锤边冲孔边将套管压入土中，直至桩底设计标高。

d. 成桩。用标准料斗或运料车将拌和好的填料分层填入桩孔夯实。当采用套管成孔时，边分层填料夯实，边将套管拔出。锤的质量、锤长、落距、分层填料量、分层夯填度、夯击次数、总填料量等应根据试验或按当地经验确定。每个桩孔应夯填至桩顶设计标高以上至少 0.5m，其上部桩孔宜用原槽土夯封。施工中应做好记录，并对发现的问题及时进行处理。

e. 施工机具移位，重复上述步骤进行下一根桩施工。

④ 成孔和填料夯实的施工顺序宜间隔进行。

⑤ 基槽开挖后，应进行晾槽拍底或振动压路机碾压，随后铺设垫层并压实。

必知要点 17：水泥为主剂的注浆加固

① 施工场地应预先平整，并沿钻孔位置开挖沟槽和集水坑。

② 注浆施工时，宜采用自动流量和压力记录仪，并应及时对资料进行整理分析。

③ 注浆孔的孔径宜为 70～110mm，垂直度偏差应小于 1%。

④ 花管注浆法施工可按下列步骤进行。

a. 钻机与注浆设备就位。

b. 钻孔或采用振动法将花管置入土层。

c. 当采用钻孔法时，应从钻杆内注入封闭泥浆，然后插入孔径为 50mm 的金属管。

d. 待封闭泥浆凝固后，移动花管自下向上或自上向下进行注浆。

⑤ 压密注浆施工可按下列步骤进行。

a. 钻机与注浆设备就位。

b. 钻机或采用振动法将金属注浆管压入土层。

c. 采用钻孔法，应从钻杆注入封闭泥浆，然后插入孔径为 50mm 的金属注浆管。

d. 待封闭泥浆凝固后，捅去注浆管的活络堵头，然后提升注浆管自下向上或自上向下对地层注入水泥-砂浆液或水泥-水玻璃双液快凝浆液。

⑥ 封闭泥浆 7d 立方体试块（边长为 70.7mm）的抗压强度应为 0.3～0.5MPa，浆液黏度应为 80～90s。

⑦ 浆液宜用 425 号或 525 号（P.O.32.5 或 P.O.42.5）普通硅酸盐水泥。

⑧ 注浆时可掺用粉煤灰代替部分水泥，掺入量可为水泥质量的20%～50%。

⑨ 根据工程需要，可在浆液拌制时加入速凝剂、减水剂和防析水剂。

⑩ 注浆用水不得采用pH值小于4的酸性水和工业废水。

⑪ 水泥浆的水灰比可取0.6～2.0，常用的水灰比为1.0。

⑫ 注浆的流量可取7～10L/min，对充填型注浆，流量不宜大于20L/min。

⑬ 当用花管注浆和带有活堵头的金属管注浆时每次上拔或下钻高度宜为0.5m。

⑭ 浆体应经过搅拌机充分搅拌均匀后才能开始压注，并应在注浆过程中不停缓慢搅拌，搅拌时间应小于浆液初凝时间。浆液在泵送前液压经过筛网过滤。

⑮ 日平均温度低于5℃或最低温度低于－3℃的条件下注浆时，应在施工现场采取措施，保证浆液不冻结。

⑯ 水温不得超过30～35℃，并不得将盛浆桶和注浆管路在注浆体静止状态暴露于阳光下，防止浆液凝固。

⑰ 注浆顺序应按跳孔间隔注浆方式进行，并宜采用先外围后内部的注浆施工方法。当地下水流速较大时，应从水头高的一端开始注浆。

⑱ 对渗透系数相同的土层，首先应注浆封顶，然后由下向上进行注浆，防止浆液上冒。如土层的渗透系数随深度而增大，则应自下向上注浆。对互层地层，首先应对渗透性或孔隙率大的地层进行注浆。

⑲ 对既有建筑地基进行注浆加固时，应对既有建筑及其邻近建筑、地下管线和地面的沉降、倾斜、位移和裂缝进行监测并应采用多孔间隔注浆和缩短浆液凝固时间等措施，减少既有建筑基础因注浆而产生的附加沉降。

必知要点18：硅化浆液注浆加固

① 压力灌浆溶液的施工步骤应符合下列规定。

a. 向土中打入灌注管和灌注溶液，应自基础底面标高起向下分层进行，达到设计深度后，将管拔出，清洗干净可继续使用。

b. 加固既有建筑物地基时，在基础侧向应先施工外排，后施工内排。

c. 灌注溶液的压力值由小逐渐增大，但最大压力不宜超过200kPa。

② 溶液自渗的施工步骤应符合下列要求：

a. 在基础侧向，将设计布置的灌注孔分批或全部打（或钻）至设计深度；

b. 将配好的硅酸钠溶液注满各灌注孔，溶液面宜高出基础底面标高0.50m，使溶液自行渗入土中；

c. 在溶液自渗过程中，每隔2～3h，向孔内添加一次溶液，防止孔内溶液渗干。

③ 计算溶液量全部注入土中后，所有注浆孔宜用2∶8灰土分层回填夯实。

必知要点19：碱液注浆加固

① 灌注孔可用洛阳铲、螺旋钻成孔或用带有尖端的钢管打入土中成孔，孔径为60～100mm，孔中填入粒径为20～40mm的石子，直到注液管下端标高处，再将内径20mm的注液管插入孔中，管底以上300mm高度内填入粒径为2～5mm的小石子，其上用2∶8灰土填入并夯实。

② 碱液可用固体烧碱或液体烧碱配制，加固1m^{3}黄土需要NaOH量约为干土质量的3%，即35～45kg。碱液浓度不应低于90g/L，常用浓度为90～100g/L。双液加固时，氯化钙溶液的浓度为50～80g/L。

③ 配溶液时，应先放水，而后徐徐放入碱块或浓碱液。溶液

加碱量可按下列公式计算。

a. 采用固体烧碱配制1m³浓度为M的碱液时，1m³水中的加碱量为：

$$G_s=\frac{1000M}{P} \tag{2-3}$$

式中 G_s——每1m³碱液中投入的固体烧碱量，kg；

M——配制碱液的浓度，g/L，计算时将g化为kg；

P——固体烧碱中，NaOH含量的百分数，%。

b. 采用液体烧碱配制1m³浓度为M的碱液时，投入的液体烧碱量V_1为：

$$V_1=1000\frac{M}{d_N N} \tag{2-4}$$

加水量V_2为：

$$V_2=1000\left(1-\frac{M}{d_N N}\right) \tag{2-5}$$

式中 V_1——液体烧碱体积，L；

V_2——加水的体积，L；

d_N——液体烧碱的相对密度；

N——液体烧碱的质量分数。

④ 应在盛溶液桶中将碱液加热到90℃以上才能进行灌注，灌注过程中桶内溶液温度应保持不低于80℃。

⑤ 灌注碱液的速度宜为2～5L/min。

⑥ 碱液加固施工，应合理安排灌注顺序和控制灌注速率。宜间距1～2孔灌注，并分段施工，相邻两孔灌注的间隔时间不宜少于3d。同时灌注的两孔间距不应小于3m。

⑦ 当采用双液加固时，应先灌注氢氧化钠溶液，间隔8～12h后，再灌注氯化钙溶液，后者用量为前者的1/2～1/4。

必知要点20：泥浆护壁成孔灌注桩

1. 泥浆的制备和处理

① 除能自行造浆的黏性土层外，均应制备泥浆。泥浆制备应

选用高塑性黏土或膨润土。泥浆应根据施工机械、工艺及穿越土层情况进行配合比设计。

② 泥浆护壁应符合下列规定。

a. 施工期间护筒内的泥浆面应高出地下水位1.0m以上，在受水位涨落影响时，泥浆面应高出最高水位1.5m以上。

b. 在清孔过程中，应不断置换泥浆，直至灌注水下混凝土。

c. 灌注混凝土前，孔底500mm以内的泥浆相对密度应小于1.25；含砂率不得大于8%；黏度不得大于28s。

d. 在容易产生泥浆渗漏的土层中应采取维持孔壁稳定的措施。

③ 废弃的浆、渣应进行处理，不得污染环境。

2. 正、反循环钻孔灌注桩的施工

① 对孔深较大的端承型桩和粗粒土层中的摩擦型桩，宜采用反循环工艺成孔或清孔，也可根据土层情况采用正循环钻进，反循环清孔。

② 泥浆护壁成孔时，宜采用孔口护筒，护筒设置应符合下列规定。

a. 护筒埋设应准确、稳定，护筒中心与桩位中心的偏差不得大于50mm。

b. 护筒可用4～8mm厚钢板制作，其内径应大于钻头直径100mm，上部宜开设1～2个溢浆孔。

c. 护筒的埋设深度，在黏性土中不宜小于1.0m，砂土中不宜小于1.5m。护筒下端外侧应采用黏土填实，其高度尚应满足孔内泥浆面高度的要求。

d. 受水位涨落影响或水下施工的钻孔灌注桩，护筒应加高加深，必要时应打入不透水层。

③ 当在软土层中钻进时，应根据泥浆补给情况控制钻进速度；在硬层或岩层中的钻进速度应以钻机不发生跳动为准。

④ 钻机设置的导向装置应符合下列规定。

a. 潜水钻的钻头上应有不小于$3d$（d为导向装置的直径长度）长度的导向装置。

b. 利用钻杆加压的正循环回转钻机，在钻具中应加设扶正器。

⑤ 如在钻进过程中发生斜孔、塌孔和护筒周围冒浆、失稳等现象，应停钻，待采取相应措施后再进行钻进。

⑥ 钻孔达到设计深度、灌注混凝土之前，孔底沉渣厚度指标应符合下列规定：

a. 对端承型桩，不应大于 50mm。

b. 对摩擦型桩，不应大于 100mm。

c. 对抗拔、抗水平力桩，不应大于 200mm。

3. 冲击成孔灌注桩的施工

① 在钻头锥顶和提升钢丝绳之间应设置保证钻头自动转向的装置。

② 冲孔桩孔口护筒，其内径应大于钻头直径 200mm，护筒应按 2. 中②设置。

③ 泥浆的制备、使用和处理应符合 1. 的规定。

④ 冲击成孔质量控制应符合下列规定。

a. 开孔时，应低锤密击，当表土为淤泥、细砂等软弱土层时，可加黏土块夹小片石反复冲击造壁，孔内泥浆面应保持稳定。

b. 在各种不同的土层、岩层中成孔时，可按照表 2-5 的操作要点进行。

表 2-5 冲击成孔操作要点

项目	操作要点
在护筒刃脚以下 2m 范围内	小冲程 1m 左右，泥浆相对密度 1.2～1.5，软弱土层投入黏土块夹小片石
黏性土层	中、小冲程 1～2m，泵入清水或稀泥浆，经常清除钻头上的泥块
粉砂或中粗砂层	中冲程 2～3m，泥浆相对密度 1.2～1.5，投入黏土块，勤冲、勤掏渣
砂卵石层	中、高冲程 3～4m，泥浆相对密度 1.3 左右，勤掏渣
软弱土层或塌孔回填重钻	小冲程反复冲击，加黏土块夹小片石，泥浆相对密度 1.3～1.5

注：1. 土层不好时提高泥浆相对密度或加黏土块。
2. 防黏钻可投入碎砖石。

c. 进入基岩后，应采用大冲程、低频率冲击，当发现成孔偏移时，应回填片石至偏孔上方300～500mm处，然后重新冲孔。

d. 当遇到孤石时，可预爆或采用高低冲程交替冲击，将大孤石击碎或挤入孔壁。

e. 应采取有效的技术措施防止扰动孔壁、塌孔、扩孔、卡钻和掉钻及泥浆流失等事故。

f. 每钻进4～5m应验孔一次，在更换钻头前或容易缩孔处，均应验孔。

g. 进入基岩后，非桩端持力层每钻进300～500mm和桩端持力层每钻进100～300mm时，应清孔取样一次，并应做记录。

⑤ 排渣可采用泥浆循环或抽渣筒等方法，当采用抽渣筒排渣时，应及时补给泥浆。

⑥ 冲孔中遇到斜孔、弯孔、梅花孔、塌孔及护筒周围冒浆、失稳等情况时，应停止施工，采取措施后方可继续施工。

⑦ 大直径桩孔可分级成孔，第一级成孔直径应为设计桩径的60%～80%。

⑧ 清孔宜按下列规定进行。

a. 不易塌孔的桩孔，可采用空气吸泥清孔。

b. 稳定性差的孔壁应采用泥浆循环或抽渣筒排渣，清孔后灌注混凝土之前的泥浆指标应按1. 中①执行。

c. 清孔时，孔内泥浆而应符合1. 中②的规定。

d. 灌注混凝土前，孔底沉渣允许厚度应符合2. 中⑥的规定。

4. 旋挖成孔灌注桩的施工

① 旋挖钻成孔灌注桩应根据不同的地层情况及地下水位埋深，采用干作业成孔和泥浆护壁成孔工艺。干作业成孔工艺可按“必知要点23 干作业成孔灌注桩”执行。

② 泥浆护壁旋挖钻机成孔应配备成孔和清孔用泥浆及泥浆池（箱），在容易产生泥浆渗漏的土层中可采取提高泥浆相对密度，掺入锯末、增黏剂提高泥浆黏度等维持孔壁稳定的措施。

③ 泥浆制备的能力应大于钻孔时的泥浆需求量，每台套钻机的泥浆储备量不应少于单桩体积。

④ 旋挖钻机施工时，应保证机械稳定、安全作业，必要时可在场地铺设能保证其安全行走和操作的钢板或垫层（路基板）。

⑤ 每根桩均应安设钢护筒，护筒应满足 2. 中②的规定。

⑥ 成孔前和每次提出钻斗时，应检查钻和钻杆连接销子、钻斗门连接销子以及钢丝绳的状况，并应清除钻斗上的渣土。

⑦ 旋挖钻机成孔应采用跳挖方式，钻斗倒出的土距桩孔口的最小距离应大于 6m，并应及时清除。应根据钻进速度同步补充泥浆，保持所需的泥浆面高度不变。

⑧ 钻孔达到设计深度时，应采用清孔钻头进行清孔，并应满足 1. 中②和③的要求。孔底沉渣厚度控制指标应符合 2. 中⑥的规定。

5. 水下混凝土的灌注

① 钢筋笼吊装完毕后，应安置导管或气泵管二次清孔，并应进行孔位、孔径、垂直度、孔深、沉渣厚度等检验，合格后应立即灌注混凝土。

② 水下灌注的混凝土应符合下列规定：

a. 水下灌注混凝土必须具备良好的和易性，配合比应通过试验确定；坍落度宜为 180～220mm；水泥用量不应少于 $360kg/m^3$（当掺入粉煤灰时水泥用量可不受此限）。

b. 水下灌注混凝土的含砂率宜为 40%～50%，并宜选用中粗砂；粗骨料的最大粒径应小于 40mm；并应满足《建筑桩基技术规范》（JGJ 94—2008）第 6.2.6 条的要求。

c. 水下灌注混凝土宜掺外加剂。

③ 导管的构造和使用应符合下列规定。

a. 导管壁厚不宜小于 3mm，直径宜为 200～250mm；直径制作偏差不应超过 2mm，导管的分节长度可视工艺要求确定，底管长度不宜小于 4m，接头宜采用双螺纹方扣快速接头。

b. 导管使用前应试拼装、试压，试水压力可取为0.6～1.0MPa。

c. 每次灌注后应对导管内外进行清洗。

④ 使用的隔水栓应有良好的隔水性能，并应保证顺利排出；隔水栓宜采用球胆或与桩身混凝土强度等级相同的细石混凝土制作。

⑤ 灌注水下混凝土的质量控制应满足下列要求。

a. 开始灌注混凝土时，导管底部至孔底的距离宜为300～500mm。

b. 应有足够的混凝土储备量，导管一次埋入混凝土灌注面以下不应少于0.8m。

c. 导管埋入混凝土深度宜为2～6m。严禁将导管提出混凝土灌注面，并应控制提拔导管速度，应有专人测量导管埋深及管内外混凝土灌注面的高差，填写水下混凝土灌注记录。

d. 灌注水下混凝土必须连续施工，每根桩的灌注时间应按初盘混凝土的初凝时间控制，对灌注过程中的故障应记录备案。

e. 应控制最后一次灌注量，超灌高度宜为0.8～1.0m。凿除泛浆后必须保证暴露的桩顶混凝土强度达到设计等级。

必知要点21：长螺旋钻孔压灌桩

① 当需要穿越老黏土、厚层砂土、碎石土以及塑性指数大于25的黏土时，应进行试钻。

② 钻机定位后，应进行复检，钻头与桩位点偏差不得大于20mm，开孔时下钻速度应缓慢；钻进过程中，不宜反转或提升钻杆。

③ 钻进过程中，当遇到卡钻、钻机摇晃、偏斜或发生异常声响时，应立即停钻，查明原因、采取相应措施后方可继续作业。

④ 应根据桩身混凝土的设计强度等级，通过试验确定混凝土配合比；混凝土坍落度宜为180～220mm；粗骨料可采用卵石或碎石，最大粒径不宜大于30mm；可掺加粉煤灰或外加剂。

⑤ 混凝土泵型号应根据桩径选择，混凝土输送泵管布置宜减

少弯道，混凝土泵与钻机的距离不宜超过60m。

⑥ 桩身混凝土的泵送压灌应连续进行，当钻机移位时，混凝土泵料斗内的混凝土应连续搅拌，泵送混凝土时，料斗内混凝土的高度不得低于100mm。

⑦ 混凝土输送泵管宜保持水平，当长距离泵送时，泵管下面应垫实。

⑧ 当气温高于30℃时，宜在输送泵管上覆盖隔热材料，每隔一段时间应洒水降温。

⑨ 钻至设计标高后，应先泵入混凝土并停顿10～20s，再缓慢提升钻杆。提钻速度应根据土层情况确定，且应与混凝土泵送量相匹配，保证管内有一定高度的混凝土。

⑩ 在地下水位以下的砂土层中钻进时，钻杆底部活门应有防止进水的措施，压灌混凝土应连续进行。

⑪ 压灌桩的充盈系数宜为1.0～1.2。桩顶混凝土超灌高度不宜小于0.3～0.5m。

⑫ 成桩后，应及时清除钻杆及泵管内残留混凝土。长时间停置时，应用清水将钻杆、泵管、混凝土泵清洗干净。

⑬ 混凝土压灌结束后，应立即将钢筋笼插至设计深度。钢筋笼插设宜采用专用插筋器。

必知要点22：沉管灌注桩和内夯沉管灌注桩

1. 锤击沉管灌注桩施工

① 锤击沉管灌注桩施工应根据土质情况和荷载要求，分别选用单打法、复打法或反插法。

② 锤击沉管灌注桩施工应符合下列规定。

a. 群桩基础的基桩施工，应根据土质、布桩情况，采取消减负面挤土效应的技术措施，确保成桩质量。

b. 桩管、混凝土预制桩尖或钢桩尖的加工质量和埋设位置应与设计相符，桩管与桩尖的接触应有良好的密封性。

③ 灌注混凝土和拔管的操作控制应符合下列规定。

a. 沉管至设计标高后，应立即检查和处理桩管内的进泥、进水和吞桩尖等情况，并立即灌注混凝土。

b. 当桩身配置局部长度钢筋笼时，第一次灌注混凝土应先灌至笼底标高，然后放置钢筋笼，再灌至桩顶标高。第一次拔管高度应以能容纳第二次灌入的混凝土量为限。在拔管过程中应采用测锤或浮标检测混凝土面的下降情况。

c. 拔管速度应保持均匀，对一般土层拔管速度宜为1m/min，在软弱土层和软硬土层交界处拔管速度宜控制在0.3～0.8m/min。

d. 采用倒打拔管的打击次数，单动汽锤不得少于50次/min，自由落锤小落距轻击不得少于40次/min；在管底未拔至桩顶设计标高之前，倒打和轻击不得中断。

④ 混凝土的充盈系数不得小于1.0；对于充盈系数小于1.0的桩，应全长复打，对可能断桩和缩颈桩的，应进行局部复打。成桩后的桩身混凝土顶面应高于桩顶设计标高500mm以内。全长复打时，桩管入土深度宜接近原桩长，局部复打应超过断桩或缩颈区1m以上。

⑤ 全长复打桩施工时应符合下列规定。

a. 第一次灌注混凝土应达到自然地面。

b. 拔管过程中应及时清除粘在管壁上和散落在地面上的混凝土。

c. 初打与复打的桩轴线应重合。

d. 复打施工必须在第一次灌注的混凝土初凝之前完成。

⑥ 混凝土的坍落度宜为80～100mm。

2. 振动、振动冲击沉管灌注桩施工

① 振动、振动冲击沉管灌注桩应根据土质情况和荷载要求，分别选用单打法、复打法、反插法等。单打法可用于含水量较小的土层，且宜采用预制桩尖；反插法及复打法可用于饱和土层。

② 振动、振动冲击沉管灌注桩单打法施工的质量控制应符合

下列规定。

a. 必须严格控制最后30s的电流、电压值，其值按设计要求或根据试桩和当地经验确定。

b. 桩管内灌满混凝土后，应先振动5～10s，再开始拔管，应边振边拔，每拔出0.5～1.0m，停拔，再振动5～10s；如此反复，直至桩管全部拔出。

c. 在一般土层内，拔管速度宜为1.2～1.5m/min，用活瓣桩尖时宜慢，用预制桩尖时可适当加快；在软弱土层中宜控制在0.6～0.8m/min。

③ 振动、振动冲击沉管灌注桩反插法施工的质量控制应符合下列规定。

a. 桩管灌满混凝土后，先振动再拔管，每次拔管高度0.5～1.0m，反插深度0.3～0.5m；在拔管过程中，应分段添加混凝土，保持管内混凝土面始终不低于地表面或高于地下水位1.0～1.5m以上，拔管速度应小于0.5m/min。

b. 在距桩尖处1.5m范围内，宜多次反插以扩大桩端部断面。

c. 穿过淤泥夹层时，应减慢拔管速度，并减少拔管高度和反插深度，在流动性淤泥中不宜使用反插法。

④ 振动、振动冲击沉管灌注桩复打法的施工要求可按1. 中④和⑤执行。

3. 内夯沉管灌注桩施工

① 当采用外管与内夯管结合锤击沉管进行夯压、扩底、扩径时，内夯管应比外管短100mm，内夯管底端可采用闭口平底或闭口锥底（图2-6）。

② 外管封底可采用干硬性混凝土、无水混凝土配料，经夯击形成阻水、阻泥管塞，其高度可为100mm。当内、外管间不会发生间隙涌水、涌泥时，亦可不采用上述封底措施。

③ 桩端夯扩头平均直径可按下列公式估算：

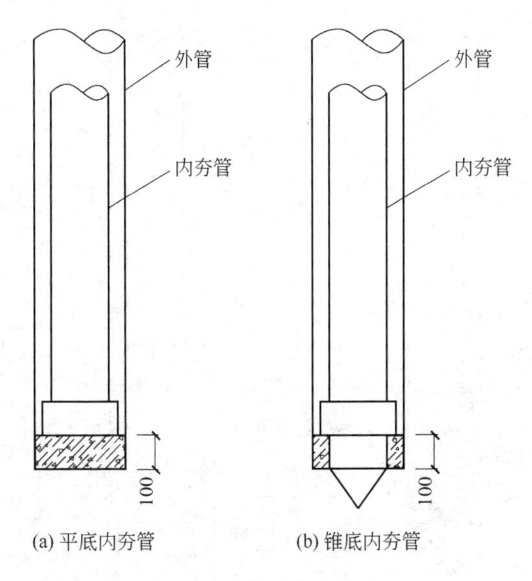

图 2-6 内外管及管塞

一次夯扩
$$D_1=d_0\sqrt{\frac{H_1+h_1-C_1}{h_1}} \tag{2-6}$$

二次夯扩
$$D_2=d_0\sqrt{\frac{H_1+H_2+h_2-C_1-C_2}{h_2}} \tag{2-7}$$

式中 D_1,D_2——第一次、第二次夯扩扩头平均直径，m；

d_0——外管直径，m；

H_1,H_2——第一次、第二次夯扩工序中，外管内灌注混凝土面从桩底算起的高度，m；

h_1,h_2——第一次、第二次夯扩工序中，外管从桩底算起的上拔高度，m，分别可取 $H_1/2$，$H_2/2$；

C_1,C_2——第一次、二次夯扩工序中，内外管同步下沉到离桩底的距离，均可取为 0.2m（图 2-7）。

④ 桩身混凝土宜分段灌注；拔管时内夯管和桩锤应施压于外管中的混凝土顶面，边压边拔。

⑤ 施工前宜进行试成桩，并应详细记录混凝土的分次灌注量、

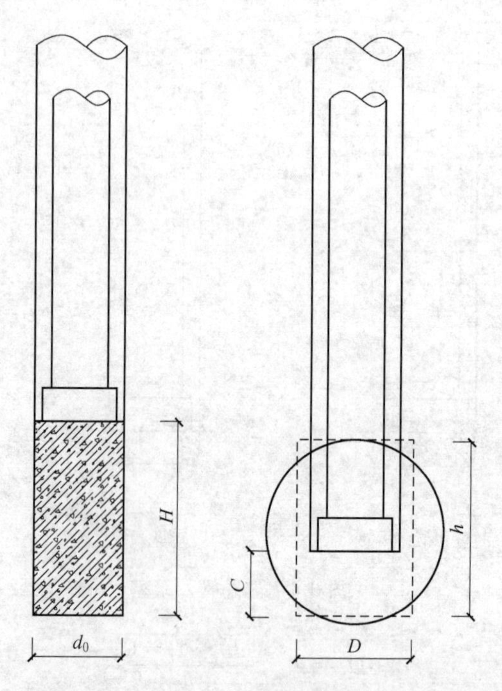

图 2-7 扩底端

外管上拔高度、内管夯击次数、双管同步沉入深度，检查外管的封底情况，有无进水、涌泥等，经核定后可作为施工控制依据。

必知要点 23: 干作业成孔灌注桩

1. 钻孔（扩底）灌注桩施工

① 钻孔时应符合下列规定。

a. 钻杆应保持垂直稳固，位置准确，防止因钻杆晃动引起扩大孔径。

b. 钻进速度应根据电流值变化及时调整。

c. 钻进过程中，应随时清理孔口积土，遇到地下水、塌孔、缩孔等异常情况时，应及时处理。

② 成孔达到设计深度后，孔口应予保护，应按表 2-6 规定验

收，并应做好记录。

表 2-6　灌注桩成孔施工允许偏差

<table>
<tr><th colspan="2" rowspan="2">成孔方法</th><th rowspan="2">桩径允许偏差/mm</th><th rowspan="2">垂直度允许偏差/%</th><th colspan="2">桩位允许偏差/mm</th></tr>
<tr><th>1～3根桩、条形桩基沿垂直轴线方向和群桩基础中的边桩</th><th>条形桩基沿轴线方向和群桩基础的中间桩</th></tr>
<tr><td rowspan="2">泥浆护壁钻、挖、冲孔桩</td><td>$d \leqslant 1000$mm</td><td>±50</td><td rowspan="2">1</td><td>$d/6$且不大于100</td><td>$d/4$且不大于150</td></tr>
<tr><td>$d > 1000$mm</td><td>±50</td><td>$100+0.01H$</td><td>$150+0.01H$</td></tr>
<tr><td rowspan="2">锤击(振动)沉管振动冲击沉管成桩</td><td>$d \leqslant 500$mm</td><td rowspan="2">−20</td><td rowspan="2">1</td><td>70</td><td>150</td></tr>
<tr><td>$d > 500$mm</td><td>100</td><td>150</td></tr>
<tr><td colspan="2">螺旋钻、机动洛阳铲干作业成孔</td><td>−20</td><td>1</td><td>70</td><td>150</td></tr>
<tr><td rowspan="2">人工挖孔桩</td><td>现浇混凝土护壁</td><td>±50</td><td>0.5</td><td>50</td><td>150</td></tr>
<tr><td>长钢套管护壁</td><td>±50</td><td>1</td><td>100</td><td>200</td></tr>
</table>

注：1. 桩径允许偏差的负值是指个别断面。
2. H为施工现场地面标高与桩顶设计标高的距离；d为设计桩径。

③ 灌注混凝土前，应在孔口安放护孔漏斗，然后放置钢筋笼，并应再次测量孔内虚土厚度。扩底桩灌注混凝土时，第一次应灌到扩底部位的顶面，随即振捣密实；浇筑桩顶以下5m范围内混凝土时，应随浇筑随振捣，每次浇筑高度不得大于1.5m。

④ 钻孔扩底桩施工，直孔部分应按①、②、③规定执行，扩底部位尚应符合下列规定：

a. 应根据电流值或油压值，调节扩孔刀片削土量，防止出现超负荷现象；

b. 扩底直径和孔底的虚土厚度应符合设计要求。

2. 人工挖孔灌注桩施工

① 人工挖孔桩的孔径（不含护壁）不得小于0.8m，且不宜大

于2.5m；孔深不宜大于30m。当桩净距小于2.5m时，应采用间隔开挖。相邻排桩跳挖的最小施工净距不得小于4.5m。

② 人工挖孔桩混凝土护壁的厚度不应小于100mm，混凝土强度等级不应低于桩身混凝土强度等级，并应振捣密实；护壁应配置直径不小于8mm的构造钢筋，竖向筋应上下搭接或拉接。

③ 人工挖孔桩施工应采取下列安全措施。

a. 孔内必须设置应急软爬梯供人员上下；使用的电葫芦、吊笼等应安全可靠，并配有自动卡紧保险装置，不得使用麻绳和尼龙绳吊挂或脚踏井壁凸缘上下；电葫芦宜用按钮式开关，使用前必须检验其安全起吊能力。

b. 每日开工前必须检测井下的有毒、有害气体，并应有相应的安全防范措施；当桩孔开挖深度超过10m时，应有专门向井下送风的设备，风量不宜少于25L/s。

c. 孔口四周必须设置护栏，护栏高度宜为0.8m。

d. 挖出的土石方应及时运离孔口，不得堆放在孔口周边1m范围内，机动车辆的通行不得对井壁的安全造成影响。

e. 施工现场的一切电源、电路的安装和拆除必须遵守现行行业标准《施工现场临时用电安全技术规范》（JGJ 46—2005）的规定。

④ 开孔前，桩位应准确定位放样，在桩位外设置定化基准桩，安装护壁模板必须用桩中心点校正模板位置，并应由专人负责。

⑤ 第一节井圈护壁应符合下列规定：

a. 井圈中心线与设计轴线的偏差不得大于20mm；

b. 井圈顶面应比场地高出100～150mm，壁厚应比下面井壁厚度增加100～150mm。

⑥ 修筑井圈护壁应符合下列规定。

a. 护壁的厚度、拉接钢筋、配筋、混凝土强度等级均应符合设计要求。

b. 上下节护壁的搭接长度不得小于50mm。

c. 每节护壁均应在当日连续施工完毕。

d. 护壁混凝土必须保证振捣密实，应根据土层渗水情况使用速凝剂。

e. 护壁模板的拆除应在灌注混凝土 24h 之后。

f. 发现护壁有蜂窝、漏水现象时，应及时补强。

g. 同一水平面上的井圈任意直径的极差不得大于 50mm。

⑦ 当遇有局部或厚度不大于 1.5m 的流动性淤泥和可能出现涌土、涌砂时，护壁施工可按下列办法处理：

a. 将每节护壁的高度减小到 300～500mm，并随挖、随验、随灌注混凝土；

b. 采用钢护筒或有效的降水措施。

⑧ 挖至设计标高后，应清除护壁上的泥土和孔底残渣、积水，并应进行隐蔽工程验收。验收合格后，应立即封底和灌注桩身混凝土。

⑨ 灌注桩身混凝土时，混凝土必须通过溜槽；当落距超过 3m 时，应采用串筒，串筒末端距孔底高度不宜大于 2m；也可采用导管泵送；混凝土宜采用插入式振捣器振实。

⑩ 当渗水量过大时，应采取场地截水、降水或水下灌注混凝土等有效措施。严禁在桩孔中边抽水边外挖，同时不得灌注相邻桩。

必知要点 24：灌注桩后注浆加固

① 灌注桩后注浆工法可用于各类钻、挖、冲孔灌注桩及地下连续墙的沉渣（虚土）、泥皮和桩底、桩侧一定范围土体的加固。

② 后注浆装置的设置应符合下列规定。

a. 后注浆导管应采用钢管，且应与钢筋笼加劲筋绑扎固定或焊接。

b. 桩端后注浆导管及注浆阀数量宜根据桩径大小设置：对于直径不大于 1200mm 的桩，宜沿钢筋笼圆周对称设置 2 根；对于直径大于 1200mm 而不大于 2500mm 的桩，宜对称设置 3 根。

c. 对于桩长超过 15m 且承载力增幅要求较高者，宜采用桩端桩侧复式注浆：桩侧后注浆管阀设置数量应综合地层情况、桩长和承载力增幅要求等因素确定，可在离桩底 5～15m 以上、桩顶 8m 以下，每隔 6～12m 设置一道桩侧注浆阀，当有粗粒土时，宜将注浆阀设置于粗粒土层下部，对于干作业成孔灌注桩宜设于粗粒土层中部。

d. 对于非通长配筋桩，下部应有不少于 2 根与注浆管等长的主筋组成的钢筋笼通底。

e. 钢筋笼应沉放到底，不得悬吊，下笼受阻时不得撞笼、墩笼、扭笼。

③ 后注浆阀应具备下列性能。

a. 注浆阀应能承受 1MPa 以上静水压力；注浆阀外部保护层应能抵抗砂石等硬质物的刮撞而不致使注浆阀受损。

b. 注浆阀应具备逆止功能。

④ 浆液配比、终止注浆压力、流量、注浆量等参数设计应符合下列规定。

a. 浆液的水灰比应根据土的饱和度、渗透性确定，对于饱和土，水灰比宜为 0.15～0.65；对于非饱和土，水灰比宜为 0.7～0.9（松散碎石土、砂砾宜为 0.5～0.6）；低水灰比浆液宜掺入减水剂。

b. 桩端注浆终止注浆压力应根据土层性质及注浆点深度确定，对于风化岩、非饱和黏性土及粉土，注浆压力宜为 3～10MPa；对于饱和土层注浆压力宜为 1.2～4MPa，软土宜取低值，密实黏性土宜取高值。

c. 注浆流量不宜超过 75L/min。

d. 单桩注浆量的设计应根据桩径、桩长、桩端桩侧土层性质、单桩承载力增幅及是否复式注浆等因素确定，可按下式估算：

$$G_c = \alpha_p d + \alpha_s n d \tag{2-8}$$

式中 α_p，α_s——分别为桩端、桩侧注浆量经验系数，$\alpha_p = 1.5$～

1.8，$\alpha_s=0.5\sim0.7$；对于卵、砾石、中粗砂取较高值；

n——桩侧注浆断面数；

d——基桩设计直径，m；

G_c——注浆量，以水泥质量计，t。

对独立单桩、桩距大于 $6d$ 的群桩和群桩初始注浆的数根基桩的注浆量计算应按上述估算值乘以 1.2 的系数。

e. 后注浆作业开始前，宜进行注浆试验，优化并最终确定注浆参数。

⑤ 后注浆作业起始时间、顺序和速率应符合下列规定。

a. 注浆作业宜于成桩 2d 后开始；不宜迟于成桩 30d 后。

b. 注浆作业与成孔作业点的距离不宜小于 8～10m。

c. 对于饱和土中的复式注浆顺序宜先桩侧后桩端；对于非饱和土宜先桩端后桩侧；多断面桩侧注浆应先上后下；桩侧桩端注浆间隔时间不宜少于 2h。

d. 桩端注浆应对同一根桩的各注浆导管依次实施等量注浆。

e. 对于桩群注浆宜先外围、后内部。

⑥ 当满足下列条件之一时可终止注浆：

a. 注浆总量和注浆压力均达到设计要求；

b. 注浆总量已达到设计值的 75%，且注浆压力超过设计值。

⑦ 当注浆压力长时间低于正常值或地面出现冒浆或周围桩孔串浆时，应改为间歇注浆，间歇时间宜为 30～60min，或调低浆液水灰比。

⑧ 后注浆施工过程中，应经常对后注浆的各项工艺参数进行检查，发现异常时应采取相应处理措施。当注浆量等主要参数达不到设计值时，应根据工程具体情况采取相应措施。

⑨ 后注浆桩基工程质量检查和验收应符合下列要求。

a. 后注浆施工完成后应提供水泥材质检验报告、压力表检定证书、试注浆记录、设计工艺参数、后注浆作业记录、特殊情况处理记录等资料。

b. 在桩身混凝土强度达到设计要求的条件下，承载力检验应在注浆完成20d后进行，浆液中掺入早强剂时可于注浆完成15d后进行。

必知要点25：混凝土预制桩的制作

① 混凝土预制桩可在施工现场预制，预制场地必须平整、坚实。

② 制桩模板宜采用钢模板，模板应具有足够刚度，并应平整，尺寸应准确。

③ 钢筋骨架的主筋连接宜采用对焊和电弧焊，当钢筋直径不小于20mm时，宜采用机械接头连接。主筋接头配置在同一截面内的数量，应符合下列规定。

a. 当采用对焊或电弧焊时，对于受拉钢筋，不得超过50%。

b. 相邻两根主筋接头截面的距离应大于$35d_g$（d_g为主筋直径），并不应小于500mm。

c. 必须符合现行行业标准《钢筋焊接及验收规程》（JGJ 18—2012）和《钢筋机械连接技术规程》（JGJ 107—2010）的规定。

④ 预制桩钢筋骨架的允许偏差应符合表2-7的规定。

表2-7 预制桩钢筋骨架的允许偏差

项次	项目	允许偏差/mm
1	主筋间距	±5
2	桩尖中心线	10
3	箍筋间距或螺旋筋的螺距	±20
4	吊环沿纵轴线方向	±20
5	吊环沿垂直于纵轴线方向	±20
6	吊环露出桩表面的高度	±10
7	主筋距桩顶距离	±5
8	桩顶钢筋网片位置	±10
9	多节桩桩顶预埋件位置	±3

⑤ 确定桩的单节长度时应符合下列规定：

a. 满足桩架的有效高度、制作场地条件、运输与装卸能力；

b. 避免在桩尖接近或处于硬持力层中时接桩。

⑥ 浇注混凝土预制桩时，宜从桩顶开始灌筑，并应防止另一端的砂浆积聚过多。

⑦ 锤击预制桩的骨料粒径宜为 5～40mm。

⑧ 锤击预制桩，应在强度与龄期均达到要求后，方可锤击。

⑨ 重叠法制作预制桩时，应符合下列规定：

a. 桩与邻桩及底模之间的接触面不得粘连；

b. 上层桩或邻桩的浇筑，必须在下层桩或邻桩的混凝土达到设计强度的 30％以上后，方可进行；

c. 桩的重叠层数不应超过 4 层。

⑩ 混凝土预制桩的表面应平整、密实，制作允许偏差应符合表 2-8 的规定。

表 2-8　混凝土预制桩制作允许偏差

桩型	项目	允许偏差/mm
钢筋混凝土实心桩	横截面边长	±5
	桩顶对角线之差	≤5
	保护层厚度	±5
	桩身弯曲矢高	不大于 1‰桩长且不大于 20
	桩尖偏心	≤10
	桩端面倾斜	≤0.005
	桩节长度	±20
钢筋混凝土管桩	直径	±5
	长度	±0.5％桩长
	管壁厚度	－5
	保护层厚度	＋10，－5
	桩身弯曲(度)矢高	1‰桩长
	桩尖偏心	≤10
	桩头板平整度	≤2
	桩头板偏心	≤2

⑪《建筑桩基技术规范》（JGJ 94—2008）未作规定的预应力混凝土桩的其他要求及离心混凝土强度等级评定方法，应符合国家现行标准《先张法预应力混凝土管桩》（GB 13476—2009）和《预应力混凝土空心方桩》（JG 197—2006）的规定。

必知要点 26：混凝土预制桩的起吊、运输和堆放

① 混凝土实心桩的吊运应符合下列规定：

a. 混凝土设计强度达剑 70%及以上方可起吊，达到 100%方可运输；

b. 桩起吊时应采取相应措施，保证安全平稳，保护桩身质量；

c. 水平运输时，应做到桩身平稳放置，严禁在场地上直接拖拉桩体。

② 预应力混凝土空心桩的吊运应符合下列规定：

a. 出厂前应做出厂检查，其规格、批号、制作日期应符合所属的验收批号内容；

b. 在吊运过程中应轻吊轻放，避免剧烈碰撞；

c. 单节桩可采用专用吊钩勾住桩两端内壁直接进行水平起吊；

d. 运至施工现场时应进行检查验收，严禁使用质量不合格及在吊运过程中产生裂缝的桩。

③ 预应力混凝土空心桩的堆放应符合下列规定。

a. 堆放场地应平整坚实，最下层与地面接触的垫木应有足够的宽度和高度。堆放时桩应稳固，不得滚动。

b. 应按不同规格、长度及施工流水顺序分别堆放。

c. 当场地条件许可时，宜单层堆放；当叠层堆放时，外径为 500～600mm 的桩不宜超过 4 层，外径为 300～400mm 的桩不宜超过 5 层。

d. 叠层堆放桩时，应在垂直于桩长度方向的地面上设置两道垫木，垫木应分别位于距桩端 1/5 桩长处：底层最外缘的桩应在垫木处用木楔塞紧。

e. 垫木宜选用耐压的长木枋或枕木，不得使用有棱角的金属构件。

④ 取桩应符合下列规定：

a. 当桩叠层堆放超过两层时，应采用吊机取桩，严禁拖拉取桩；

b. 三点支撑自行式打桩机不应拖拉取桩。

必知要点 27：混凝土预制桩的接桩

① 桩的连接可采用焊接、法兰连接或机械快速连接（螺纹式、啮合式）。

② 接桩材料应符合下列规定。

a. 焊接接桩：钢钣宜采用低碳钢，焊条宜采用 E43；并应符合现行行业标准《建筑钢结构焊接技术规程》（JGJ 81—2002）的要求。

b. 法兰接桩：钢钣和螺栓宜采用低碳钢。

③ 采用焊接接桩除应符合现行行业标准《建筑钢结构焊接技术规程》（JGJ 81—2002）的有关规定外，尚应符合下列规定。

a. 下节桩段的桩头宜高出地面 0.5m。

b. 下节桩的桩头处宜设导向箍；接桩时上下节桩段应保持顺直，错位偏差不宜大于 2mm；接桩就位纠偏时，不得采用大锤横向敲打。

c. 桩对接前，上下端钣表面应采用铁刷子清刷干净，坡口处应刷至露出金属光泽。

d. 焊接宜在桩四周对称地进行，待上下桩节固定后拆除导向箍再分层施焊；焊接层数不得少于 2 层，第一层焊完后必须把焊渣清理干净，方可进行第二层（的）施焊，焊缝应连续、饱满。

e. 焊好后的桩接头应自然冷却后方可继续锤击，自然冷却时间不宜少于 8min；严禁采用水冷却或焊好即施打。

f. 雨天焊接时，应采取可靠的防雨措施。

g. 焊接接头的质量检查宜采用探伤检测，同一工程探伤抽样检验不得少于 3 个接头。

④ 采用机械快速螺纹接桩的操作与质量应符合下列规定。

a. 接桩前应检查桩两端制作的尺寸偏差及连接件，无受损后方可起吊施工，其下节桩端宜高出地面 0.8m。

b. 接桩时，卸下上下节桩两端的保护装置后，应清理接头残余物，涂上润滑脂。

c. 应采用专用接头锥度对中，对准上下节桩进行旋紧连接。

d. 可采用专用链条式扳手进行旋紧（臂长 1m，卡紧后人工旋紧再用铁锤敲击板臂)，锁紧后两端板应有 1～2mm 的间隙。

⑤ 采用机械啮合接头接桩的操作与质量应符合下列规定。

a. 将上下接头钣清理干净，用扳手将已涂抹沥青涂料的连接销逐根旋入上节桩Ⅰ型端头钣的螺栓孔内，并用钢模板调整好连接销的方位。

b. 剔除下节桩Ⅱ型端头钣连接槽内泡沫塑料保护块，在连接槽内注入沥青涂料，并在端头钣面周边抹上宽度 20mm、厚度 3mm 的沥青涂料；当地基土、地下水含中等以上腐蚀介质时，桩端钣板面应满涂沥青涂料。

c. 将上节桩吊起，使连接销与Ⅱ型端头钣上各连接口对准，随即将连接销插入连接槽内。

d. 加压使上下节桩的桩头钣接触，完成接桩。

必知要点 28：锤击沉桩

① 沉桩前必须处理空中和地下障碍物，场地应平整，排水应畅通，并应满足打桩所需的地面承载力。

② 桩锤的选用应根据地质条件、桩型、桩的密集程度、单桩竖向承载力及现有施工条件等因素确定，也可按表 2-9 选用。

表 2-9　锤重选择表

<table>
<tr><td colspan="3" rowspan="2">锤型</td><td colspan="7">柴油锤/t</td></tr>
<tr><td>D25</td><td>D35</td><td>D45</td><td>D60</td><td>D72</td><td>D80</td><td>D100</td></tr>
<tr><td rowspan="4">锤的动力性能</td><td colspan="2">冲击部分质量/t</td><td>2.5</td><td>3.5</td><td>4.5</td><td>6.0</td><td>7.2</td><td>8.0</td><td>10.0</td></tr>
<tr><td colspan="2">总质量/t</td><td>6.5</td><td>7.2</td><td>9.6</td><td>15.0</td><td>18.0</td><td>17.0</td><td>20.0</td></tr>
<tr><td colspan="2">冲击力/kN</td><td>2000～2500</td><td>2500～4000</td><td>4000～5000</td><td>5000～7000</td><td>7000～10000</td><td>＞10000</td><td>＞12000</td></tr>
<tr><td colspan="2">常用冲程/m</td><td colspan="7">1.8～2.3</td></tr>
<tr><td rowspan="2">桩的截面尺寸</td><td colspan="2">预制方桩、预应力管桩的边长或直径/mm</td><td>350～400</td><td>400～450</td><td>450～500</td><td>500～550</td><td>550～600</td><td>600以上</td><td>600以上</td></tr>
<tr><td colspan="2">钢管桩直径/cm</td><td colspan="2">400</td><td>600</td><td>900</td><td>900～1000</td><td>900以上</td><td>900以上</td></tr>
<tr><td rowspan="4">持力层</td><td rowspan="2">黏性土粉土</td><td>一般进入深度/m</td><td>1.5～2.5</td><td>2.0～3.0</td><td>2.5～3.5</td><td>3.0～4.0</td><td>3.0～5.0</td><td></td><td></td></tr>
<tr><td>静力触探比贯入阻力 P_s 平均值/MPa</td><td>4</td><td>5</td><td>＞5</td><td>＞5</td><td>＞5</td><td></td><td></td></tr>
<tr><td rowspan="2">砂土</td><td>一般进入深度/m</td><td>0.5～1.5</td><td>1.0～2.0</td><td>1.5～2.5</td><td>2.0～3.0</td><td>2.5～3.5</td><td>4.0～5.0</td><td>5.0～6.0</td></tr>
<tr><td>标准贯入击数 $N_{63.5}$（未修正）</td><td>20～30</td><td>30～40</td><td>40～45</td><td>45～50</td><td>50</td><td>＞50</td><td>＞50</td></tr>
<tr><td colspan="3">锤的常用控制贯入度/(cm/10击)</td><td colspan="2">2～3</td><td>3～5</td><td colspan="2">4～8</td><td>5～10</td><td>7～12</td></tr>
<tr><td colspan="3">设计单桩极限承载力/kN</td><td>800～1600</td><td>2500～4000</td><td>3000～5000</td><td>5000～7000</td><td>7000～10000</td><td>＞10000</td><td>＞10000</td></tr>
</table>

注：1. 本表仅供选锤用。

2. 本表适用于桩端进入硬土层一定深度的长度为 20～60m 的钢筋混凝土预制桩及长度为 40～60m 的钢管桩。

③ 桩打入时应符合下列规定：

a. 桩帽或送桩帽与桩周围的间隙应为 5～10mm；

b. 锤与桩帽、桩帽与桩之间应加设硬木、麻袋、草垫等弹性衬垫；

c. 桩锤、桩帽或送桩帽应和桩身在同一中心线上；

d. 桩插入时的垂直度偏差不得超过 0.5%。

④ 打桩顺序要求应符合下列规定：

a. 对于密集桩群，自中间向两个方向或四周对称施打；

b. 当一侧毗邻建筑物时，由毗邻建筑物处向另一方向施打；

c. 根据基础的设计标高，宜先深后浅；

d. 根据桩的规格，宜先大后小，先长后短。

⑤ 打入桩（预制混凝土方桩、预应力混凝土空心桩、钢桩）的桩位偏差，应符合表 2-10 的规定。斜桩倾斜度的偏差不得大于倾斜角正切值的 15%（倾斜角系桩的纵向中心线与铅垂线间夹角）。

表 2-10 打入桩桩位的允许偏差

项目	允许偏差/mm
带有基础梁的桩 (1)垂直基础梁的中心线 (2)沿基础梁的中心线	 100+0.01H 150+0.01H
桩数为 1～3 根桩基中的桩	100
桩数为 4～16 根桩基中的桩	1/2 桩径或边长
桩数大于 16 根桩基中的桩 (1)最外边的桩 (2)中间桩	 1/3 桩径或边长 1/2 桩径或边长

⑥ 桩终止锤击的控制应符合下列规定。

a. 当桩端位于一般土层时，应以控制桩端设计标高为主，贯入度为辅。

b. 桩端达到坚硬、硬塑的黏性土、中密以上粉土、砂土、碎石类土及风化岩时，应以贯入度控制为主，桩端标高为辅。

c. 贯入度已达到设计要求而桩端标高未达到时，应继续锤击 3 阵，并按每阵 10 击的贯入度不应大于设计规定的数值确认，必要时，施工控制贯入度应通过试验确定。

⑦ 当遇到贯入度剧变，桩身突然发发生倾斜、位移或有严重回弹、桩顶或桩身出现严重裂缝、破碎等情况时，应暂停打桩，并分析原因，采取相应措施。

⑧ 当采用射水法沉桩时，应符合下列规定：

a. 射水法沉桩宜用于砂土和碎石土；

b. 沉桩至最后1～2m时，应停止射水，并采用锤击至规定标高，终锤控制标准可按⑥有关规定执行。

⑨ 施打大面积密集桩群时，应采取下列辅助措施。

a. 对预钻孔沉桩，预钻孔孔径可比桩径（或方桩对角线）小50～100mm，深度可根据桩距和土的密实度、渗透性确定，宜为桩长的1/3～1/2；施工时应随钻随打；桩架宜具备钻孔锤击双重性能。

b. 对饱和黏性土地基，应设置袋装砂井或塑料排水板；袋装砂井直径宜为70～80mm，间距宜为1.0～1.5m，深度宜为10～12m；塑料排水板的深度、间距与袋装砂井相同。

c. 应设置隔离板桩或地下连续墙。

d. 可开挖地面防震沟，并可与其他措施结合使用，防震沟沟宽可取0.5～0.8m，深度按土质情况决定。

e. 应控制打桩速率和日打桩量，24h内休止时间不应少于8h。

f. 沉桩结束后，宜普遍实施一次复打。

g. 应对不少于总桩数10%的桩顶上涌和水平位移进行监测。

h. 沉桩过程中应加强邻近建筑物、地下管线等的观测、监护。

⑩ 预应力混凝土管桩的总锤击数及最后1.0m沉桩锤击数应根据桩身强度和当地工程经验确定。

⑪ 锤击沉桩送桩应符合下列规定。

a. 送桩深度不宜大于2.0m。

b. 当桩顶打至接近地面需要送桩时，应测出桩的垂直度并检查桩顶质量，合格后应及时送桩。

c. 送桩的最后贯入度应参考相同条件下不送桩时的最后贯入度并修正。

d. 送桩后遗留的桩孔应立即回填或覆盖。

e. 当送桩深度超过2.0m且不大于6.0m时，打桩机应选用三点支撑履带自行式或步履式柴油打桩机；桩帽和桩锤之间应用竖纹硬木或盘圆层叠的钢丝绳作“锤垫”，其厚度宜取150～200mm。

⑫ 送桩器及衬垫设置应符合下列规定。

a. 送桩器宜做成圆筒形，并应有足够的强度、刚度和耐打性。送桩器长度应满足送桩深度的要求，弯曲度不得大于 1/1000。

b. 送桩器上下两端面应平整，且与送桩器中心轴线相垂直。

c. 送桩器下端面应开孔，使空心桩内腔与外界连通。

d. 送桩器应与桩匹配：套筒式送桩器下端的套筒深度宜取 250～350mm，套管内径应比桩外径大 20～30mm；插销式送桩器下端的插销长度宜取 200～300mm，杆销外径应比（管）桩内径小 20～30mm，对于腔内存有余浆的管桩，不宜采用插销式送桩器。

e. 送桩作业时，送桩器与桩头之间应设置 1～2 层麻袋或硬纸板等衬垫。内填弹性衬垫压实后的厚度不宜小于 60mm。

⑬ 施工现场应配备桩身垂直度观测仪器（长条水准尺或经纬仪）和观测人员，随时量测桩身的垂直度。

必知要点 29：静压沉桩

① 采用静压沉桩时，场地地基承载力不应小于压桩机接地压强的 1.2 倍，且场地应平整。

② 静力压桩宜选择液压式和绳索式压桩工艺；宜根据单节桩的长度选用顶压式液压压桩机和抱压式液压压桩机。

③ 选择压桩机的参数应包括下列内容。

a. 压桩机型号、桩机质量（不含配承）、最大压桩力等。

b. 压桩机的外形尺寸及拖运尺寸。

c. 压桩机的最小边桩距及最大压桩力。

d. 长、短船型履靴的接地压强。

e. 夹持机构的型式。

f. 液压油缸的数量、直径，率定后的压力表读数与压桩力的对应关系。

g. 吊桩机构的性能及吊桩能力。

④ 压桩机的每件配重必须用量具核实，并将其质量标记在该

件配重的外露表面；液压式压桩机的最大压桩力应取压桩机的机架质量和配重之和乘以0.9。

⑤ 当边桩空位不能满足中置式压桩机施压条件时，宜利用压边桩机构或选用前置式液压压桩机进行压桩，但此时应估计最大压桩能力减少造成的影响。

⑥ 当设计要求或施工需要采用引孔法压桩时，应配备螺旋钻孔机，或在压桩机上配备专用的螺旋钻。当桩端需进入较坚硬的岩层时，应配备可入岩的钻孔桩机或冲孔桩机。

⑦ 最大压桩力不宜小于设计的单桩竖向极限承载力标准值，必要时可由现场试验确定。

⑧ 静力压桩施工的质量控制应符合下列规定：

a. 第一节桩下压时垂直度偏差不应大于0.5%；

b. 宜将每根桩一次性连续压到底，且最后一节有效桩长不宜小于5m；

c. 抱压力不应大于桩身允许侧向压力的1.1倍；

d. 对于大面积桩群，应控制日压桩量。

⑨ 终压条件应符合下列规定。

a. 应根据现场试压桩的试验结果确定终压标准。

b. 终压连续复压次数应根据桩长及地质条件等因素确定。对于入土深度大于或等于8m的桩，复压次数可为2～3次；对于入土深度小于8m的桩，复压次数可为3～5次。

c. 稳压压桩力不得小于终压力，稳定压桩的时间宜为5～10s。

⑩ 压桩顺序宜根据场地工程地质条件确定，并应符合下列规定：

a. 场地地层中局部含砂、碎石、卵石时，宜先对该区域进行压桩；

b. 当持力层埋深或桩的入土深度差别较大时，宜先施压长桩后施压短桩。

⑪ 压桩过程中应测量桩身的垂直度。当桩身垂直度偏差大于

1%时，应找出原因并设法纠正；当桩尖进入较硬土层后，严禁用移动机架等方法强行纠偏。

⑫ 出现下列情况之一时，应暂停压桩作业，并分析原因，采用相应的措施。

a. 压力表读数显示情况与勘察报告中的土层性质明显不符。

b. 桩难以穿越硬夹层。

c. 实际桩长与设计桩长相差较大。

d. 出现异常响声；压桩机械工作状态出现异常。

e. 桩身出现纵向裂缝和桩头混凝土出现剥落等异常现象。

f. 夹持机构打滑。

g. 压桩机下陷。

⑬ 静压送桩的质量控制应符合下列规定。

a. 测量桩的垂直度并检查桩头质量，合格后方可送桩，压桩、送桩作业应连续进行。

b. 送桩应采用专制钢质送桩器，不得将工程桩用作送桩器。

c. 当场地上多数桩的有效桩长小于或等于 15m 或桩端持力层为风化软质岩，需要复压时，送桩深度不宜超过 1.5m。

d. 除满足 c. 规定外，当桩的垂直度偏差小于 1%，且桩的有效桩长大于 15m 时，静压桩送桩深度不宜超过 8m。

e. 送桩的最大压桩力不宜超过桩身允许抱压压桩力的 1.1 倍。

⑭ 引孔压桩法质量控制应符合下列规定。

a. 引孔宜采用螺旋钻干作业法；引孔的垂直度偏差不宜大于 0.5%。

b. 引孔作业和压桩作业应连续进行，间隔时间不宜大于 12h；在软土地基中不宜大于 3h。

c. 引孔中有积水时，宜采用开口型桩尖。

⑮ 当桩较密集，或地基为饱和淤泥、淤泥质土及黏性土时，应设置塑料排水板、袋装砂井消减超孔压或采取引孔等措施，并可按“必知要点 28：锤击沉桩”中⑨执行。在压桩施工过程中应对

总桩数10%的桩设置上涌和水平偏位观测点，定时检测桩的上浮量及桩顶水平偏位值，若上涌和偏位值较大，应采取复压等措施。

⑯ 对预制混凝土方桩、预应力混凝土空心桩、钢桩等压入桩的桩位偏差，应符合表2-10的规定。

必知要点30：钢桩（钢管桩、H形桩及其他异型钢桩）施工

1. 钢桩的制作

① 制作钢桩的材料应符合设计要求，并应有出厂合格证和试验报告。

② 现场制作钢桩应有平整的场地及挡风防雨措施。

③ 钢桩制作的允许偏差应符合表2-11的规定，钢桩的分段长度应满足“必知要点25：混凝土预制桩的制作”中⑤的规定，且不宜大于15m。

表2-11 钢桩制作的允许偏差

项目		允许偏差/mm
外径或断面尺寸	桩端部	±0.5%外径或边长
	桩身	±0.1%外径或边长
长度		>0
矢高		≤1‰桩长
端部平整度		≤2(H形桩≤1)
端部平面与桩身中心线的倾斜值		≤2

④ 用于地下水有侵蚀性的地区或腐蚀性土层的钢桩，应按设计要求作防腐处理。

2. 钢桩的焊接

① 钢桩的焊接应符合下列规定。

a. 必须清除桩端部的浮锈、油污等脏物，保持干燥；下节桩顶经锤击后变形的部分应割除。

b. 上下节桩焊接时应校正垂直度，对口的间隙宜为2～3mm。

c. 焊丝（自动焊）或焊条应烘干。

d. 焊接应对称进行。

e. 应采用多层焊，钢管桩各层焊缝的接头应错开，焊渣应清除。

f. 当气温低于0℃或雨雪天及无可靠措施确保焊接质量时，不得焊接。

g. 每个接头焊接完毕，应冷却1min后方可锤击。

h. 焊接质量应符合国家现行标准《钢结构工程施工质量验收规范》（GB 50205—2001）和《建筑钢结构焊接技术规程》（JGJ 81—2002）的规定，每个接头除应按表2-12规定进行外观检查外，还应按接头总数的5%进行超声或2%进行X射线拍片检查，对于同一工程，探伤抽样检验不得少于3个接头。

表2-12 接桩焊缝外观允许偏差

项目		允许偏差/mm
上下节桩错口	钢管桩外径≥700mm	3
	钢管桩外径＜700mm	2
H形钢桩		1
咬边深度(焊缝)		0.5
加强层高度(焊缝)		2
加强层宽度(焊缝)		3

② H形钢桩或其他异型薄壁钢桩，接头处应加连接板，可按等强度设置。

3. 钢桩的运输和堆放

钢桩的运输与堆放应符合下列规定。

① 堆放场地应平整、坚实、排水通畅。

② 桩的两端应有适当保护措施，钢管桩应设保护圈。

③ 搬运时应防止桩体撞击而造成桩端、桩体损坏或弯曲。

④ 钢桩应按规格、材质分别堆放，堆放层数：ϕ900mm 的钢桩，不宜大于 3 层；ϕ600mm 的钢桩，不宜大于 4 层；ϕ400mm 的钢桩，不宜大于 5 层；H 形钢桩不宜大于 6 层。支点设置应合理，钢桩的两侧应采用木楔塞住。

4. 钢桩的沉桩

① 当钢桩采用锤击沉桩时，可按“必知要点 28：锤击沉桩”有关规定实施；当采用静压沉桩时，可按“必知要点 29：静压沉桩”有关规定实施。

② 对敞口钢管桩，当锤击沉桩有困难时，可在管内取土助沉。

③ 锤击 H 形钢桩时，锤重不宜大于 4.5t 级（柴油锤），且在锤击过程中桩架前应有横向约束装置。

④ 当持力层较硬时，H 形钢桩不宜送桩。

⑤ 当地表层遇有大块石、混凝土块等回填物时，应在插入 H 形钢桩前进行触探，并应清除桩位上的障碍物。

第3章

砌体工程

必知要点31：砌筑砂浆材料要求

1. 水泥

砌筑用水泥对品种、强度等级没有限制，但使用水泥时，应注意水泥的品种性能及适用范围。宜选用普通硅酸盐水泥或矿渣硅酸盐水泥，不宜选用强度等级太高的水泥，水泥砂浆不宜选用水泥强度等级大于32.5级的水泥，混合砂浆不宜选用水泥强度等级大于42.5级的水泥。对不同厂家、品种、强度等级的水泥应分别贮存，不得混合使用。

水泥进入施工现场应有出厂质量保证书，且品种和强度等级应符合设计要求。对进场的水泥质量应按有关规定进行复检，经试验鉴定合格后方可使用，出厂日期超过90d的水泥（快硬硅酸盐水泥超过30d）应进行复检，复检达不到质量标准不得使用。严禁使用安定性不合格的水泥。

2. 砂

砖砌体、砌块砌体及料石砌体用的砂浆宜用中砂，砌毛石用的砂浆宜用粗砂，并应过筛，不得含有草根、土块、石块等杂物。砂应进行抽样检验并符合现行国家标准的要求。采用细砂的地区，砂的允许含泥量可经试验后确定。

3. 石灰

① 石灰岩经煅烧分解，放出二氧化碳气体，得到的产品即为生石灰。生石灰主要技术指标应符合表3-1的规定。

表3-1 生石灰的主要技术指标

项目	钙质生石灰			镁质生石灰		
	优等品	一等品	合格品	优等品	一等品	合格品
(CaO+MgO)含量/% ≥	90	85	80	85	80	75
未消化残渣含量(5mm圆孔筛余)/% ≤	5	10	15	5	10	15
CO_2/% ≤	5	7	9	6	8	10
产浆量/(L/kg) ≥	2.8	2.3	2.0	2.8	2.3	2.0

② 熟化后的石灰称为熟石灰，其成分以氢氧化钙为主。根据加水量的不同，石灰可被熟化成粉状的消石灰、浆状的石灰膏和液体状态的石灰乳。

消石灰粉的主要技术指标应符合表3-2的规定。

表3-2 消石灰粉的主要技术指标

项目		钙质消石灰粉			镁质消石灰粉			白云石消石灰粉		
		优等品	一等品	合格品	优等品	一等品	合格品	优等品	一等品	合格品
(CaO+MgO)含量/% ≥		70	65	60	65	60	55	65	60	55
游离水/%		0.4～2	0.4～2	0.4～2	0.4～2	0.4～2	0.4～2	0.4～2	0.4～2	0.4～2
体积安定性		合格	合格	—	合格	合格	—	合格	合格	—
细度	0.9mm筛筛余/% ≤	0	0	0.5	0	0	0.5	0	0	0.5
	0.125mm筛筛余/% ≤	3	10	15	3	10	15	3	10	15

③ 生石灰熟化成石灰膏时，应用孔洞不大于3mm×3mm的网

过滤，熟化时间不得少于7d；对于磨细生石灰粉，其熟化时间不得少于1d。沉淀池中贮存的石灰膏，应防止干燥、冻结和污染。严禁使用脱水硬化的石灰膏。

4. 黏土膏

采用黏土或亚黏土制备黏土膏时，宜用搅拌机加水搅拌，通过孔径不大于3mm×3mm的网过筛。用比色法鉴定黏土中的有机物含量时应浅于标准色。

5. 粉煤灰

粉煤灰品质等级用3级即可。砂浆中的粉煤灰取代水泥率不宜超过40%，砂浆中的粉煤灰取代石灰膏率不宜超过50%。

6. 有机塑化剂

有机塑化剂应符合相应的有关标准和产品说明书的要求。当对其质量有怀疑时，应经试验检验合格后，方可使用。

7. 水

宜采用饮用水。当采用其他来源水时，水质必须符合《混凝土用水标准》(JGJ 63—2006) 的规定。

8. 外加剂

引气剂、早强剂、缓凝剂及防冻剂应符合国家质量标准或施工合同确定的标准，并应具有法定检测机构出具的该产品砌体强度型式检验报告，还应经砂浆性能试验合格后方可使用。其掺量应通过试验确定。

必知要点32：砂浆的配制与使用

1. 砂浆配料要求

① 水泥、有机塑化剂和冬期施工中掺用的氯盐等的配料准确度应控制在±2%以内；砂、水及石灰膏、电石膏、黏土膏、粉煤灰、磨细生石灰粉等的配料准确度应控制在±5%以内。

② 砂浆所用细集料主要为天然砂，它应符合混凝土用砂的技术要求。由于砂浆层较薄，对砂子最大料径应有限制。用于毛石砌

体砂浆，砂子最大料径应小于砂浆层厚度的1/5～1/4；用于砖砌体的砂浆，宜用中砂，其最大粒径不应大于2.5mm；光滑表面的抹灰及勾缝砂浆，宜选用细砂，其最大料径不宜大于1.2mm。当砂浆强度等级大于或等于M5时，砂的含泥量不应超过5%；强度等级为M5以下的砂浆，砂的含泥量不应超过10%。若用煤渣作集料，应选用燃烧完全且有害杂质含量少的煤渣，以免影响砂浆质量。

③ 石灰膏、黏土膏和电石膏的用量，宜按稠度为（120±5）mm计量。现场施工当石灰膏稠度与试配时不一致时，可按表3-3换算。

表3-3 石灰膏不同稠度时的换算系数

石灰膏稠度/mm	120	110	100	90	80	70	60	50	40	30
换算系数	1.00	0.99	0.97	0.95	0.93	0.92	0.90	0.88	0.87	0.86

④ 为使砂浆具有良好的保水性，应掺入无机或有机塑化剂，不应采取增加水泥用量的方法。

⑤ 水泥混合砂浆中掺入有机塑化剂时，无机掺加料的用量最多可减少一半。

⑥ 水泥砂浆中掺入有机塑化剂时，应考虑砌体抗压强度较水泥混合砂浆砌体降低10%的不利影响。

⑦ 水泥黏土砂浆中不得掺入有机塑化剂。

⑧ 在冬季砌筑工程中使用氯化钠、氯化钙时，应先将氯化钠、氯化钙溶解于水中后投入搅拌。

2. 砂浆拌制及使用

① 砌筑砂浆应采用机械搅拌，搅拌时间自投料完起算应符合下列规定。

a. 水泥砂浆和水泥混合砂浆不得少于120s。

b. 水泥粉煤灰砂浆和掺用外加剂的砂浆不得少于180s。

c. 掺增塑剂的砂浆，其搅拌方式、搅拌时间应符合现行行业标准《砌筑砂浆增塑剂》(JG/T 164—2004)的有关规定。

d. 干混砂浆及加气混凝土砌块专用砂浆宜按掺用外加剂的砂浆确定搅拌时间或按产品说明书采用。

② 配制砌筑砂浆时，各组分材料应采用质量计量，水泥及各种外加剂配料的允许偏差为±2%；砂、粉煤灰、石灰膏等配料的允许偏差为±5%。

③ 拌制水泥砂浆，应先将砂与水泥干拌均匀，再加水拌和均匀。

④ 拌制水泥混合砂浆，应先将砂与水泥干拌均匀，再加掺加料(石灰膏、黏土膏)和水拌和均匀。

⑤ 拌制水泥粉煤灰砂浆，应先将水泥、粉煤灰、砂干拌均匀，再加水拌和均匀。

⑥ 掺用外加剂时，应先将外加剂按规定浓度溶于水中，在拌和水投入时投入外加剂溶液，外加剂不得直接投入拌制的砂浆中。

⑦ 砂浆拌成后和使用时，均应盛入贮灰器中。如砂浆出现泌水现象，应在砌筑前再次拌和。

⑧ 现场拌制的砂浆应随拌随用，拌制的砂浆应在3h内使用完毕；当施工期间最高气温超过30℃时，应在2h内使用完毕。预拌砂浆及蒸压加气混凝土砌块专用砂浆的使用时间应按照厂方提供的说明书确定。

必知要点33：砌砖的技术要求

1. 砖基础

砖基础砌筑前，应先检查垫层施工是否符合质量要求，然后将垫层表面的浮土及垃圾清除干净。砌基础时可依皮数杆先砌几皮转角及交接处部分的砖，然后在其间拉准线砌中间部分。如果砖基础不在同一深度，则应先由底往上砌筑。在砖基础高低台阶接头处，下台面台阶要砌一定长度(一般不小于500mm)实砌体，砌到上面后和上面的砖一起退台，如图3-1所示。基础墙的防潮层，如果设计无具体要求，宜用 1∶2.5 的水泥砂浆加适量的防水剂铺设，其厚度一般为 20mm。抗震设防地区的建筑物，不用油毡做基础墙的水平防潮层。

2. 砖墙

① 全墙砌砖应平行砌起，砖层必须水平，砖层正确位置除用皮数杆控制外，每楼层砌完后必须校对一次水平、轴线和标高，在允许偏差范围内，其偏差值应在基础或楼板顶面调整。

② 砖墙的水平灰缝应平直，灰缝厚度一般为 10mm，不宜小于 8mm，也不宜大于 12mm。竖向灰缝应垂直对齐，对不齐而错位，称为游丁走缝，影响墙体外观质量。为保证砖块均匀受力和使块体紧密结合，要求水平灰缝砂浆饱满，厚薄均匀。砂浆的饱满程度以砂浆饱满度表示，用百格网检查，要求饱满度达到 80%以上。竖向灰缝应饱满，可避免透风漏雨，改善保温性能。

③ 砖砌体的转角处和交接处应同时砌筑，严禁无可靠措施的内外墙分砌施工。在抗震设防烈度为 8 度及以上地区，对不能同时砌筑而又必须留置的临时间断处应砌成斜槎，普通砖砌体斜槎水平投影长度不应小于高度的 2/3（图 3-2），多孔砖砌体的斜槎长高比不应小于 1/2。斜槎高度不得超过一步脚手架的高度。

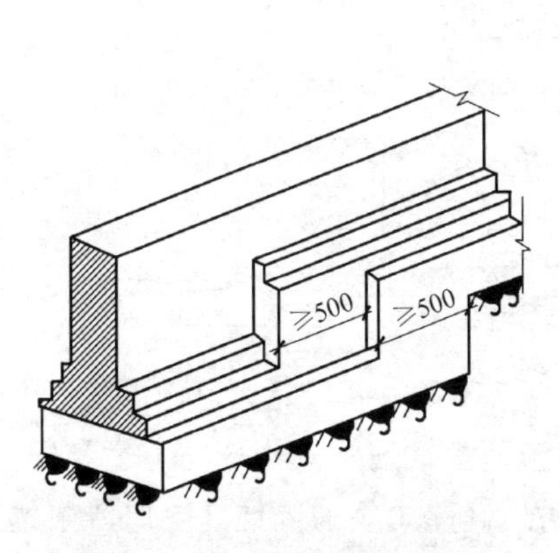

图 3-1 砖基础高低接头处砌法

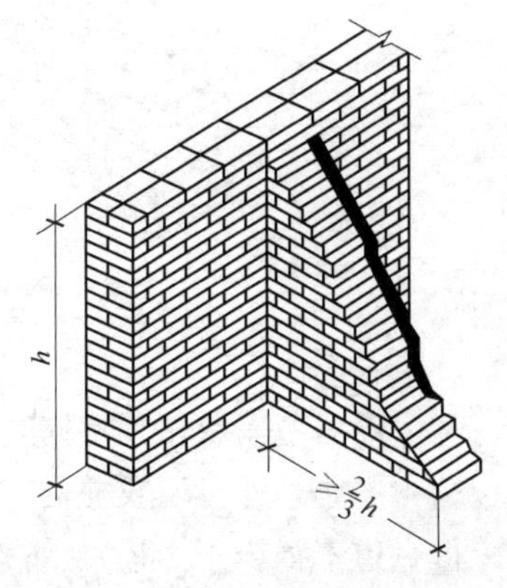

图 3-2 斜槎图

非抗震设防及抗震设防烈度为 6 度、7 度地区的临时间断处，当不能留斜槎时，除转角处外可留直槎，但直槎必须做成凸槎，且应加设拉结钢筋，拉结钢筋应符合下列规定。

a. 每 120mm 墙厚放置 1ϕ6 拉结钢筋（120mm 厚墙应放置 2ϕ6 拉结钢筋）。

b. 间距沿墙高不应超过 500mm，且竖向间距偏差不应超过 100mm。

c. 埋入长度从留槎处算起每边均不应小于 500mm，对抗震设防烈度为 6 度、7 度的地区，不应小于 1000mm。

d. 末端应有 90°弯钩（图 3-3）。

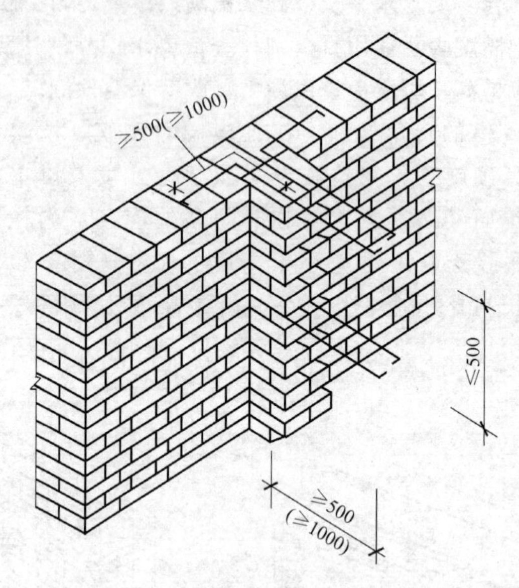

图 3-3　直槎

隔墙与墙或柱如不同时砌筑而又不留成斜槎时，可于墙或柱中引出阳槎，并于墙或柱的灰缝中预埋拉结筋（其构造与上述相同，但每道不得少于 2 根）。抗震设防地区建筑物的隔墙，除应留阳槎外，沿墙高每 500mm 配置 2ϕ6 钢筋与承重墙或柱拉结，伸入每边墙内的长度不应小于500mm。

砖砌体接槎时，必须将接槎处的表面清理干净，浇水湿润，并应填实砂浆，保持灰缝平直。

④ 宽度小于1m的窗间墙，应选用整砖砌筑，半砖和破损的砖，应分散使用于墙心或受力较小部位。

⑤ 不得在下列墙体或部位设置脚手眼。

a. 120mm厚墙、清水墙、料石墙、独立柱和附墙柱。

b. 过梁上与过梁成60°角的三角形范围及过梁净跨度1/2的高度范围内。

c. 宽度小于1m的窗间墙。

d. 门窗洞口两侧石砌体300mm，其他砌体200mm范围内；转角处石砌体600mm，其他砌体450mm范围内。

e. 梁或梁垫下及其左右各500mm的范围内。

f. 设计不允许设置脚手眼的部位。

g. 轻质墙体。

h. 夹心复合墙外叶墙。

⑥ 在墙上留置临时施工洞口，其侧边离交接处墙面不应小于500mm，洞口净宽度不应超过1m。抗震设防烈度为9度的地区建筑物的临时施工洞口位置，应会同设计单位确定。临时施工洞口应做好补砌。

⑦ 240mm厚承重墙的每层墙的最上一皮砖，砖砌体的阶台水平面上及挑出层，应整砖丁砌；隔墙与填充墙的顶面与上层结构的接触处，宜用侧砖或立砖斜砌挤紧。

⑧ 设有钢筋混凝土构造柱的抗震多层砖混结构房屋，应先绑扎构造柱钢筋，然后砌砖墙，最后浇筑混凝土。墙与柱应沿高度方向每500mm设2ϕ6钢筋（一砖墙），每边伸入墙内的长度不应少于1m；构造柱应与圈梁连接；砖墙应砌成马牙槎，每一个马牙槎沿高度方向的尺寸不超过300mm或五皮砖高，马牙槎从每层柱脚开始，应先退后进，进退相差1/4砖，如图3-4所示。该层构造柱混

凝土浇完之后才能进行上一层的施工。

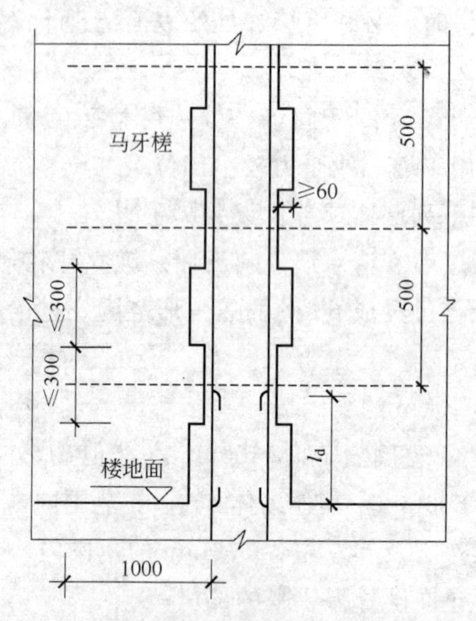

图 3-4　构造柱拉结钢筋布置及马牙槎示意图

⑨ 砖砌体相邻工作段的高度差不得超过楼层的高度，也不宜大于 4m。工作段的分段位置宜设在伸缩缝、沉降缝、防震缝或门窗洞口处。砌体临时间断处的高度差不得超过一步脚手架的高度。

⑩ 砖墙每天砌筑高度以不超过 1.8m 为宜，雨天施工时，每天砌筑高度不宜超过 1.2m。

⑪尚未施工楼面或屋面的墙或柱，其抗风允许自由高度不得超过表 3-4 的规定。如超过表中限值时，必须采用临时支撑等有效措施。

表 3-4　墙、柱的允许自由高度　　单位：m

墙(柱)厚/mm	砌体密度＞1600kg/m³			砌体密度 1300～1600kg/m³		
	风载/(kN/m²)			风载/(kN/m²)		
	0.3(约 7 级风)	0.4(约 8 级风)	0.5(约 9 级风)	0.3(约 7 级风)	0.4(约 8 级风)	0.5(约 9 级风)
190	—	—	—	1.4	1.1	0.7
240	2.8	2.1	1.4	2.2	1.7	1.1

续表

墙(柱)厚/mm	砌体密度>1600kg/m³			砌体密度 1300～1600kg/m³		
	风载/(kN/m²)			风载/(kN/m²)		
	0.3（约7级风）	0.4（约8级风）	0.5（约9级风）	0.3（约7级风）	0.4（约8级风）	0.5（约9级风）
370	5.2	3.9	2.6	4.2	3.2	2.1
490	8.6	6.5	4.3	7.0	5.2	3.5
620	14.0	10.5	7.0	11.4	8.6	5.7

注：1. 本表适用于施工处相对标高 H 在 10m 范围的情况。$10m<H\leqslant15m$，$15m<H\leqslant20m$ 时，表中的允许自由高度应分别乘以 0.9、0.8 的系数；$H>20m$ 时，应通过抗倾覆验算确定其允许自由高度。

2. 当所砌筑的墙有横墙或其他结构与其连接，而且间距小于表中相应墙、柱的允许自由高度的 2 倍时，砌筑高度可不受本表的限制。

3. 当砌体密度小于 1300kg/m³ 时，墙和柱的允许自由高度应另行验算确定。

3. 空心砖墙

空心砖墙砌筑前应试摆，在不够整砖处，如无半砖规格，可用普通黏土砖补砌。承重空心砖的孔洞应呈垂直方向砌筑，且长圆孔应顺墙方向。非承重空心砖的孔洞应呈水平方向砌筑。非承重空心砖墙，其底部应至少砌三皮实心砖，在门口两侧一砖长范围内，也应用实心砖砌筑。半砖厚的空心砖隔墙，如墙较高，应在墙的水平灰缝中加设 2ϕ8 钢筋或每隔一定高度砌几皮实心砖带。

4. 砖过梁

砖平拱应用不低于 MU7.5 的砖与不低于 M5.0 的砂浆砌筑。砌筑时，在过梁底部支设模板，模板中部应有 1%的起拱。过梁底模板应待砂浆强度达到设计强度 50%以上，方可拆除。砌筑时，应从两边对称向中间砌筑。

钢筋砖过梁其底部配置 3ϕ6～ϕ8 钢筋，两端伸入墙内不应少于 240mm，并有 90°弯钩埋入墙的竖缝内。在过梁的作用范围内（不少于六皮砖高度或过梁跨度的 1/4 高度范围内），应用 M5.0 砂浆砌筑。砌筑前，先在模板上铺设 30mm 厚 1∶3 水泥砂浆层，将钢筋置于砂浆层中，均匀摆开，接着逐层平砌砖层，最下一皮应丁砌，如图 3-5 所示。

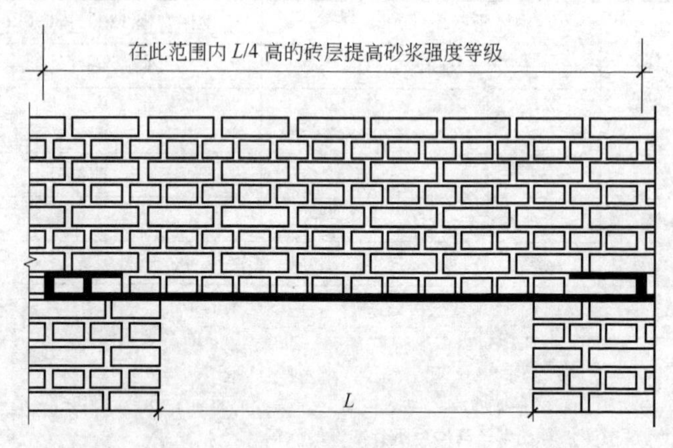

图 3-5　钢筋砖过梁

必知要点 34：砖砌体的组砌形式

砖砌体的组砌要求：上下错缝，内外搭接，以保证砌体的整体性；同时组砌要有规律，少砍砖，以提高砌筑效率，节约材料。

1. 砖墙的组砌形式

（1）满顺满丁　满顺满丁砌法是一皮中全部顺砖与一皮中全部丁砖间隔砌成，上下皮间的竖缝相互错开 1/4 砖，如图 3-6（a）所示。这种砌体中无任何通缝，而且丁砖数量较多，能增强横向拉结力且砌筑效率高，多用于一砖厚墙体的砌筑。但当砖的规格参差不齐时，砖的竖缝就难以整齐。

（2）三顺一丁　三顺一丁砌法是三皮中全部顺砖与一皮中全部丁砖间隔砌成。上下皮顺砖间竖缝错开 1/2 砖长，上下皮顺砖与丁砖间竖缝错开 1/4 砖长，如图 3-6（b）所示。这种砌筑方法由于顺砖较多，砌筑效率较高，便于高级工带低级工和充分将好砖用于外皮，该组砌法适用于砌一砖和一砖以上的墙体。

（3）顺砌法　各皮砖全部用顺砖砌筑，上下两皮间竖缝搭接为 1/2 砖长。此种方法仅用于半砖隔断墙。

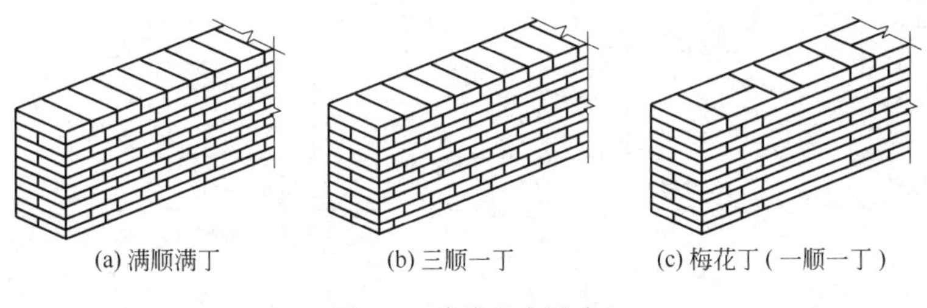

图 3-6　砖墙组砌形式

(4) 丁砌法　各皮砖全部用丁砖砌筑，上下皮竖缝相互错开1/4砖长。这种砌法一般多用于砌筑原形水塔、圆仓、烟囱等。

(5) 梅花丁　梅花丁又称砂包式、十字式。梅花丁砌法是每皮中丁砖与顺砖相隔，上皮丁砖中坐于下皮顺砖，上下皮间竖缝相互错开 1/4 砖长，如图 3-6 (c) 所示。这种砌法内外竖缝每皮都能错开，故整体性较好，灰缝整齐，而且墙面比较美观，但砌筑效率较低，宜用于砌筑清水墙，或当砖规格不一致时，采用这种砌法较好。

为了使砖墙的转角处各皮间竖缝相互错开，必须在外角处砌七分头砖（即 3/4 砖长)。当采用满顺满丁组砌时，七分头的顺面方向依次砌顺砖，丁面方向依次砌丁砖，如图 3-7 (a) 所示。砖墙的丁字接头处，应分皮相互砌通，内角相交处竖缝应错开 1/4 砖长，并在横墙端头处加砌七分头砖，如图 3-7 (b) 所示。砖墙的十字接头处，应分皮相互砌通，交角处的竖缝相互错开 1/4 砖长，如图 3-7 (c) 所示。

2. 砖基础组砌

砖基础有条形基础和独立基础，基础下部扩大部分称为大放脚。大放脚有等高式和不等高式两种，如图 3-8 所示。等高式大放脚是每两皮一收，每边各收进 1/4 砖长；不等高式大放脚是两皮一收与一皮一收相间隔，每边各收进 1/4 砖长。大放脚的底宽应根据计算而定，各层大放脚的宽度应为半砖宽的整数倍。大放脚一般采用满顺满丁砌法。竖缝要错开，要注意十字及丁字接头处砖块的搭

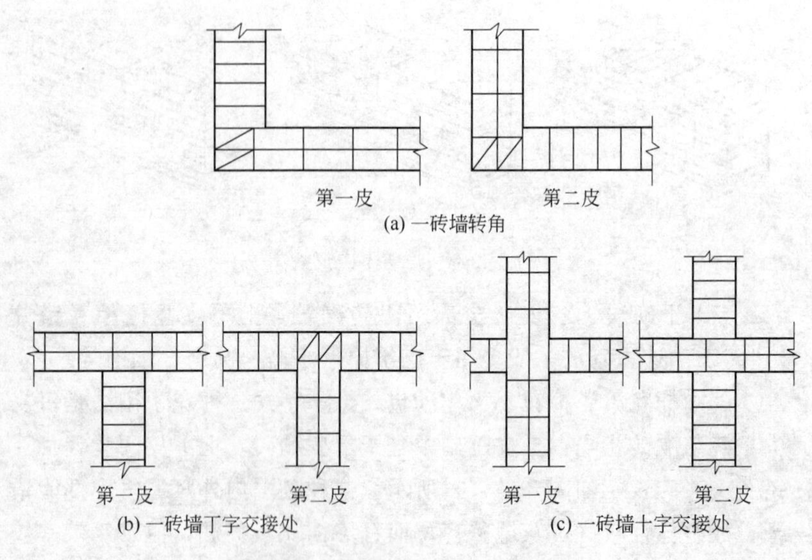

图 3-7 砖墙交接处组砌（满顺满丁）

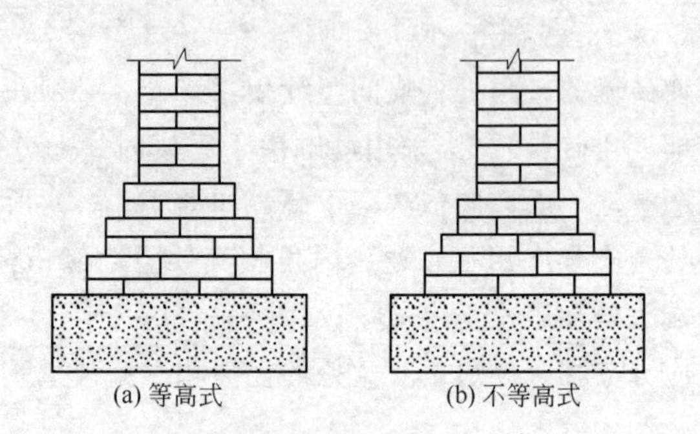

图 3-8 基础大放脚形式

接，在这些交接处，纵横墙要隔皮砌通。大放脚的最下一皮及每层的最上面一皮应以丁砌为主。

3. 砖柱组砌

砖柱组砌，应使柱面上下皮的竖缝相互错开 1/2 砖长或 1/4 砖长，在柱心无通天缝，少砍砖，并尽量利用二分头砖（即 1/4 砖）。柱子每天砌筑高度不能超过 2.4m，太高了会由于砂浆受压缩后产生变形，可能使柱发生偏斜。严禁采用包心砌法，即先砌四周后填心的砌法，如图 3-9 所示。

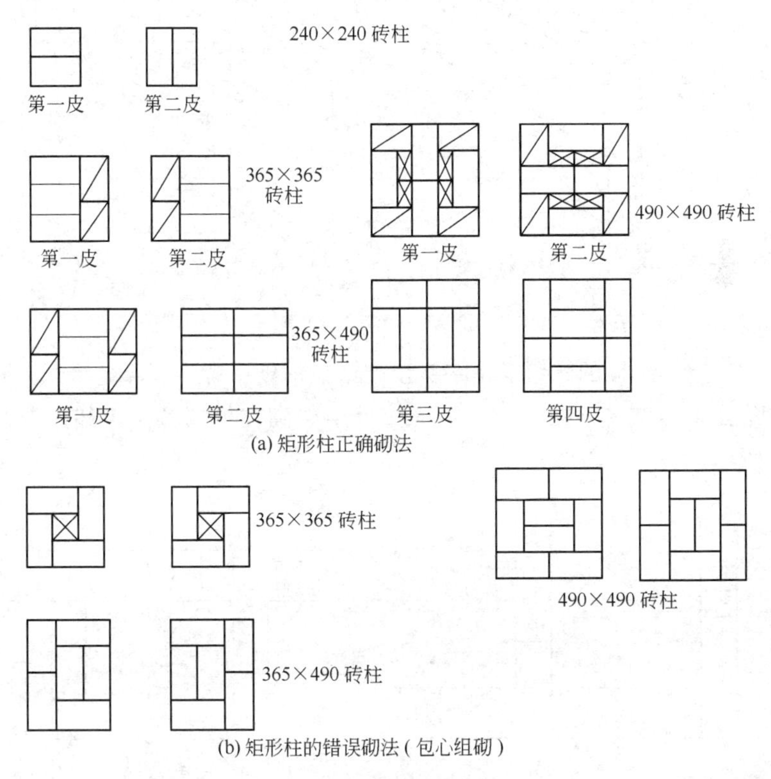

图 3-9　砖柱组砌

4. 空心砖墙组砌

规格为 190mm×190mm×90mm 的承重空心砖（即烧结多孔砖）一般是整砖顺砌，其砖孔平行于墙面，上下皮竖缝相互错开 1/2 砖长（100mm）。如有半砖规格的，也可采用每皮中整砖与半砖相隔的梅花丁砌筑形式，如图 3-10 所示。

规格为 240mm×115mm×90mm 的承重空心砖一般采用满顺满丁或梅花丁砌筑形式。

非承重空心砖一般是侧砌的，上下皮竖缝相互错开 1/2 砖长。

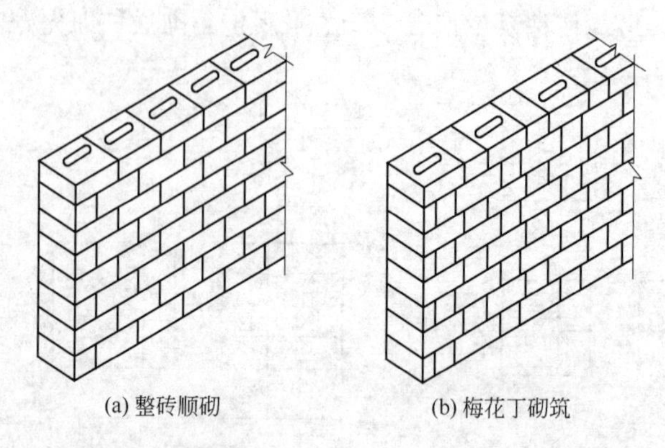

(a) 整砖顺砌　　(b) 梅花丁砌筑

图 3-10　190mm×190mm×190mm 空心砖砌筑形式

空心砖墙的转角及丁字交接处，应加砌半砖，使灰缝错开。转角处半砖砌在外角上，丁字交接处半砖砌在横墙端头，如图 3-11 所示。

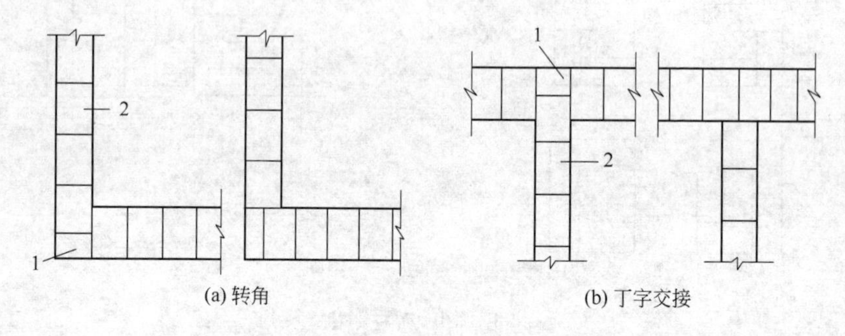

(a) 转角　　(b) 丁字交接

图 3-11　空心砖墙转角及丁字交接

1—半砖；2—整砖

5. 砖平拱过梁组砌

砖平拱过梁用普通砖侧砌，其高度有 240mm、300mm、370mm，厚度等于墙厚。砌筑时，在拱脚两边的墙端应砌成斜面，斜面的斜度为 1/6～1/4。侧砌砖的块数要求为单数。灰缝为楔形缝，过梁底的灰缝宽度不应小于 5mm，过梁顶面的灰缝宽度不应大于 15mm，拱脚下面应伸入墙内 20～30mm，如图 3-12 所示。

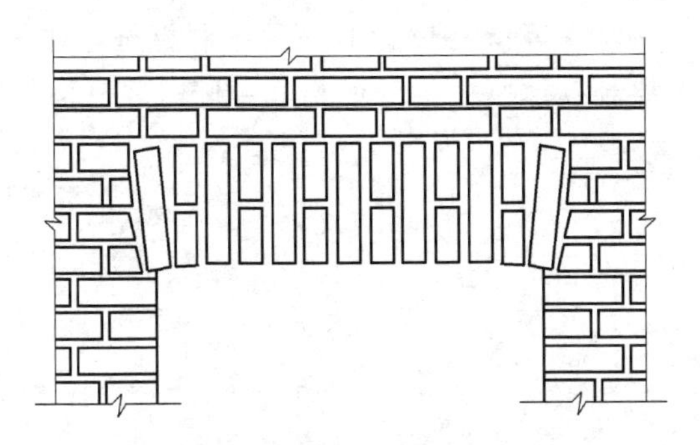

图 3-12 平拱过梁

必知要点 35: 砖砌体的施工工艺

砖砌体的施工过程有：抄平、放线、摆砖、立皮数杆和砌砖、清理等工序。

1. 抄平

砌墙前，应在基础防潮层或楼面上定出各层标高，并用水泥砂浆或细石混凝土找平，使各段砖墙底部标高符合设计要求。找平时，需使上下两层外墙之间不致出现明显的接缝。

2. 放线

根据龙门板上给定的轴线及图纸上标注的墙体尺寸，在基础顶面上用墨线弹出墙的轴线和墙的宽度线，并分出门洞口位置线。

3. 摆砖

摆砖是指在放线的基面上按选定的组砌方式用干砖试摆，又称撂底。一般在房屋外纵墙方向摆顺砖，在山墙方向摆丁砖，摆砖由一个大角摆到另一个大角，砖与砖间留 10mm 缝隙。摆砖的目的是为了校对所放出的墨线在门窗洞口、附墙垛等处是否符合砖的模数，以尽可能减少砍砖，并使砌体灰缝均匀，组砌得当。

4. 立皮数杆和砌砖

皮数杆是指在其上划有每皮砖和砖缝厚度，以及门窗洞口、过梁、楼板、预埋件等标高位置的一种木制标杆，如图 3-13 所示。它是砌筑时控制砌体竖向尺寸的标志，同时还可以保证砌体的垂直度。

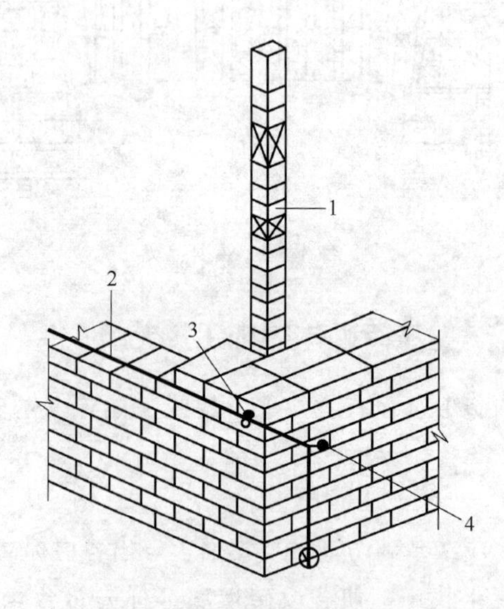

图 3-13 皮数杆示意图

1—皮数杆；2—准线；3—竹片；4—圆铁钉

皮数杆一般立于房屋的四大角、内外墙交接处、楼梯间以及洞口多的地方，大约每隔 10～15m 立一根。皮数杆的设立，应由两个方向斜撑或铆钉加以固定，以保证其牢固和垂直。一般每次开始砌砖前应检查一遍皮数杆的垂直度和牢固程度。

砌砖的操作方法很多，各地的习惯、使用工具也不尽相同，一般宜采用“三一砌砖法”，即一铲灰、一块砖、一挤揉，并随手将挤出的砂浆刮去的砌筑方法。此法的特点是：灰缝容易饱满、黏结力好、墙面整洁。砌砖时，应根据皮数杆先在墙角砌 4～5 皮砖，称为盘角，然后根据皮数杆和已砌的墙角挂线，作为砌筑中间墙体的依据，以保证墙面平整。一砖厚的墙单面挂线，外墙挂外边，内墙挂一边；一砖半及以上厚的墙都要双面挂线。

5. 清理

当该层砖砌体砌筑完毕后，应进行墙面、柱面和落地灰的清理。

必知要点36：砌块排列

① 砌块排列时，必须根据砌块尺寸和垂直灰缝的宽度和水平灰缝的厚度计算砌块砌筑皮数和排数，以保证砌体的尺寸；砌块排列应按设计要求，从基础面开始排列，尽可能采用主规格和大规格砌块，以提高台班产量。

② 外墙转角处和纵横墙交接处，砌块应分皮咬槎，交错搭砌，以增加房屋的刚度和整体性。

③ 砌块墙与后砌隔墙交接处，应沿墙高每隔400mm在水平灰缝内设置不少于2ϕ4、横筋间距不大于200mm的焊接钢筋网片，钢筋网片伸入后砌隔墙内不应小于600mm（图3-14）。

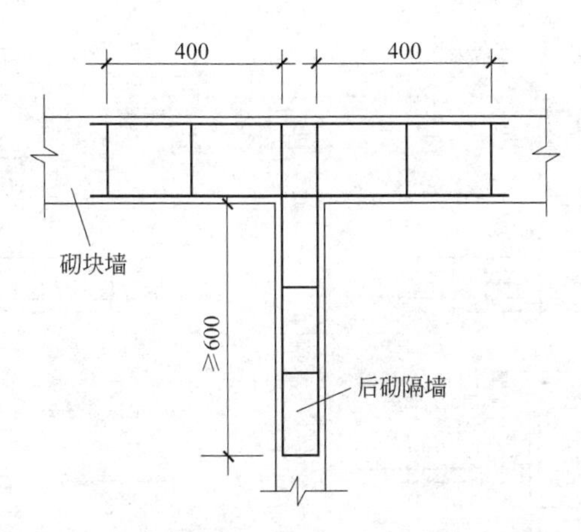

图3-14 砌块墙与后砌隔墙交接处钢筋网片

④ 砌块排列应对孔错缝搭砌，搭砌长度不应小于90mm，如果搭接错缝长度满足不了规定的要求，应采取压砌钢筋网片或设置拉结筋等措施，具体构造按设计规定。

⑤ 对设计规定或施工所需要的孔洞口、管道、沟槽和预埋件等，应在砌筑时预留或预埋，不得在砌筑好的墙体上打洞、凿槽。

⑥ 砌体的垂直缝应与门窗洞口的侧边线相互错开，不得同缝，错开间距应大于 150mm，且不得采用砖镶砌。

⑦ 砌体水平灰缝厚度和垂直灰缝宽度一般为 10mm，但不应大于 12mm，也不应小于 8mm。

⑧ 在楼地面砌筑一皮砌块时，应在芯柱位置侧面预留孔洞。为便于施工操作，预留孔洞的开口一般应朝向室内，以便清理杂物、绑扎和固定钢筋。

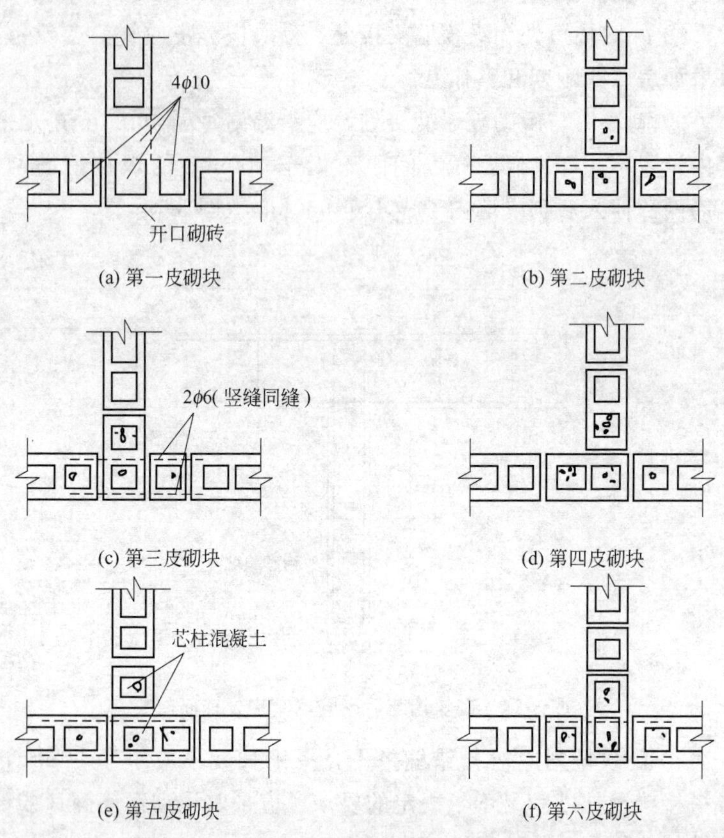

图 3-15　T 形芯柱接头砌块排列平面图

⑨ 设有芯柱的 T 形接头砌块第一皮至第六皮排列平面如图 3-15 所示。第七皮开始又重复第一皮至第六皮的排列，但不用开口砌块，其排列立面如图 3-16 所示。设有芯柱的 L 形接头第一皮砌块排列平面如图 3-17 所示。

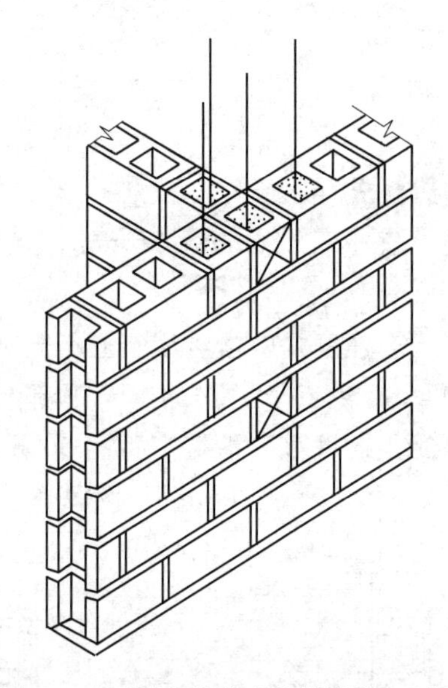

图 3-16　T 形芯柱接头砌块排列立面图

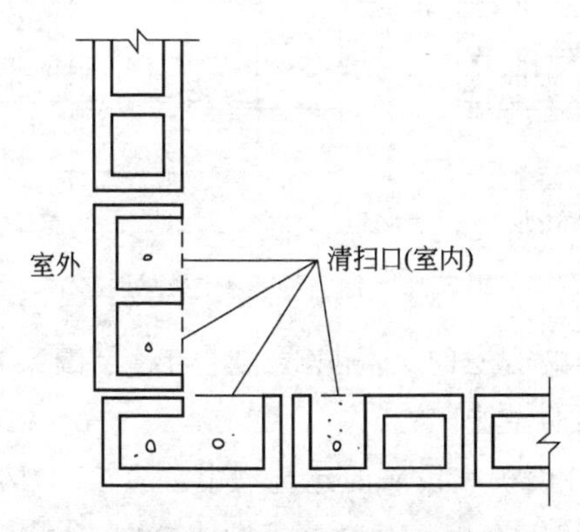

图 3-17　L 形芯柱接头第一皮砌块排列平面图

必知要点 37：芯柱设置

1. 墙体宜设置芯柱的部位

① 在外墙转角、楼梯间四角的纵横墙交接处的三个孔洞，宜设置素混凝土芯柱。

② 五层及五层以上的房屋，应在上述部位设置钢筋混凝土芯柱。

2. 芯柱的构造要求

① 芯柱截面不宜小于120mm×120mm，宜用不低于Cb20的细石混凝土浇灌。

② 钢筋混凝土芯柱每孔内插竖筋不应小于1ϕ10，底部应伸入室内地面以下500mm或与基础圈梁锚固，顶部与屋盖圈梁锚固。

③ 在钢筋混凝土芯柱处，沿墙高每隔600mm应设ϕ4钢筋网片拉结，每边伸入墙体不小于600mm（图3-18）。

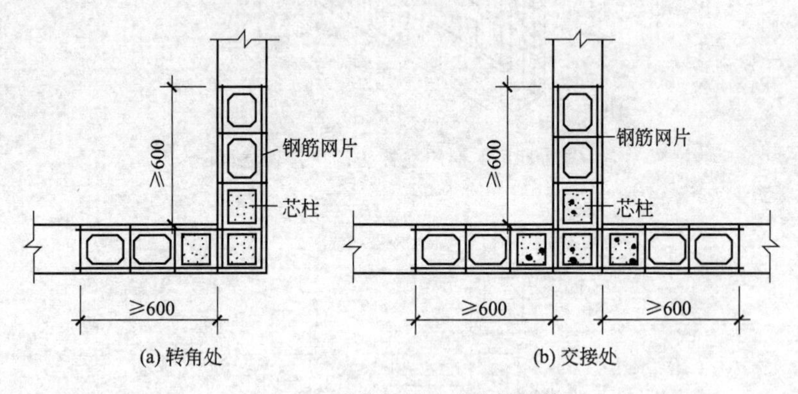

图3-18 钢筋混凝土芯柱处拉筋

④ 芯柱应沿房屋的全高贯通，并与各层圈梁整体现浇，可采用图3-19所示的做法。

在6度～8度抗震设防的建筑物中，应按芯柱位置要求设置钢筋混凝土芯柱；对医院、教学楼等横墙较少的房屋，应根据房屋增加一层的层数，按表3-5的要求设置芯柱。

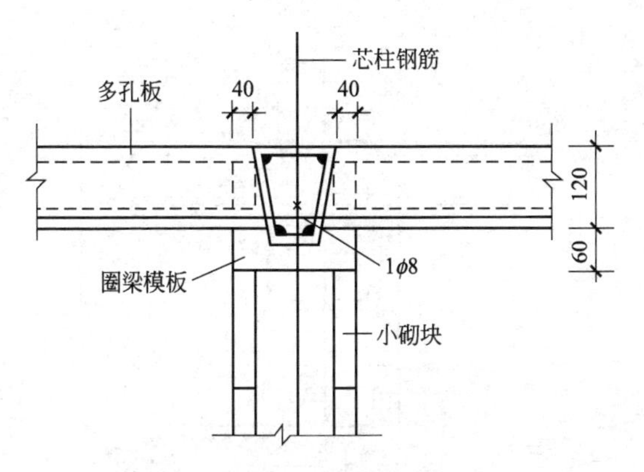

图 3-19 芯柱贯穿楼板的构造

表 3-5 抗震设防地区芯柱设置要求

<table>
<tr><th colspan="3">建筑物层数</th><th rowspan="2">设置部位</th><th rowspan="2">设置数量</th></tr>
<tr><th>6 度
抗震设防</th><th>7 度
抗震设防</th><th>8 度
抗震设防</th></tr>
<tr><td>四</td><td>三</td><td>二</td><td rowspan="2">外墙转角、楼梯间四角，大房间外墙交接处</td><td rowspan="2">外墙转角灌实 3 个孔；内外墙交接处灌实 4 个孔</td></tr>
<tr><td>五</td><td>四</td><td>三</td></tr>
<tr><td>六</td><td>五</td><td>四</td><td>外墙转角、楼梯间四角，大房间内外墙交接处，山墙与内纵墙交接处，隔开间横墙（轴线）与外纵墙交接处</td><td></td></tr>
<tr><td>七</td><td>六</td><td>五</td><td>外墙转角、楼梯间四角，各内墙（轴线）与外墙交接处；8 度时，内纵墙与横墙（轴线）交接处和洞口两侧</td><td>外墙转角灌实 5 个孔；内外墙交接处灌实 4 个孔；内墙交接处灌实 4～5 个孔；洞口两侧灌实 1 个孔</td></tr>
</table>

芯柱竖向插筋应贯通墙身且与圈梁连接；插筋不应小于 $\phi12$。芯柱应伸入室外地下 500mm 或锚入浅于 500mm 基础圈梁内。芯柱混凝土应贯通楼板，当采用装配式钢筋混凝土楼板时，可采用图 3-20 所示的方式采取贯通措施。

抗震设防地区芯柱与墙体连接处，应设置 $\phi4$ 钢筋网片拉结，

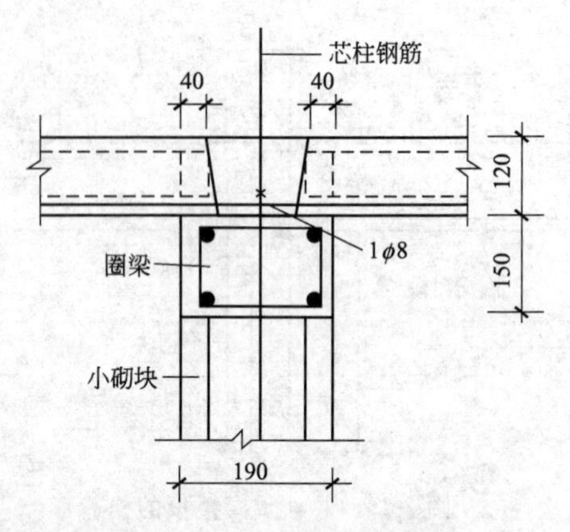

图 3-20　芯柱贯通楼板措施

钢筋网片每边伸入墙内不宜小于 1m，且沿墙高每隔 600mm 设置。

必知要点 38：砌块砌筑

1. 组砌形式

混凝土空心小砌块墙的立面组砌形式仅有全顺一种，上、下竖向相互错开 190mm；双排小砌块墙横向竖缝也应相互错开 190mm，如图 3-21 所示。

2. 组砌方法

混凝土空心小砌块宜采用铺灰反砌法进行砌筑。先用大铲或瓦刀在墙顶上摊铺砂浆，铺灰长度不宜超过 800mm，再在已砌砌块的端面上刮砂浆，双手端起小砌块，并使其底面向上，摆放在砂浆层上，并与前一块挤紧，并使上下砌块的孔洞对准，挤出的砂浆随手刮去。若使用一端有凹槽的砌块时，应将有凹槽的一端接着平头的一端砌筑。

3. 组砌要点

① 小砌块砌筑应从转角或定位处开始，内外墙同时砌筑，纵横墙交错搭接。外墙转角处应使小砌块隔皮露端面；T 形交接处应使横墙小砌块隔皮露端面，纵墙在交接处改砌两块辅助规格小砌块

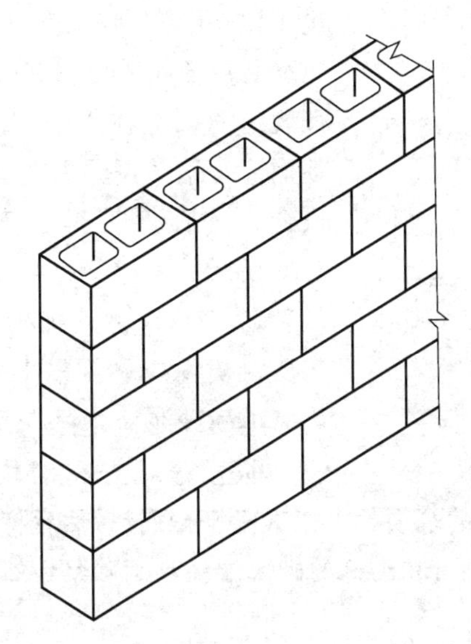

图 3-21 混凝土空心小砌块墙的立面组砌形式

(尺寸为 290mm×190mm×190mm，一头开口)，所有露端面用水泥砂浆抹平，如图 3-22 所示。

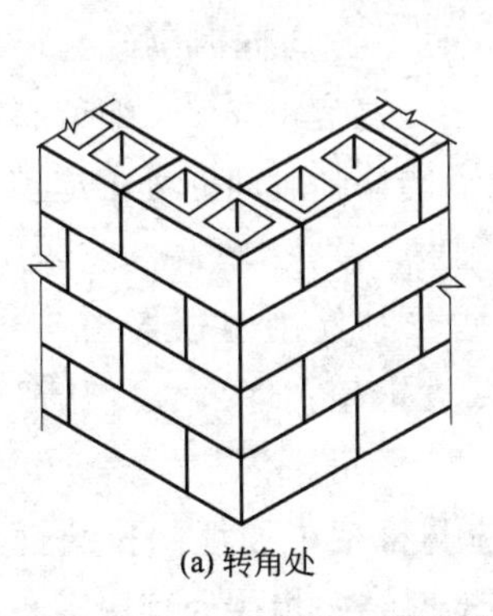

(a) 转角处

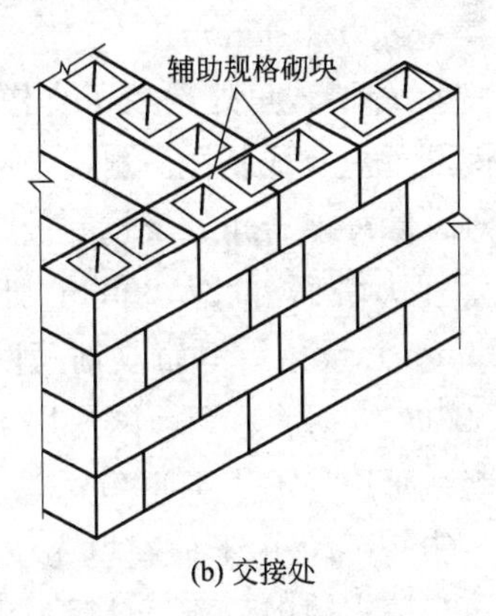

(b) 交接处

图 3-22 小砌块墙转角处及 T 形交接处砌法

② 小砌块应对孔错缝搭砌。上下皮小砌块竖向灰缝相互错开 190mm。个别情况当无法对孔砌筑时，普通混凝土小砌块错缝长

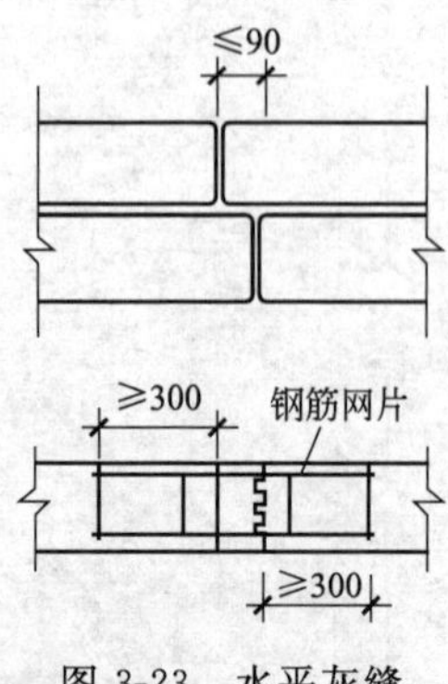

图 3-23 水平灰缝中拉结筋

度不应小于 90mm，轻集料混凝土小砌块错缝长度不应小于 120mm；当不能保证此规定时，应在水平灰缝中设置 2ϕ4 钢筋网片，钢筋网片每端均应超过该垂直灰缝，其长度不得小于 300mm，如图 3-23 所示。

③ 砌块应逐块铺砌，采用满铺、满挤法。灰缝应做到横平竖直，全部灰缝均应填满砂浆。水平灰缝宜用坐浆满铺法。垂直缝可先在砌块端头铺满砂浆(即将砌块铺浆的端面朝上依次紧密排列)，然后将砌块上墙挤压至要求的尺寸；也可在砌好的砌块端头刮满砂浆，然后将砌块上墙进行挤压，直至所需尺寸。

④ 砌块砌筑一定要跟线，“上跟线，下跟棱，左右相邻要对平”。同时应随时进行检查，做到随砌随查随纠正，以便返工。

⑤ 每当砌完一块，应随即进行灰缝的勾缝（原浆勾缝），勾缝深度一般为 3～5mm。

⑥ 外墙转角处严禁留直槎，宜从两个方向同时砌筑。墙体临时间断处应砌成斜槎。斜槎长度不应小于高度的 2/3。如留斜槎有困难，除外墙转角处及抗震设防地区，墙体临时间断处不应留直槎外，可从墙面伸出 200mm 砌成阴阳槎，并沿墙高每三皮砌块(600mm) 设拉结钢筋或钢筋网片，拉结钢筋用两根直径 6mm 的 HPB300 级钢筋；钢筋网片用 ϕ4 的冷拔钢丝。埋入长度从留槎处算起，每边均不小于 600mm，如图 3-24 所示。

⑦ 小砌块用于框架填充墙时，应与框架中预埋的拉结钢筋连接。当填充墙砌至顶面最后一皮，与上部结构相接处宜用实心小砌块（或在砌块孔洞中填 Cb15 混凝土）斜砌挤紧。

对设计规定的洞口、管道、沟槽和预埋件等，应在砌筑时预留或预埋，严禁在砌好的墙体上打凿。在小砌块墙体中不得留水平

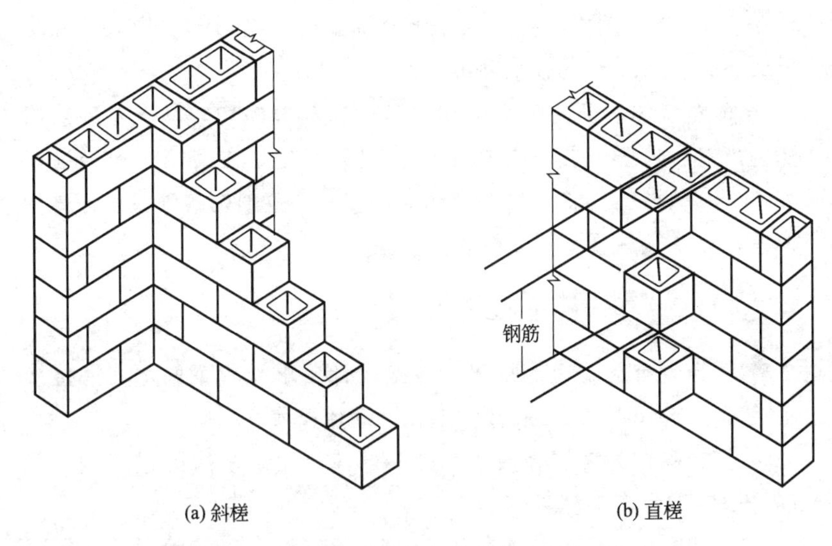

图 3-24 小砌块砌体斜槎和直槎

沟槽。

⑧ 小砌块墙体内不宜留脚手眼，如必须留设时，可用 190mm×190mm×190mm 小砌块侧砌，利用其孔洞作脚手眼，墙体完工后用 C15 混凝土填实。但在墙体下列部位不得留设脚手眼：

a. 过梁上部，与过梁成 60°的三角形及过梁跨度 1/2 范围内；

b. 宽度不大于 800mm 的窗间墙；

c. 梁和梁垫下及其左右各 500mm 的范围内；

d. 门窗洞口两侧 200mm 内和墙体交接处 400mm 的范围内；

e. 设计规定不允许设脚手眼的部位。

⑨ 安装预制梁、板时，必须坐浆垫平，不得干铺。当设置滑动层时，应按设计要求处理。板缝应按设计要求填实。

砌体中设置的圈梁应符合设计要求，圈梁应连续地设置在同一水平上，并形成闭合状，且应与楼板（屋面板）在同一水平面上，或紧靠楼板底（屋面板底）设置；当不能在同一水平上闭合时，应增设附加圈梁，其搭接长度应不小于圈梁距离的两倍，同时也不得小于1m；当采用槽形砌块制作组合圈梁时，槽形砌块应采用强度等级不低于Mb10的砂浆砌筑。

⑩ 对墙体表面的平整度和垂直度、灰缝的均匀程度及砂浆饱满程度等，应随时检查并校正所发现的偏差。在砌完每一楼层以后，应校核墙体的轴线尺寸和标高，在允许范围内的轴线和标高的偏差，可在楼板面上予以校正。

必知要点39：芯柱施工

① 当设有混凝土芯柱时，应按设计要求设置钢筋，其搭接接头长度不应小于40d。芯柱应随砌随灌随捣实。

② 当砌体为无楼板时，芯柱钢筋应与上、下层圈梁连接，并按每一层进行连续浇筑。

③ 混凝土芯柱宜用不低于Cb15的细石混凝土浇灌。钢筋混凝土芯柱宜用不低于Cb15的细石混凝土浇灌，每孔内插入不小于1根ϕ10的钢筋，钢筋底部伸入室内地面以下500mm或与基础圈梁锚固，顶部与屋盖圈梁锚固。

④ 在钢筋混凝土芯柱处，沿墙高每隔600mm应设直径4mm钢筋网片拉结，每边伸入墙体不小于600mm。

⑤ 芯柱部位宜采用不封底的通孔小砌块，当采用半封底小砌块时，砌筑前应打掉孔洞毛边。

⑥ 混凝土浇筑前，应清理芯柱内的杂物及砂浆用水冲洗干净，校正钢筋位置，并绑扎或焊接固定后，方可浇筑。浇筑时，每浇灌400～500mm高度捣实一次，或边浇灌边捣实。

⑦ 芯柱混凝土的浇筑，必须在砌筑砂浆强度大于1MPa以上时，方可进行浇筑。同时要求芯柱混凝土的坍落度控制在120mm左右。

必知要点40：石砌体工程

毛料石砌体是用平毛石、乱毛石砌成的砌体。平毛石是指形状不规则，但有两个平面大致平行的石块；乱毛石是指形状不规则的石块。

毛石砌体有毛石墙、毛石基础。

毛石墙的厚度不应小于 200mm。

毛石基础可做成梯形或阶梯形。阶梯形毛石基础的上阶石块应至少压砌下阶石块的 1/2，相邻阶梯的毛石应相互错缝搭砌，砌法如图 3-25 所示。

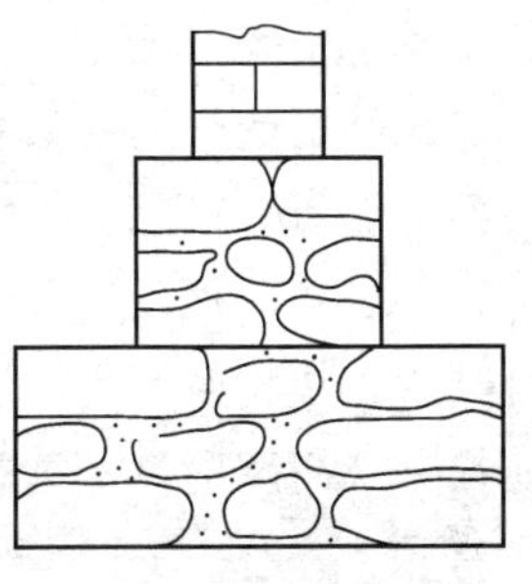

图 3-25　毛石基础

毛石砌体宜分皮卧砌，各皮石块间应利用自然形状，经敲打修整使能与先砌石块基本吻合、搭砌紧密，上下错缝，内外搭砌，不得采用外面侧立石块，中间填心的砌筑方法，中间不得有铲口石［尖石倾斜向外的石块，如图 3-26（a）所示］、斧刃石［下尖上宽的三角形石块，如图 3-26（b）所示］和过桥石［仅在两端搭砌的石块，如图 3-26（c）所示］。

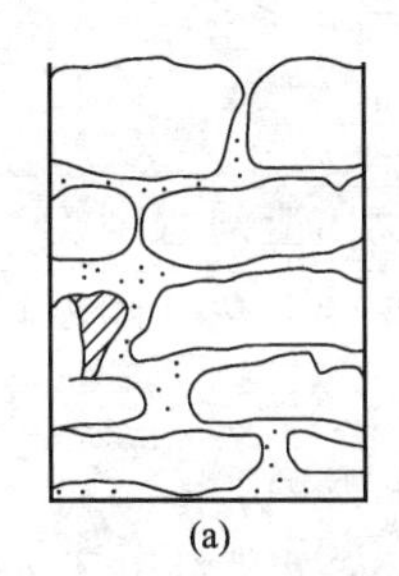

(a)

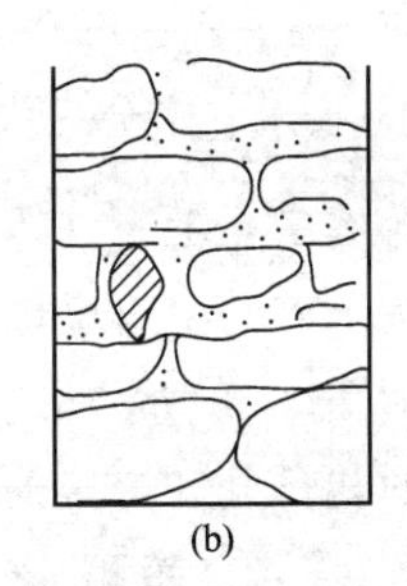

(b)

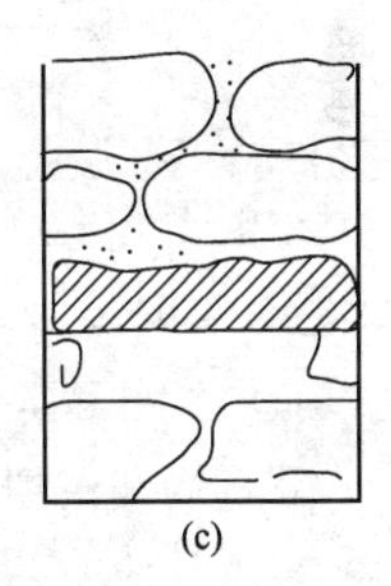

(c)

图 3-26　铲口石、斧刃石、过桥石

毛石砌体的灰缝厚度宜为 20～30mm，石块间不得有相互接触现象。石块间较大的空隙应先填塞砂浆后用碎石块嵌实，不得采用干填碎石块或先摆碎石块后塞砂浆的做法。

砌筑毛石基础的第一皮石块应坐浆，并将大面向下。

毛石砌体的第一皮及转角处、交接处和洞口处，应用较大的平毛石砌筑。每个楼层（包括基础）砌体的最上一皮，宜选用较大的毛石砌筑。

毛石砌体必须设置拉结石。拉结石应均匀分布，相互错开，一般每 0.7m^2 墙面至少设置一块，且同皮内的中距不大于 2m。

拉结石的长度：如基础的宽度或墙厚不大于 400mm，则拉结石的长度应与基础宽度或墙厚相等；如基础宽度或墙厚大于 400mm，可用两块拉结石内外搭接，搭接长度不应小于 150mm，且其中一块长度不应小于基础宽度或墙厚的 2/3。砌筑毛石挡土墙应按分层高度砌筑，每砌 3～4 皮为一个分层高度，每个分层高度应将顶层石块砌平，两个分层高度间分层处的错缝不得小于 80mm，外露面的灰缝厚度不宜大于 40mm，砌法如图 3-27 所示。

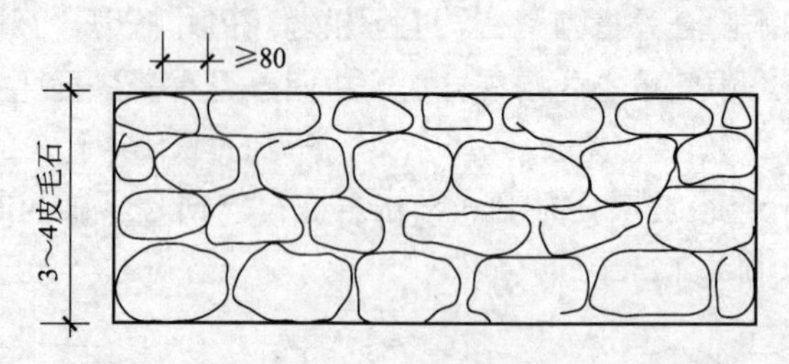

图 3-27　毛石挡土墙立面

在毛石和实心砖组合墙中，毛石砌体与砖砌体应同时砌筑，并每隔 4～6 皮砖用 2～3 皮丁砖与毛石砌体拉结砌合，两种砌体间的空隙应填实砂浆，砌法如图 3-28 所示。

毛石墙和砖墙相接的转角处和交接处应同时砌筑。

转角处应自纵墙（或横墙）每隔 4～6 皮砖高度引出不小于 120mm 与横墙（或纵墙）相接，做法如图 3-29 所示。

交接处应自纵墙每隔 4～6 皮砖高度引出不小于 120mm 与横墙相接，做法如图 3-30 所示。

毛石砌体每日的砌筑高度不应超过 1.2m。

料石砌体有料石基础、料石墙和料石柱。

料石砌体是由细料石、粗料石或毛料石砌成的砌体，细料石可砌成墙和柱，粗料石、毛料石可砌成基础和墙。

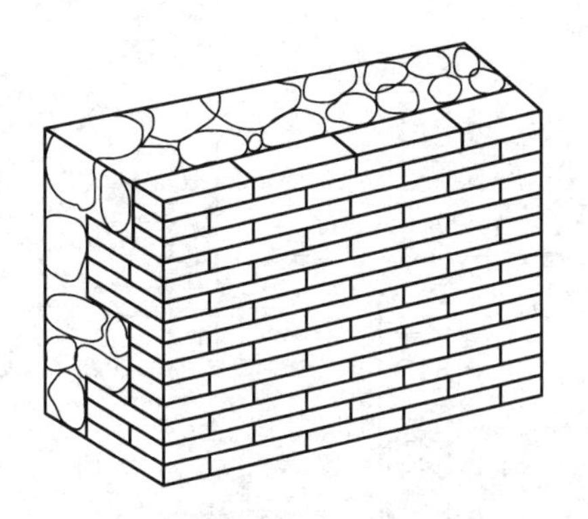

图 3-28 毛石和实心砖组合墙

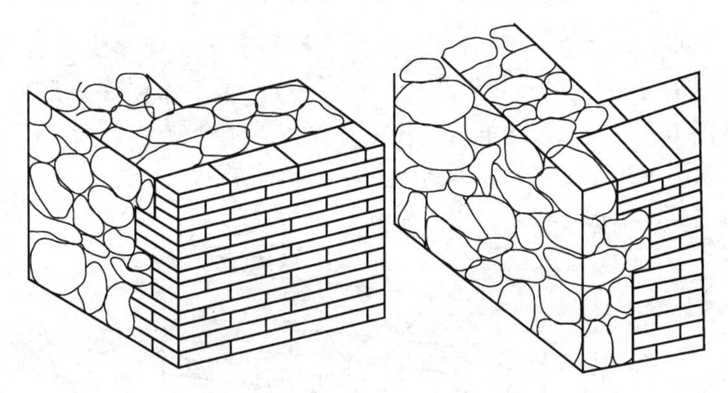

图 3-29 毛石墙和砖墙的转角处

料石基础可做成阶梯形，上阶料石应至少压砌下阶料石的1/3。

料石墙的厚度不应小于 20mm。

砌筑料石砌体时，料石应放置平稳，砂浆铺设厚度应略高于规定灰缝厚度，如果同皮内全部采用顺砌，每砌两皮后，应砌一皮丁砌层；如同皮内采用丁顺组砌，丁砌石应交错设置，其中心间距不应大于 2m。砌筑料石基础的第一皮石块应用丁砌层坐浆砌筑。

料石挡土墙，当中间部分用毛石砌筑时，丁砌料石伸入毛石部分的长度不应小于 200mm。

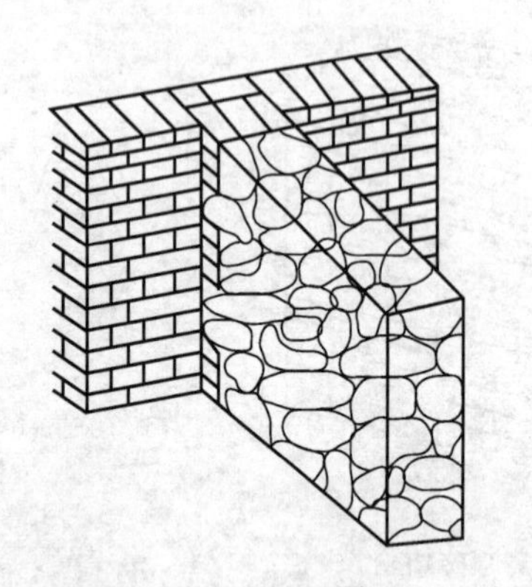
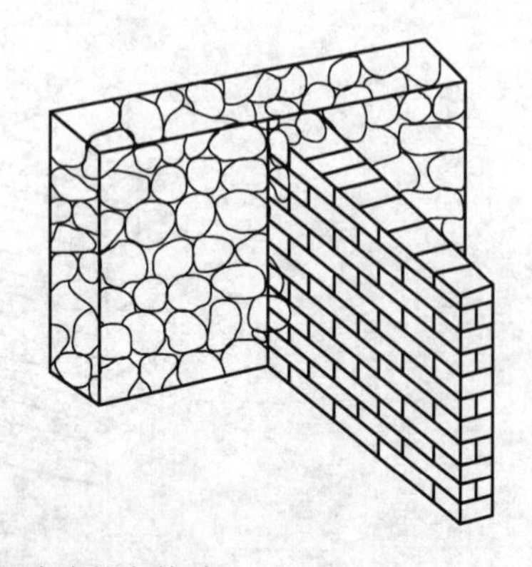

图 3-30　毛石墙和砖墙的交接处

料石砌体灰缝厚度：毛料石和粗料石的灰缝厚度不宜大于20mm；细料石的灰缝厚度不宜大于5mm。在料石和毛石或砖的组合墙中，料石砌体和毛石砌体或砖砌体应同时砌筑，并每隔2～3皮料石层用丁砌层与毛石砌体或砖砌体拉结砌合。丁砌料石的长度宜与组合墙厚度相同，砌法如图3-31所示。

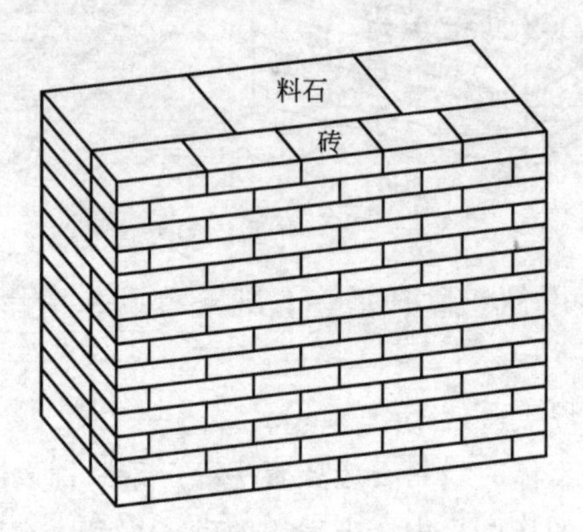

图 3-31　料石和砖组合墙

用料石作过梁，如设计无具体规定时，厚度应为200～450mm，净跨度不宜大于1.2m，两端各伸入墙内长度不应小于250mm，过梁宽度与墙厚相等，也可用双拼料石。过梁上连续砌墙时，其正中石块不应小于过梁净跨度的 1/3，其两旁应砌不小于 2/3 过梁净跨度的料石，砌法如图 3-32 所示。

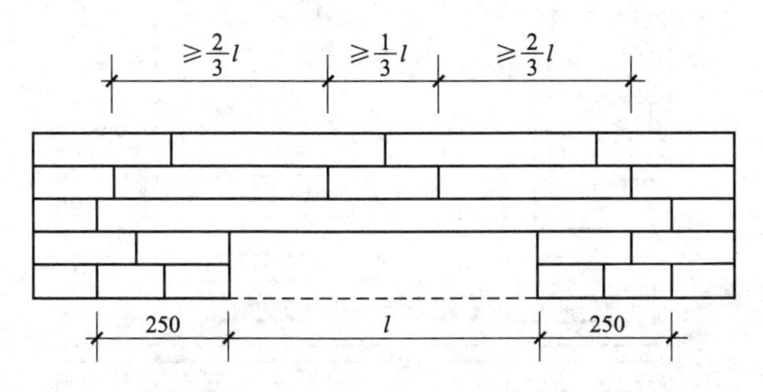

图 3-32 料石过梁

用料石作平拱，应按设计图要求加工。如设计无规定，则应加工成楔形（上宽下窄），斜度应预先设计，拱两端部的石块，在拱脚处坡度以 60°为宜。平拱石块数应为单数，厚度与墙厚相等，高度为二皮料石高。拱脚处斜面应修整加工，使其与拱石相吻合。砌筑时，应先支设模板，并以两边对称地向中间砌筑，正中一块锁石要挤紧。所用砂浆不低于 M10，灰缝厚度宜为 5mm。拆模时，砂浆强度必须大于设计强度的 70%，砌法如图 3-33 所示。

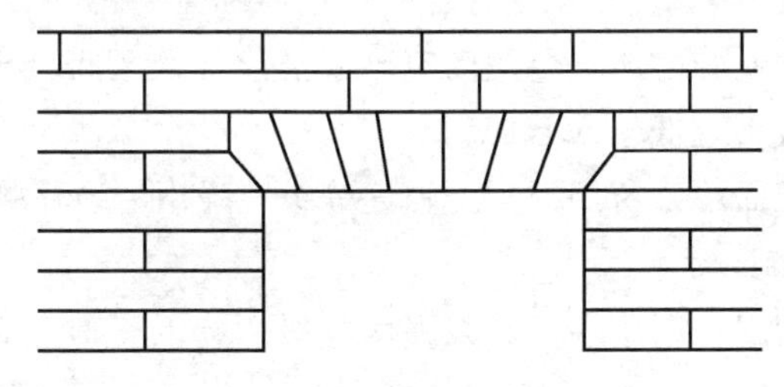

图 3-33 料石平拱

必知要点 41：面层和砖组合砌体

1. 面层和砖组合砌体构造

面层和砖组合砌体有组合砖柱、组合砖垛、组合砖墙（图

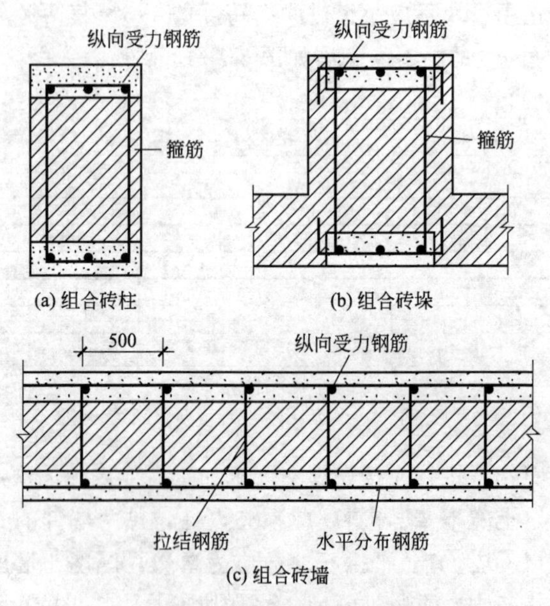

图 3-34 面层和砖组合砌体

3-34)。

面层和砖组合砌体由烧结普通砖砌体、混凝土或砂浆面层以及钢筋等组成。

烧结普通砖砌体，所用砌筑砂浆强度等级不得低于 M7.5，砖的强度等级不宜低于 MU10。

混凝土面层，所用混凝土强度等级宜采用 C20。混凝土面层厚度应大于 45mm。

砂浆面层，所用水泥砂浆强度等级不得低于 M7.5。砂浆面层厚度为 30～45mm。

竖向受力钢筋宜采用 HPB300 级钢筋，对于混凝土面层，亦可采用 HRB335 级钢筋。受力钢筋的直径不应小于 8mm。钢筋的净间距不应小于 30mm。受拉钢筋的配筋率不应小于 0.1%。受压钢筋一侧的配筋率，对砂浆面层，不宜小于 0.1%；对混凝土面层，不宜小于 0.2%。

箍筋的直径不宜小于4mm及1/5受压钢筋直径，并不宜大于6mm。箍筋的间距不应大于20倍受压钢筋的直径及500mm，并不应小于120mm。

当组合砖砌体一侧受力钢筋多于4根时，应设置附加箍筋或拉结钢筋。

对于组合砖墙，应采用穿通墙体的拉结钢筋作为箍筋，同时设置水平分布钢筋。水平分布钢筋竖向间距及拉结钢筋的水平间距均不应大于500mm。

受力钢筋的保护层厚度不应小于表3-6中的规定。受力钢筋距砖砌体表面的距离不应小于5mm。

表3-6 受力钢筋的保护层厚度

组合砖砌体	保护层厚度/mm	
	室内正常环境	露天或室内潮湿环境
组合砖墙	15	25
组合砖柱、砖垛	25	35

注：当面层为水泥砂浆时，对于组合砖柱，保护层厚度可减小5mm。

设置在灰缝内的钢筋，应居中置于灰缝内，水平灰缝厚度应大于钢筋直径4mm以上。

2. 面层和砖组合砌体施工

组合砖砌体应按下列顺序施工。

① 砌筑砖砌体，同时按照箍筋或拉结钢筋的竖向间距，在水平灰缝中铺置箍筋或拉结钢筋。

② 绑扎钢筋：将纵向受力钢筋与箍筋绑牢，在组合砖墙中，将纵向受力钢筋与拉结钢筋绑牢，将水平分布钢筋与纵向受力钢筋绑牢。

③ 在面层部分的外围分段支设模板，每段支模高度宜在500mm以内，浇水润湿模板及砖砌体面，分层浇灌混凝土或砂浆，并用捣棒捣实。

④ 待面层混凝土或砂浆的强度达到其设计强度的30%以上，方可拆除模板。如有缺陷应及时修整。

必知要点42：构造柱和砖组合砌体

1. 构造柱和砖组合砌体构造

构造柱和砖组合砌体仅有组合砖墙（图3-35）。

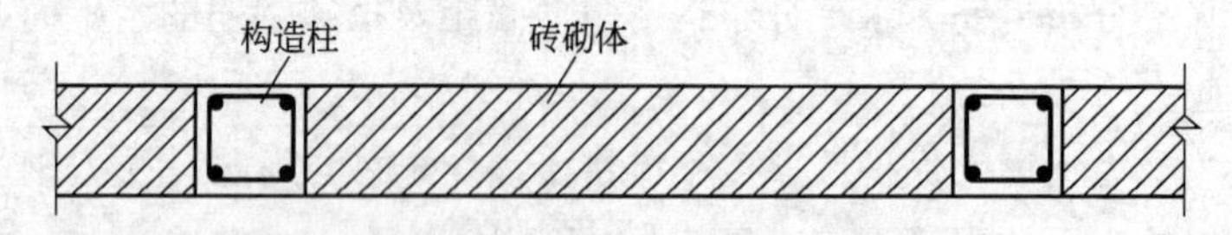

图3-35 构造柱和砖组合墙

构造柱和砖组合墙由钢筋混凝土构造柱、烧结普通砖墙以及拉结钢筋等组成。

钢筋混凝土构造柱的截面尺寸不宜小于240mm×240mm，其厚度不应小于墙厚，边柱、角柱的截面宽度宜适当加大。构造柱内竖向受力钢筋，对于中柱不宜少于4ϕ12；对于边柱、角柱，不宜少于4ϕ14。构造柱的竖向受力钢筋的直径也不宜大于16mm。其箍筋，一般部位宜采用ϕ6、间距200mm，楼层上下500mm范围内宜采用ϕ6、间距100mm。构造柱的竖向受力钢筋应在基础梁和楼层圈梁中锚固，并应符合受拉钢筋的锚固要求。构造柱的混凝土强度等级不宜低于C20。

烧结普通砖墙，所用砖的强度等级不应低于MU10，砌筑砂浆的强度等级不应低于M5。砖墙与构造柱的连接处应砌成马牙槎，每一个马牙槎的高度不宜超过300mm，并应沿墙高每隔500mm设置2ϕ6拉结钢筋，拉结钢筋每边伸入墙内不宜小于600mm（图3-36）。

构造柱和砖组合墙的房屋，应在纵横墙交接处、墙端部和较大洞口的洞边设置构造柱，其间距不宜大于4m。各层洞口宜设置在对应位置，并宜上下对齐。

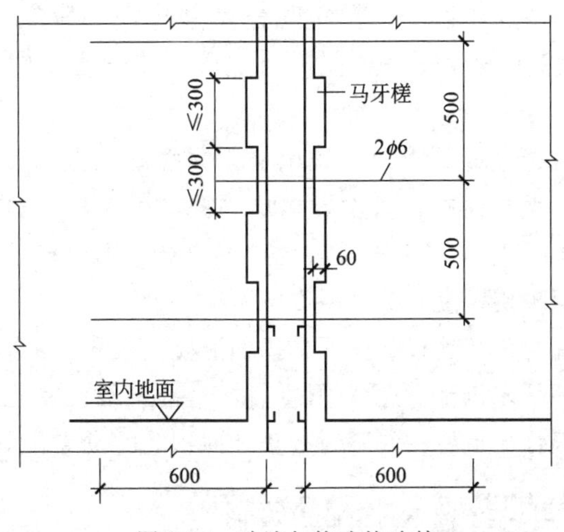

图 3-36 砖墙与构造柱连接

构造柱和砖组合墙的房屋，应在基础顶面、有组合墙的楼层处设置现浇钢筋混凝土圈梁。圈梁的截面高度不宜小于 240mm。

2. 构造柱和砖组合砌体施工

构造柱和砖组合墙的施工程序应为先砌墙后浇混凝土构造柱。构造柱施工程序为：绑扎钢筋、砌砖墙、支模板、浇混凝土、拆模。

构造柱的模板可用木模板或组合钢模板。在每层砖墙及其马牙槎砌好后，应立即支设模板，模板必须与所在墙的两侧严密贴紧，支撑牢靠，防止模板缝漏浆。

构造柱的底部（圈梁面上）应留出两皮砖高的孔洞，以便清除模板内的杂物，清除后封闭。

构造柱浇灌混凝土前，必须将马牙槎部位和模板浇水湿润，将模板内的落地灰、砖渣等杂物清理干净，并在结合面处注入适量与构造柱混凝土相同的去石水泥砂浆。

构造柱的混凝土坍落度宜为 50～70mm，石子粒径不宜大于 20mm。混凝土随拌随用，拌和好的混凝土应在 1.5h 内浇灌完。

构造柱的混凝土浇灌可以分段进行，每段高度不宜大于2.0m。在施工条件较好并能确保混凝土浇灌密实时，亦可每层一次浇灌。

捣实构造柱混凝土时，宜用插入式混凝土振动器，应分层振捣，振动棒随振随拔，每次振捣层的厚度不应超过振捣棒长度的1.25倍。振捣棒应避免直接碰触砖墙，严禁通过砖墙传振。钢筋的混凝土保护层厚度宜为20～30mm。

构造柱与砖墙连接的马牙槎内的混凝土必须密实饱满。

构造柱从基础到顶层必须垂直，对准轴线。在逐层安装模板前，必须根据构造柱轴线随时校正竖向钢筋的位置和垂直度。

必知要点43：网状配筋砖砌体

1. 网状配筋砖砌体构造

网状配筋砖砌体有配筋砖柱、砖墙，即在烧结普通砖砌体的水平灰缝中配置钢筋网（图3-37）。

网状配筋砖砌体，所用烧结普通砖强度等级不应低于MU10，砂浆强度等级不应低于M7.5。

钢筋网可采用方格网或连弯网，方格网的钢筋直径宜采用3～4mm；连弯网的钢筋直径不应大于8mm。钢筋网中钢筋的间距不应大于120mm，并不应小于30mm。

钢筋网在砖砌体中的竖向间距不应大于五皮砖高，并不应大于400mm。当采用连弯网时，网的钢筋方向应互相垂直，沿砖砌体高度交错设置，钢筋网的竖向间距取同一方向网的间距。

设置钢筋网的水平灰缝厚度应保证钢筋上下至少各有2mm厚的砂浆层。

2. 网状配筋砖砌体施工

钢筋网应按设计规定制作成型。

砖砌体部分用常规方法砌筑。在配置钢筋网的水平灰缝中，应先铺一半厚的砂浆层，放入钢筋网后再铺一半厚砂浆层，使钢筋网

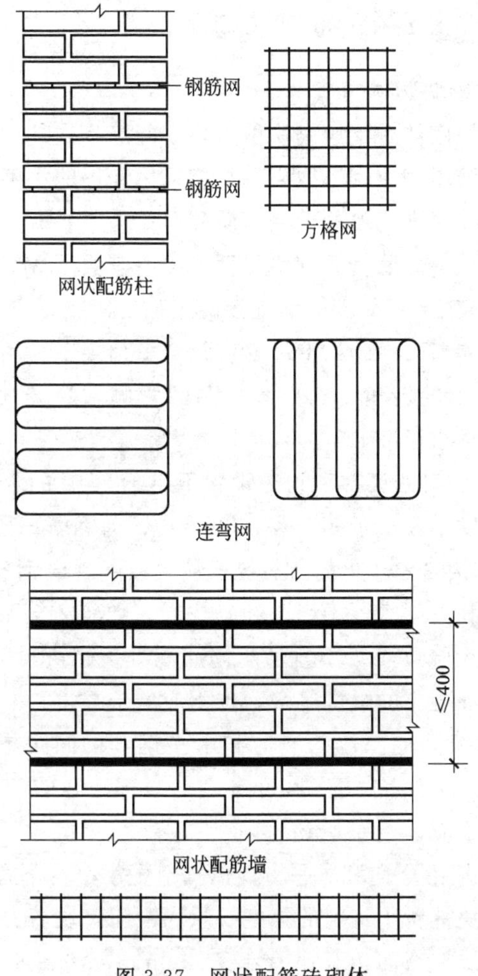

图 3-37 网状配筋砖砌体

居于砂浆层厚度中间。钢筋网四周应有砂浆保护层。

配置钢筋网的水平灰缝厚度：当用方格网时，水平灰缝厚度为 2 倍钢筋直径加 4mm；当用连弯网时，水平灰缝厚度为钢筋直径加 4mm。确保钢筋上下各有 2mm 厚的砂浆保护层。

网状配筋砖砌体外表面宜用 1∶1 水泥砂浆勾缝或进行抹灰。

必知要点 44：配筋砌块砌体

1. 配筋砌块砌体构造

配筋砌块砌体有配筋砌块剪力墙、配筋砌块柱。

施工配筋小砌块砌体剪力墙，应采用专用的小砌块砌筑砂浆砌筑，专用小砌块灌孔混凝土浇筑芯柱。

配筋砌块剪力墙所用砌块强度等级不应低于 MU10；砌筑砂浆强度等级不应低于 M7.5；灌孔混凝土强度等级不应低于 C20。

配筋砌体剪力墙的构造配筋应符合下列规定。

① 应在墙的转角、端部和孔洞的两侧配置竖向连续的钢筋，钢筋直径不宜小于 12mm。

② 应在洞口的底部和顶部设置不小于 2ϕ10 的水平钢筋，其伸入墙内的长度不宜小于 35d 和 400mm（d 为钢筋直径）。

③ 应在楼（屋）盖的所有纵横墙处设置现浇钢筋混凝土圈梁，圈梁的宽度和高度宜等于墙厚和砌块高，圈梁主筋不应少于 4ϕ10，圈梁的混凝土强度等级不宜低于同层混凝土砌块强度等级的 2 倍，或该层灌孔混凝土的强度等级，也不应低于 C20。

④ 剪力墙其他部位的竖向和水平钢筋的间距不应大于墙长、墙高的 1/2，也不应大于 1200mm。对局部灌孔的砌块砌体，竖向钢筋的间距不应大于 600mm。

⑤ 剪力墙沿竖向和水平方向的构造配筋率均不宜小于 0.07%。

配筋砌块柱所用材料的强度要求同配筋砌块剪力墙。

配筋砌块柱截面边长不宜小于 400mm，柱高度与柱截面短边之比不宜大于 30。

配筋砌块柱的构造配筋应符合下列规定（图 3-38）。

① 柱的纵向钢筋的直径不宜小于 12mm，数量不少于 4 根，全部纵向受力钢筋的配筋率不宜小于 0.2%。

② 箍筋设置应根据下列情况确定。

a. 当纵向受力钢筋的配筋率大于 0.25%，且柱承受的轴向力

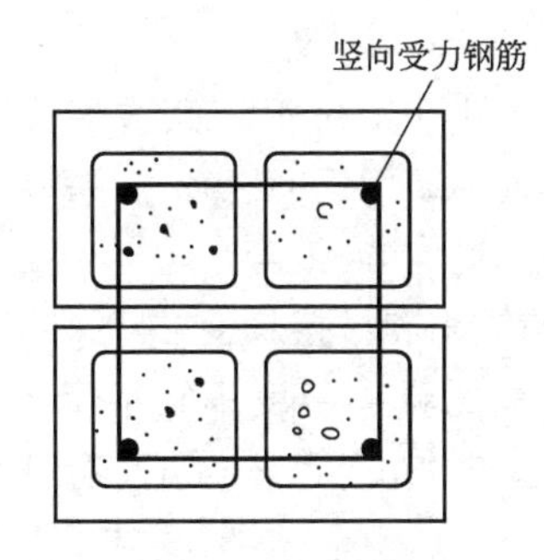

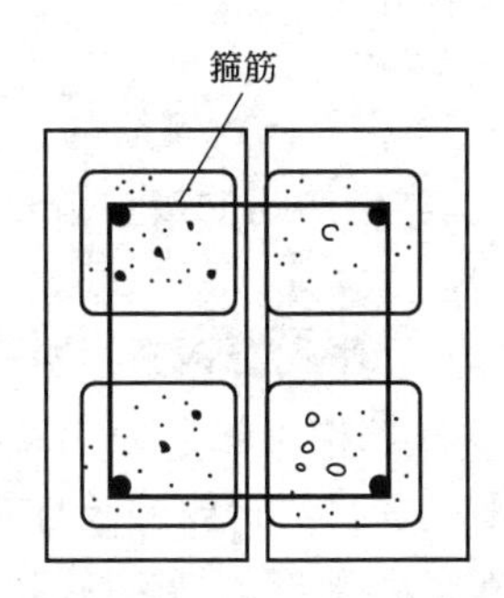

图 3-38 配筋砌块柱配筋

大于受压承载力设计值的 25%时，柱应设箍筋；当配筋率小于 0.25%时，或柱承受的轴向力小于受压承载力设计值的 25%时，柱中可不设置箍筋。

b. 箍筋直径不宜小于 6mm。

c. 箍筋的间距不应大于 16 倍纵向钢筋直径、48 倍箍筋直径及柱截面短边尺寸中较小者。

d. 箍筋应做成封闭状，端部应有弯钩。

e. 箍筋应设置在水平灰缝或灌孔混凝土中。

2. 筋砌块砌体施工

配筋砌块砌体施工前，应按设计要求将所配置钢筋加工成型，堆置于配筋部位的近旁。

砌块的砌筑应与钢筋设置互相配合。

砌块的砌筑应采用专用的小砌块砌筑砂浆和专用的小砌块灌孔混凝土。

钢筋的设置应注意以下几点。

(1) 钢筋的接头　钢筋直径大于 22mm 时宜采用机械连接接头，其他直径的钢筋可采用搭接接头，并应符合下列要求。

① 钢筋的接头位置宜设置在受力较小处。

② 受拉钢筋的搭接接头长度不应小于 $1.1L_a$，受压钢筋的搭接接头长度不应小于 $0.7L_a$（L_a 为钢筋锚固长度），但不应小

于 300mm。

③ 当相邻接头钢筋的间距不大于 75mm 时，其搭接长度应为 $1.2L_a$。当钢筋间的接头错开 $20d$ 时（d 为钢筋直径），搭接长度可不增加。

(2) 水平受力钢筋（网片）的锚固和搭接长度

① 在凹槽砌块混凝土带中钢筋的锚固长度不宜小于 $30d$，且其水平或垂直弯折段的长度不宜小于 $15d$ 和 200mm；钢筋的搭接长度不宜小于 $35d$。

② 在砌体水平灰缝中，钢筋的锚固长度不宜小于 $50d$，且其水平或垂直弯折段的长度不宜小于 $20d$ 和 150mm；钢筋的搭接长度不宜小于 $55d$。

③ 在隔皮或错缝搭接的灰缝中为 $50d+2h$（d 为灰缝受力钢筋直径，h 为水平灰缝的间距）。

(3) 钢筋的最小保护层厚度

① 灰缝中钢筋外露砂浆保护层不宜小于 15mm。

② 位于砌块孔槽中的钢筋保护层，在室内正常环境不宜小于 20mm；在室外或潮湿环境中不宜小于 30mm。

③ 对安全等级为一级或设计使用年限大于 50 年的配筋砌体，钢筋保护层厚度应比上述规定至少增加 5mm。

(4) 钢筋的弯钩　钢筋骨架中的受力光面钢筋，应在钢筋末端做弯钩，在焊接骨架、焊接网以及受压构件中，可不做弯钩；绑扎骨架中的受力变形钢筋，在钢筋的末端可不做弯钩。弯钩应为 180°弯钩。

(5) 钢筋的间距

① 两平行钢筋间的净距不应小于 25mm。

② 柱和壁柱中的竖向钢筋的净距不宜小于 40mm（包括接头处钢筋间的净距）。

必知要点 45：烧结空心砖填充墙砌筑

1. 烧结空心砖填充墙施工工艺

(1) 墙体放线及组砌形式　砌筑前，应在砌筑位置弹出墙边线及门窗洞口边线，底部至少先砌 3 皮普通砖，门窗洞口两侧一砖范围内也应用普通砖实砌。墙体的组砌方式如图 3-39 所示。

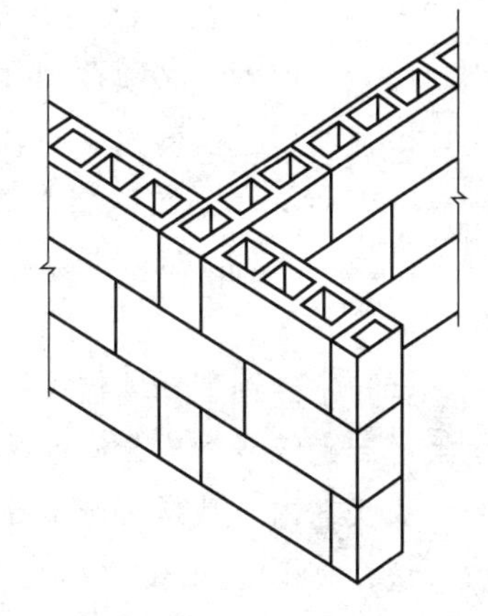

图 3-39 空心砖墙组砌形式

（2）摆砖 按组砌方法先从转角或定位处开始向一侧排砖，内外墙应同时排砖，纵横方向交错搭接，上下皮错缝，一般搭砌长度不少于 60mm，上下皮错缝 1/2 砖长。排砖时，凡不够半砖处用普通砖补砌，半砖以上的非整砖宜用无齿锯加工制作非整砖块，不得用砍凿方法将砖打断；第一皮空心砖砌筑必须进行试摆。

（3）盘角 砌砖前应先盘角，每次盘角不宜超过 3 皮砖，新盘的大角及时进行吊、靠。如有偏差要及时修整。盘角时要仔细对照皮数杆的砖层和标高，控制好灰缝大小，使水平灰缝均匀一致。大角盘好后再复查一次，平整和垂直完全符合要求后，再挂线砌墙。

（4）挂线 砌筑必须双面挂线，如果是长墙，几个人均使用一根通线，中间应设几个支线点，小线要拉紧，每层砖都要穿线看平，使水平缝均匀一致，平直通顺；可照顾砖墙两面平整，为下道工序控制抹灰厚度奠定基础。

（5）组砌 砌空心砖宜采用刮浆法。竖缝应先批砂浆后再砌筑，当孔洞呈垂直时，水平铺砂浆，应先用套板盖住孔洞，以免砂浆掉入空洞内。砌砖时砖要放平。里手高，墙面就要张；里手低，墙面就要背。砌砖一定要跟线，“上跟线，下跟棱，左右相邻要对平”。水平灰缝厚度和竖向灰缝宽度一般为 10mm，但不应小于 8mm，也不应大于 12mm。为保证清水墙面主缝垂直，不游丁走缝，当砌完一步架高时，宜每隔 2m 水平间距，在丁砖立楞位置弹两道垂直立线，可以分段控制游丁走缝。在操作过程中，要认真进行自检，如出现偏差，应随时纠正，严禁事后砸墙。清水墙不允许有三分头，不得在上部任意变活、乱缝。砌筑砂浆应随搅拌随使用，一般水泥砂浆必须在3h内用完，水泥混合砂浆必须在4h内用完，不得使用过夜砂浆。砌清水墙应随砌、随划缝，划缝深度为8～10mm，深浅一致，墙面清扫干净。混水墙应随砌随将舌头灰刮尽。空心砖墙应同时砌起，不得留槎。每天砌筑高度不应超过1.8m。

（6）木砖预埋和墙体拉结筋　墙中留洞、预埋件、管道等处应用实心砖砌筑或做成预制混凝土构件或块体；木砖预埋时应小头在外，大头在内，数量按洞口高度决定。洞口高在1.2m以内，每边放2块；高1.2～2m，每边放3块；高2～3m，每边放4块，预埋木砖的部位一般在洞口上边或下边四皮砖，中间均匀分布。木砖要提前做好防腐处理。钢门窗安装的预留孔、硬架支模、暖卫管道，均应按设计要求预留，不得事后剔凿。墙体拉结筋的位置、规格、数量、间距均应按设计要求留置，不应错放、漏放。

（7）过梁、梁垫安装　门窗过梁支承处应用实心砖砌筑；安装过梁、梁垫时，其标高、位置及型号必须准确，坐浆饱满。如坐浆厚度超过2cm时，要用细石混凝土铺垫，过梁安装时，两端支承点的长度应一致。

（8）构造柱　凡设有构造柱的工程，在砌砖前，应先根据设计图纸将构造柱位置进行弹线，并把构造柱插筋处理顺直。砌砖墙时，与构造柱连接处砌成马牙槎，马牙槎处砌实心砖。每一个马牙槎沿高度方向的尺寸不宜超过30cm（即二皮砖）。马牙槎应先退后进。拉结筋按设计要求放置，设计无要求时，一般沿墙高50cm设置2根$\phi6$水平拉结筋，每边深入墙内不应小于1m。

2. 烧结空心砖填充墙施工要点

① 空心砖墙的水平灰缝厚度及竖向灰缝宽度宜为10mm，但不应小于8mm，也不应大于12mm。

② 空心砖墙的水平灰缝砂浆饱满度不应小于80%，竖向灰缝

不得有透明缝、暗缝、假缝。

③ 空心砖墙的端头、转角处、交接处应用烧结普通砖砌筑，并在水平灰缝中设置拉结钢筋，拉结钢筋不少于2ϕ6，伸入空心砖墙内不小于空心砖长，伸入普通砖墙内不小于240mm；拉结钢筋竖向间距为2皮空心砖高（图3-40）。

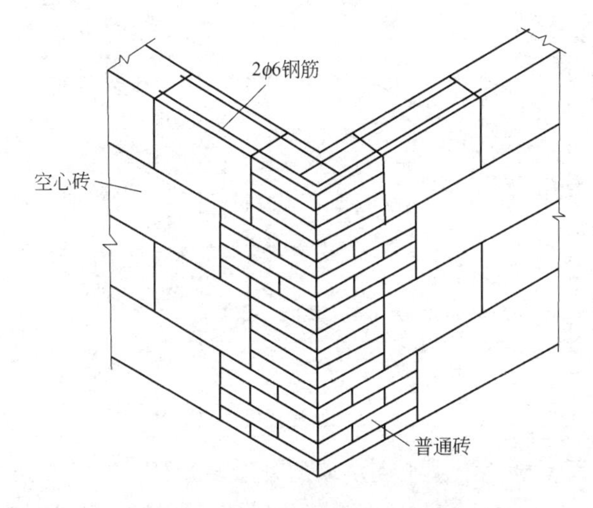

图3-40　空心砖墙中拉结钢筋

④ 空心砖墙中不得留设脚手眼。

⑤ 空心砖墙与承重砖墙相接处应预先在承重砖墙的水平灰缝中埋置拉结筋，此拉结筋在砌空心砖墙时置于空心砖墙的水平灰缝中，拉结筋伸入空心砖墙中长度应不小于500mm。

⑥ 空心砖墙中不得砍砖留槽。

必知要点46：加气混凝土砌块填充墙砌筑

1. 加气混凝土砌块砌体构造

① 加气混凝土砌块仅用作砌筑墙体，有单层墙和双层墙。单层墙是砌块侧立砌筑，墙厚等于砌块宽度。双层墙由两侧单层墙及其间拉结筋组成，两侧墙之间留75mm宽的空气层。拉结筋可采

用 ϕ4～ϕ6 钢筋扒钉（或 8 号铅丝），沿墙高 500mm 左右放一层拉结筋，其水平间距为 600mm（图 3-41）。

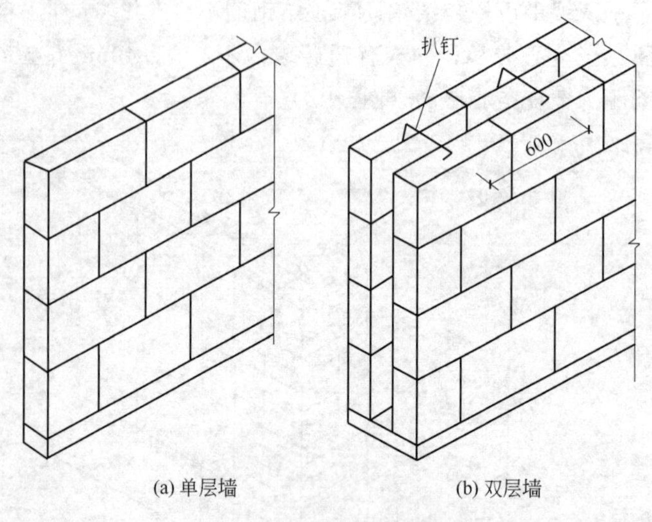

(a) 单层墙　　(b) 双层墙

图 3-41　加气混凝土砌块墙

② 承重加气混凝土砌块墙的外墙转角处、T 字交接处、十字交接处，均应在水平灰缝中设置拉结筋，拉结筋用 3ϕ6 钢筋，拉结筋沿墙高 1m 左右放置一道，拉结筋伸入墙内不少于 1m（图 3-42）。山墙部位沿墙高 1m 左右加 3ϕ6 通长钢筋。

③ 非承重加气混凝土砌块墙的转角处以及与承重砌块墙的交接处，也应在水平灰缝中设置拉结筋，拉结筋用 2ϕ6，伸入墙内不小于 700mm（图 3-43）。

④ 加气混凝土砌块墙的窗洞口下第一皮砌块下的水平灰缝内应放置 3ϕ6 钢筋，钢筋两端应伸过窗洞立边 500mm（图 3-44）。

⑤ 加气混凝土砌块墙中洞口过梁，可采用配筋过梁或钢筋混凝土过梁。配筋过梁依洞口宽度大小配 2ϕ8 或 3ϕ8 钢筋，钢筋两端伸入墙内不小于 500mm，其砂浆层厚度为 30mm，钢筋混凝土过梁高度为 60mm 或 120mm，过梁两端伸入墙内不小于 250mm（图 3-45）。

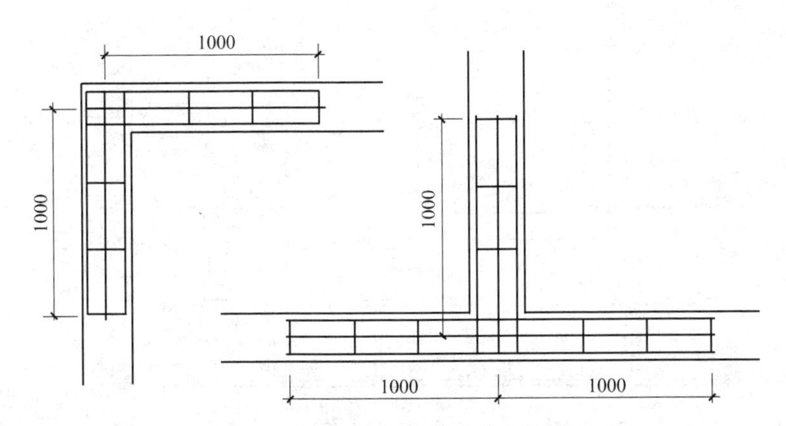

图 3-42 承重砌块墙灰缝中拉结筋

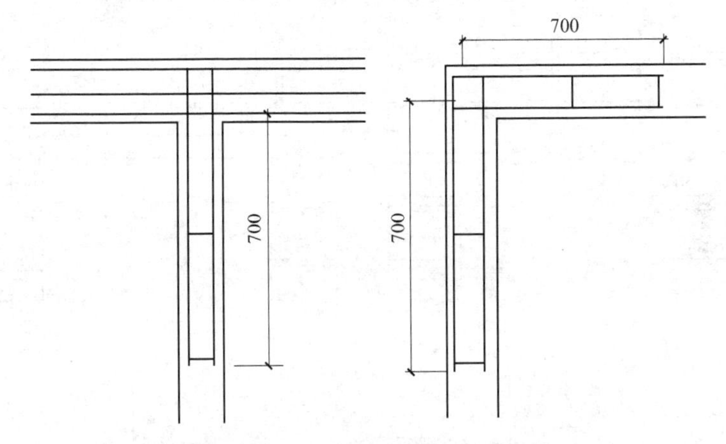

图 3-43 非承重砌块墙灰缝中拉结筋

2. 加气混凝土砌块填充墙施工要点

① 加气混凝土砌块砌筑时，其产品龄期应超过28d。进场后应按品种、规格分别堆放整齐。堆置高度不宜超过2m，并应防止雨淋。砌筑时，应向砌筑面适量浇水。

② 砌筑加气混凝土砌块应采用专用工具，如铺灰铲、刀锯、手摇钻、镂槽器、平直架等。

③ 砌筑加气混凝土砌块墙时，墙底部应砌烧结普通砖或多孔

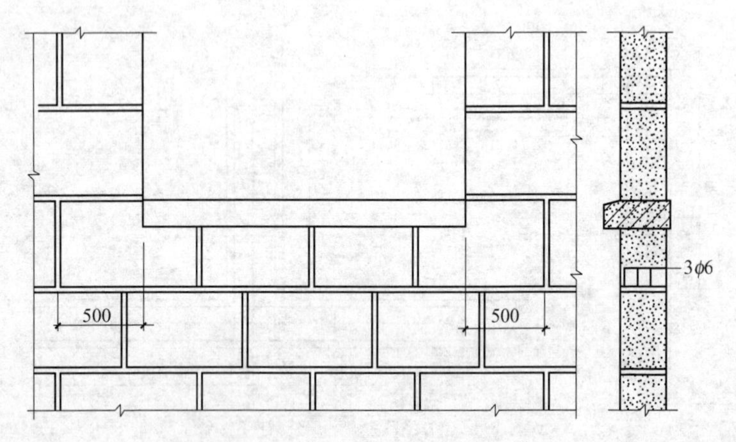

图 3-44 砌块墙窗洞口下附加筋

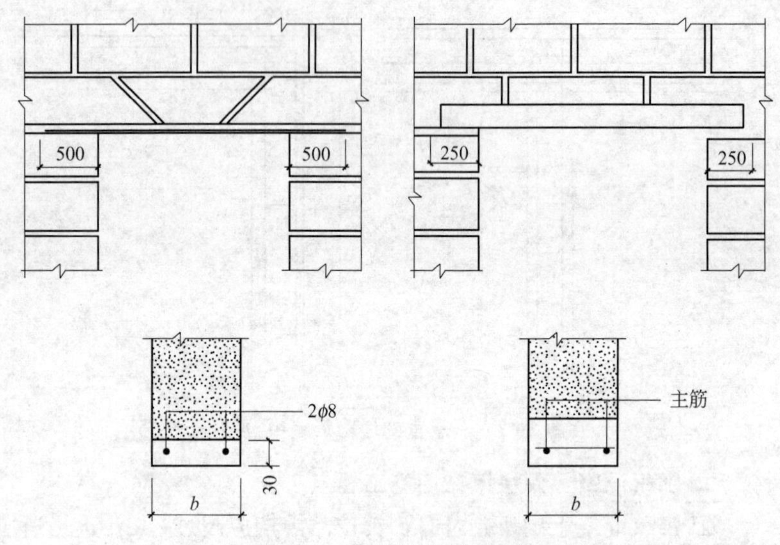

图 3-45 砌块墙中洞口过梁

砖，或普通混凝土小型空心砌块，或现浇混凝土墙垫等，其高度不宜小于 200mm，

④ 加气混凝土砌块应错缝搭砌，上下皮砌块的竖向灰缝至少错开 200mm。

⑤ 加气混凝土砌块墙的转角处、T字交接处分皮砌法如图3-46所示。

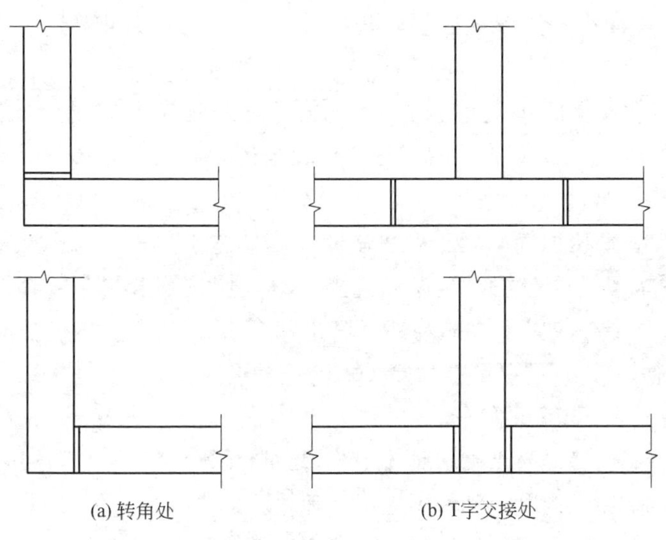

图 3-46 砌块墙转角处、T字交接处分皮砌法

⑥ 加气混凝土砌块填充墙砌体的灰缝砂浆饱满度应符合《砌体结构工程施工质量验收规范》（GB 50203—2011）≥80%的要求，尤其是外墙，应防止因砂浆不饱满、假缝、透明缝等引起墙体渗漏、内墙的抗剪切强度不足引起质量通病。

⑦ 填充墙砌至接近梁底、板底时，应留一定的空隙，待填充墙砌筑完并至少间隔7d后，再将其补砌挤紧，防止上部砌体因砂浆收缩而开裂。方法为：当上部空隙小于等于20mm时，用1∶2水泥砂浆嵌填密实；稍大的空隙用细石混凝土镶填密实；大空隙用烧结标准砖或多孔砖宜成60°角斜砌挤紧，但砌筑砂浆必须密实，不允许出现平砌、生摆（填充墙上部斜砌砌筑时出现的干摆或砌筑砂浆不密实形成孔洞等）等现象。

⑧ 砌筑时，应向砌筑面适量浇水湿润，砌筑砂浆应有良好的保水性，并且砌筑砂浆铺设长度不应大于2m，避免因砂浆失水过

快引起灰缝开裂。

⑨ 砌筑过程中，应经常检查墙体的垂直平整度，并应在砂浆初凝前用小木锤或撬杠轻轻进行修正，防止因砂浆初凝造成灰缝开裂。

⑩ 砌体施工应严格按《砌体结构工程施工质量验收规范》(GB 50203—2011) 的要求进行错缝搭砌，避免因墙体形成通缝削弱其稳定性。

⑪ 蒸压加气混凝土砌块填充墙砌体施工过程中，应严格按设计要求留设构造柱，当设计无要求时，应按墙长度每 5m 设构造柱。构造柱应置于墙的端部、墙角和 T 形交叉处。构造柱马牙槎应先退后进，进退尺寸大于 60mm，进退高度宜为砌块 1～2 层高度，且在 300mm 左右。

⑫ 加气混凝土砌块砌体中不得留脚手眼。

⑬ 加气混凝土砌块不应与其他块材混砌。

⑭ 加气混凝土砌体如无切实有效措施，不得在以下部位使用：

a. 建筑物室内地面标高±0.000 以下；

b. 长期浸水或经常受干湿交替部位；

c. 受化学环境侵蚀，如强酸、强碱或高浓度二氧化碳等的环境；

d. 制品表面经常处于 80℃以上的高温环境。

第4章 混凝土结构工程

必知要点47：模板工程制作与安装

① 模板应按图加工、制作。通用性强的模板宜制作成定型模板。

② 模板面板背楞的截面高度宜统一。模板制作与安装时，面板拼缝应严密。有防水要求的墙体，其模板对拉螺栓中部应设止水片，止水片应与对拉螺栓环焊。

③ 与通用钢管支架匹配的专用支架，应按图加工、制作。搁置于支架顶端可调托座上的主梁，可采用木方、木工字梁或截面对称的型钢制作。

④ 支架立柱和竖向模板安装在土层上时，应符合下列规定。

a. 应设置具有足够强度和支承面积的垫板。

b. 土层应坚实，并应有排水措施；对湿陷性黄土、膨胀土，应有防水措施；对冻胀性土，应有防冻胀措施。

c. 对软土地基，必要时可采用堆载预压的方法调整模板面板安装高度。

⑤ 安装模板时，应进行测量放线，并应采取保证模板位置准确的定位措施。对竖向构件的模板及支架，应根据混凝土一次浇筑

高度和浇筑速度，采取竖向模板抗侧移、抗浮和抗倾覆措施。对水平构件的模板及支架，应结合不同的支架和模板面板形式，采取支架间、模板间及模板与支架间的有效拉结措施。对可能承受较大风荷载的模板，应采取防风措施。

⑥ 对跨度不小于 4m 的梁、板，其模板施工起拱高度宜为梁、板跨度的 1/1000～3/1000。起拱不得减少构件的截面高度。

⑦ 采用扣件式钢管作模板支架时，支架搭设应符合下列规定。

a. 模板支架搭设所采用的钢管、扣件规格，应符合设计要求；立杆纵距、立杆横距、支架步距以及构造要求，应符合专项施工方案的要求。

b. 立杆纵距、立杆横距不应大于 1.5m，支架步距不应大于 2.0m；立杆纵向和横向宜设置扫地杆，纵向扫地杆距立杆底部不宜大于 200mm，横向扫地杆宜设置在纵向扫地杆的下方；立杆底部宜设置底座或垫板。

c. 立杆接长除顶层步距可采用搭接外，其余各层步距接头应采用对接扣件连接，两个相邻立杆的接头不应设置在同一步距内。

d. 立杆步距的上下两端应设置双向水平杆，水平杆与立杆的交错点应采用扣件连接，双向水平杆与立杆的连接扣件之间的距离不应大于 150mm。

e. 支架周边应连续设置竖向剪刀撑。支架长度或宽度大于 6m 时，应设置中部纵向或横向的竖向剪刀撑，剪刀撑的间距和单幅剪刀撑的宽度均不宜大于 8m，剪刀撑与水平杆的夹角宜为 45°～60°；支架高度大于 3 倍步距时，支架顶部宜设置一道水平剪刀撑，剪刀撑应延伸至周边。

f. 立杆、水平杆、剪刀撑的搭接长度不应小于 0.8m，且不应少于 2 个扣件连接，扣件盖板边缘至杆端不应小于 100mm。

g. 扣件螺栓的拧紧力矩不应小于 40N·m，且不应大于 65N·m。

h. 支架立杆搭设的垂直偏差不宜大于 1/200。

⑧ 采用扣件式钢管作高大模板支架时，支架搭设除应符合⑦

的规定外，尚应符合下列规定。

a. 宜在支架立杆顶端插入可调托座，可调托座螺杆外径不应小于 36mm，螺杆插入钢管的长度不应小于 150mm，螺杆伸出钢管的长度不应大于 300mm，可调托座伸出顶层水平杆的悬臂长度不应大于 500mm。

b. 立杆纵距、横距不应大于 1.2m，支架步距不应大于 1.8m。

c. 立杆顶层步距内采用搭接时，搭接长度不应小于 1m，且不应少于 3 个扣件连接。

d. 立杆纵向和横向应设置扫地杆，纵向扫地杆距立杆底部不宜大于 200mm。

e. 宜设置中部纵向或横向的竖向剪刀撑，剪刀撑的间距不宜大于 5m；沿支架高度方向搭设的水平剪刀撑的间距不宜大于 6m。

f. 立杆的搭设垂直偏差不宜大于 1/200，且不宜大于 100mm。

g. 应根据周边结构的情况，采取有效的连接措施加强支架整体稳固性。

⑨ 采用碗扣式、盘扣式或盘销式钢管架作模板支架时，支架搭设应符合下列规定。

a. 碗扣架、盘扣架或盘销架的水平杆与立柱的扣接应牢靠，不应滑脱。

b. 立杆上的上、下层水平杆间距不应大于 1.8m。

c. 插入立杆顶端可调托座伸出顶层水平杆的悬臂长度不应大于 650mm，螺杆插入钢管的长度不应小于 150mm，其直径应满足与钢管内径间隙不大于 6mm 的要求。架体最顶层的水平杆步距应比标准步距缩小一个节点间距。

d. 立柱间应设置专用斜杆或扣件钢管斜杆加强模板支架。

⑩ 采用门式钢管架搭设模板支架时，应符合现行行业标准《建筑施工门式钢管脚手架安全技术规范》（JGJ 128—2010）的有关规定。当支架高度较大或荷载较大时，主立杆钢管直径不宜小于 48mm，并应设水平加强杆。

⑪ 支架的竖向斜撑和水平斜撑应与支架同步搭设，支架应与成型的混凝土结构拉结。钢管支架的竖向斜撑和水平斜撑的搭设，应符合国家现行有关钢管脚手架标准的规定。

⑫ 对现浇多层、高层混凝土结构，上、下楼层模板支架的立杆宜对准。模板及支架杆件等应分散堆放。

⑬ 模板安装应保证混凝土结构构件各部分形状、尺寸和相对位置准确，并应防止漏浆。

⑭ 模板安装应与钢筋安装配合进行，梁柱节点的模板宜在钢筋安装后安装。

⑮ 模板与混凝土接触面应清理干净并涂刷脱模剂，脱模剂不得污染钢筋和混凝土接槎处。

⑯ 后浇带的模板及支架应独立设置。

⑰ 固定在模板上的预埋件、预留孔和预留洞均不得遗漏，且应安装牢固、位置准确。

必知要点 48：模板工程拆除与维护

① 模板拆除时，可采取先支的后拆、后支的先拆，先拆非承重模板、后拆承重模板的顺序，并应从上而下进行拆除。

② 底模及支架应在混凝土强度达到设计要求后再拆除；当设计无具体要求时，同条件养护的混凝土立方体试件抗压强度应符合表 4-1 的规定。

③ 当混凝土强度能保证其表面及棱角不受损伤时，方可拆除侧模。

④ 多个楼层间连续支模的底层支架拆除时间，应根据连续支模的楼层间荷载分配和混凝土强度的增长情况确定。

⑤ 快拆支架体系的支架立杆间距不应大于 2m。拆模时，应保留立杆并顶托支承楼板，拆模时的混凝土强度可按表 4-1 中构件跨度为 2m 的规定确定。

⑥ 后张预应力混凝土结构构件，侧模宜在预应力筋张拉前拆

表 4-1 底模拆除时的混凝土强度要求

构件类型	构件跨度/m	达到设计的混凝土立方体抗压强度标准值的百分率/%
板	≤2	≥50
	>2,≤8	≥75
	>8	≥100
梁拱、壳	≤8	≥75
	>8	≥100
悬臂构件		≥100

除；底模及支架不应在结构构件建立预应力前拆除。

⑦ 拆下的模板及支架杆件不得抛掷，应分散堆放在指定地点，并应及时清运。

⑧ 模板拆除后应将其表面清理干净，对变形和损伤部位应进行修复。

必知要点 49: 钢筋加工

① 钢筋加工前应将表面清理干净。不得使用表面有颗粒状、片状老锈或有损伤的钢筋。

② 钢筋加工宜在常温状态下进行，加工过程中不应对钢筋进行加热。钢筋应一次弯折到位。

③ 钢筋宜采用机械设备进行调直，也可采用冷拉方法调直。当采用机械设备调直时，调直设备不应具有延伸功能。当采用冷拉方法调直时，HPB300 光圆钢筋的冷拉率不宜大于 4%；HRB335、HRB400、HRB500、HRBF335、HRBF400、HRBF500 及 RRB400 带肋钢筋的冷拉率不宜大于 1%。钢筋调直过程中不应损伤带肋钢筋的横肋。调直后的钢筋应平直，不应有局部弯折。

④ 钢筋弯折的弯弧内直径应符合下列规定。

a. 光圆钢筋，不应小于钢筋直径的 2.5 倍。

b. 335MPa 级、400MPa 级带肋钢筋，不应小于钢筋直径的 4 倍。

c. 500MPa 级带肋钢筋，当直径为 28mm 以下时不应小于钢筋直径的 6 倍，当直径为 28mm 及以上时不应小于钢筋直径的 7 倍。

d. 位于框架结构顶层端节点处的梁上部纵向钢筋和柱外侧纵向钢筋，在节点角部弯折处，当钢筋直径为 28mm 以下时不宜小于钢筋直径的 12 倍，当钢筋直径为 28mm 及以上时不宜小于钢筋直径的 16 倍。

e. 箍筋弯折处尚不应小于纵向受力钢筋直径；箍筋弯折处纵向受力钢筋为搭接钢筋或并筋时，应按钢筋实际排布情况确定箍筋弯弧内直径。

⑤ 纵向受力钢筋的弯折后平直段长度应符合设计要求及现行国家标准《混凝土结构设计规范》（GB 50010—2010）的有关规定。光圆钢筋末端做 180°弯钩时，弯钩的弯折后平直段长度不应小于钢筋直径的 3 倍。

⑥ 箍筋、拉筋的末端应按设计要求做弯钩，并应符合下列规定。

a. 对一般结构构件，箍筋弯钩的弯折角度不应小于 90°，弯折后平直段长度不应小于箍筋直径的 5 倍；对有抗震设防要求或设计有专门要求的结构构件，箍筋弯钩的弯折角度不应小于 135°，弯折后平直段长度不应小于箍筋直径的 10 倍和 75mm 两者之中的较大值。

b. 圆形箍筋的搭接长度不应小于其受拉锚固长度，且两末端均应做不小于 135°的弯钩，弯折后平直段长度对一般结构构件不应小于箍筋直径的 5 倍，对有抗震设防要求的结构构件不应小于箍筋直径的 10 倍和 75mm 的较大值。

c. 拉筋用作梁、柱复合箍筋中单肢箍筋或梁腰筋间拉结筋时，两端弯钩的弯折角度均不应小于 135°，弯折后平直段长度应符合 a. 对箍筋的有关规定；拉筋用作剪力墙、楼板等构件中拉结筋时，两端弯钩可采用一端135°、另一端90°，弯折后平直段长度不应小于拉筋直径的5倍。

⑦ 焊接封闭箍筋宜采用闪光对焊，也可采用气压焊或单面搭接焊，并宜采用专用设备进行焊接。焊接封闭箍筋下料长度和端头加工应按焊接工艺确定。焊接封闭箍筋的焊点设置，应符合下列规定。

a. 每个箍筋的焊点数量应为1个，焊点宜位于多边形箍筋中的某边中部，且距箍筋弯折处的位置不宜小于100mm。

b. 矩形柱箍筋焊点宜设在柱短边，等边多边形柱箍筋焊点可设在任一边；不等边多边形柱箍筋焊点应位于不同边上。

c. 梁箍筋焊点应设置在顶边或底边。

⑧ 当钢筋采用机械锚固措施时，钢筋锚固端的加工应符合国家现行相关标准的规定。采用钢筋锚固板时，应符合现行行业标准《钢筋锚固板应用技术规程》（JGJ 256—2011）的有关规定。

必知要点50: 钢筋连接与安装

① 钢筋接头宜设置在受力较小处；有抗震设防要求的结构中，梁端、柱端箍筋加密区范围内不宜设置钢筋接头，且不应进行钢筋搭接。同一纵向受力钢筋不宜设置两个或两个以上接头。接头末端至钢筋弯起点的距离，不应小于钢筋直径的10倍。

② 钢筋机械连接施工应符合下列规定。

a. 加工钢筋接头的操作人员应经专业培训合格后上岗，钢筋接头的加工应经工艺检验合格后方可进行。

b. 机械连接接头的混凝土保护层厚度宜符合现行国家标准《混凝土结构设计规范》（GB 50010—2010）中受力钢筋的混凝土保护层最小厚度规定，且不得小于15mm。接头之间的横向净间距不宜小于25mm。

c. 螺纹接头安装后应使用专用扭力扳手校核拧紧扭力矩。挤压接头压痕直径的波动范围应控制在允许波动范围内，并使用专用量规进行检验。

d. 机械连接接头的适用范围、工艺要求、套筒材料及质量要求等应符合现行行业标准《钢筋机械连接技术规程》（JGJ 107—2010）的有关规定。

③ 钢筋焊接施工应符合下列规定。

a. 从事钢筋焊接施工的焊工应持有钢筋焊工考试合格证，并应按照合格证规定的范围上岗操作。

b. 在钢筋工程焊接施工前，参与该项工程施焊的焊工应进行现场条件下的焊接工艺试验，经试验合格后，方可进行焊接。焊接过程中，如果钢筋牌号、直径发生变更，应再次进行焊接工艺试验。工艺试验使用的材料、设备、辅料及作业条件均应与实际施工一致。

c. 细晶粒热轧钢筋及直径大于 28mm 的普通热轧钢筋，其焊接参数应经试验确定；余热处理钢筋不宜焊接。

d. 电渣压力焊只应使用于柱、墙等构件中竖向受力钢筋的连接。

e. 钢筋焊接接头的适用范围、工艺要求、焊条及焊剂选择、焊接操作及质量要求等应符合现行行业标准《钢筋焊接及验收规程》（JGJ 18—2012）的有关规定。

④ 当纵向受力钢筋采用机械连接接头或焊接接头时，接头的设置应符合下列规定。

a. 同一构件内的接头宜分批错开。

b. 接头连接区段的长度为 $35d$，其中 d 为相互连接两根钢筋中较小直径，且不应小于 500mm，凡接头中点位于该连接区段长度内的接头均应属于同一连接区段。

c. 同一连接区段内，纵向受力钢筋接头面积百分率为该区段内有接头的纵向受力钢筋截面面积与全部纵向受力钢筋截面面积的比值；纵向受力钢筋的接头面积百分率应符合下列规定。

Ⅰ. 受拉接头，不宜大于 50%；受压接头，可不受限制。

Ⅱ. 板、墙、柱中受拉机械连接接头，可根据实际情况放宽；装配式混凝土结构构件连接处受拉接头，可根据实际情况放宽。

Ⅲ. 直接承受动力荷载的结构构件中，不宜采用焊接；当采用机械连接时，不应超过 50%。

⑤ 当纵向受力钢筋采用绑扎搭接接头时，接头的设置应符合下列规定。

a. 同一构件内的接头宜分批错开。各接头的横向净间距 s 不应小于钢筋直径，且不应小于 25mm。

b. 接头连接区段的长度为 1.3 倍搭接长度，凡接头中点位于该连接区段长度内的接头均应属于同一连接区段；搭接长度可取相互连接两根钢筋中较小直径计算。纵向受力钢筋的最小搭接长度应符合《混凝土结构工程施工规范》（GB 50666—2011）附录 C 的规定。

c. 同一连接区段内，纵向受力钢筋接头面积百分率为该区段内有接头的纵向受力钢筋截面面积与全部纵向受力钢筋截面面积的比值（图 4-1）；纵向受压钢筋的接头面积百分率可不受限制；纵向受拉钢筋的接头面积百分率应符合下列规定。

Ⅰ. 梁类、板类及墙类构件，不宜超过 25%；基础筏板，不宜超过 50%。

Ⅱ. 柱类构件，不宜超过 50%。

Ⅲ. 当工程中确有必要增大接头面积百分率时，对梁类构件，不应大于 50%；对其他构件，可根据实际情况适当放宽。

⑥ 在梁、柱类构件的纵向受力钢筋搭接长度范围内应按设计要求配置箍筋，并应符合下列规定。

a. 箍筋直径不应小于搭接钢筋较大直径的 25%。

b. 受拉搭接区段的箍筋间距不应大于搭接钢筋较小直径的 5 倍，且不应大于 100mm。

c. 受压搭接区段的箍筋间距不应大于搭接钢筋较小直径的 10 倍，且不应大于 200mm。

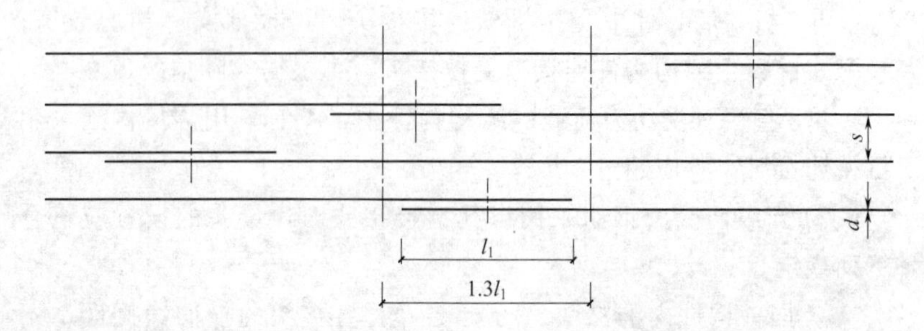

图 4-1　钢筋绑扎搭接接头连接区段及接头面积百分率

注：图中所示搭接接头同一连接区段内的搭接钢筋为两根，

当各钢筋直径相同时，接头面积百分率为50%。

l_1 为纵向受拉钢筋的搭接长度。

d. 当柱中纵向受力钢筋直径大于25mm时，应在搭接接头两个端面外100mm范围内各设置两个箍筋，其间距宜为50mm。

⑦ 钢筋绑扎应符合下列规定。

a. 钢筋的绑扎搭接接头应在接头中心和两端用铁丝扎牢。

b. 墙、柱、梁钢筋骨架中各竖向面钢筋网交叉点应全数绑扎；板上部钢筋网的交叉点应全数绑扎，底部钢筋网除边缘部分外可间隔交错绑扎。

c. 梁、柱的箍筋弯钩及焊接封闭箍筋的焊点应沿纵向受力钢筋方向错开设置。

d. 构造柱纵向钢筋宜与承重结构同步绑扎。

e. 梁及柱中箍筋、墙中水平分布钢筋、板中钢筋距构件边缘的起始距离宜为50mm。

⑧ 构件交接处的钢筋位置应符合设计要求。当设计无具体要求时，应保证主要受力构件和构件中主要受力方向的钢筋位置。框架节点处梁纵向受力钢筋宜放在柱纵向钢筋内侧；当主次梁底部标高相同时，次梁下部钢筋应放在主梁下部钢筋之上；剪力墙中水平分布钢筋宜放在外侧，并宜在墙端弯折锚固。

⑨ 钢筋安装应采用定位件固定钢筋的位置，并宜采用专用定

位件。定位件应具有足够的承载力、刚度、稳定性和耐久性。定位件的数量、间距和固定方式，应能保证钢筋的位置偏差符合国家现行有关标准的规定。混凝土框架梁、柱保护层内不宜采用金属定位件。

⑩ 钢筋安装过程中，因施工操作需要而对钢筋进行焊接时，应符合现行行业标准《钢筋焊接及验收规程》（JGJ 18—2012）的有关规定。

⑪ 采用复合箍筋时，箍筋外围应封闭。梁类构件复合箍筋内部，宜选用封闭箍筋，奇数肢也可采用单肢箍筋；柱类构件复合箍筋内部可部分采用单肢箍筋。

⑫ 钢筋安装应采取防止钢筋受模板、模具内表面的脱模剂污染的措施。

必知要点 51：预应力工程制作与安装

① 预应力筋的下料长度应经计算确定，并应采用砂轮锯或切断机等机械方法切断。预应力筋制作或安装时，不应用作接地线，并应避免焊渣或接地电火花的损伤。

② 无黏结预应力筋在现场搬运和铺设过程中，不应损伤其塑料护套。当出现轻微破损时，应及时采用防水胶带封闭；严重破损的不得使用。

③ 钢绞线挤压锚具应采用配套的挤压机制作，挤压操作的油压最大值应符合使用说明书的规定。采用的摩擦衬套应沿挤压套筒全长均匀分布；挤压完成后，预应力筋外端露出挤压套筒不应少于 1mm。

④ 钢绞线压花锚具应采用专用的压花机制作成型，梨形头尺寸和直线锚固段长度不应小于设计值。

⑤ 钢丝镦头及下料长度偏差应符合下列规定。

a. 镦头的头型直径不宜小于钢丝直径的 1.5 倍，高度不宜小于钢丝直径。

b. 镦头不应出现横向裂纹。

c. 当钢丝束两端均采用镦头锚具时，同一束中各根钢丝长度的极差不应大于钢丝长度的1/5000，且不应大于5mm。当成组张拉长度不大于10m的钢丝时，同组钢丝长度的极差不得大于2mm。

⑥ 成孔管道的连接应密封，并应符合下列规定。

a. 圆形金属波纹管接长时，可采用大一规格的同波型波纹管作为接头管，接头管长度可取其内径的3倍，且不宜小于200mm，两端旋入长度宜相等，且接头管两端应采用防水胶带密封。

b. 塑料波纹管接长时，可采用塑料焊接机热熔焊接或采用专用连接管。

c. 钢管连接可采用焊接连接或套筒连接。

⑦ 预应力筋或成孔管道应按设计规定的形状和位置安装，并应符合下列规定。

a. 预应力筋或成孔管道应平顺，并与定位钢筋绑扎牢固。定位钢筋直径不宜小于10mm，间距不宜大于1.2m，板中无黏结预应力筋的定位间距可适当放宽，扁形管道、塑料波纹管或预应力筋曲线曲率较大处的定位间距，宜适当缩小。

b. 凡施工时需要预先起拱的构件，预应力筋或成孔管道宜随构件同时起拱。

c. 预应力筋或成孔管道控制点竖向位置允许偏差应符合表4-2的规定。

表4-2 预应力筋或成孔管道控制点竖向位置允许偏差

构件截面高(厚)度 h/mm	$h \leqslant 300$	$300 < h \leqslant 1500$	$h > 1500$
允许偏差/mm	±5	±10	±15

⑧ 预应力筋和预应力孔道的间距和保护层厚度，应符合下列规定。

a. 先张法预应力筋之间的净间距，不宜小于预应力筋公称直径或等效直径的2.5倍和混凝土粗骨料最大粒径的1.25倍，且对预应力钢丝、三股钢绞线和七股钢绞线分别不应小于15mm、20mm和25mm。当混凝土振捣密实性有可靠保证时，净间距可放宽至粗骨料最大粒径的1.0倍。

b. 对后张法预制构件，孔道之间的水平净间距不宜小于50mm，且不宜小于粗骨料最大粒径的1.25倍；孔道至构件边缘的净间距不宜小于30mm，且不宜小于孔道外径的50%。

c. 在现浇混凝土梁中，曲线孔道在竖直方向的净间距不应小于孔道外径，水平方向的净间距不宜小于孔道外径的1.5倍，且不应小于粗骨料最大粒径的1.25倍；从孔道外壁至构件边缘的净间距，梁底不宜小于50mm，梁侧不宜小于40mm；裂缝控制等级为三级的梁，从孔道外壁至构件边缘的净间距，梁底不宜小于60mm，梁侧不宜小于50mm。

d. 预留孔道的内径宜比预应力束外径及需穿过孔道的连接器外径大6～15mm，且孔道的截面积宜为穿入预应力束截面积的3～4倍。

e. 当有可靠经验并能保证混凝土浇筑质量时，预应力孔道可水平并列贴紧布置，但每一并列束中的孔道数量不应超过2个。

f. 板中单根无黏结预应力筋的水平间距不宜大于板厚的6倍，且不宜大于1m；带状束的无黏结预应力筋根数不宜多于5根，束间距不宜大于板厚的12倍，且不宜大于2.4m。

g. 梁中集束布置的无黏结预应力筋，束的水平净间距不宜小于50mm，束至构件边缘的净间距不宜小于40mm。

⑨ 预应力孔道应根据工程特点设置排气孔、泌水孔及灌浆孔，排气孔可兼作泌水孔或灌浆孔，并应符合下列规定。

a. 当曲线孔道波峰和波谷的高差大于300mm时，应在孔道波峰设置排气孔，排气孔间距不宜大于30m。

b. 当排气孔兼作泌水孔时，其外接管伸出构件顶面高度不宜小于300mm。

⑩ 锚垫板、局部加强钢筋和连接器应按设计要求的位置和方向安装牢固，并应符合下列规定。

a. 锚垫板的承压面应与预应力筋或孔道曲线末端的切线垂直。预应力筋曲线起始点与张拉锚固点之间直线段最小长度应符合表4-3的规定。

表4-3 预应力筋曲线起始点与张拉锚固点之间直线段最小长度

预应力筋张拉力 N/kN	$N\leqslant1500$	$1500<N\leqslant6000$	$N>6000$
直线段最小长度/mm	400	500	600

b. 采用连接器接长预应力筋时，应全面检查连接器的所有零件，并应按产品技术手册要求操作。

c. 内埋式固定端锚垫板不应重叠，锚具与锚垫板应贴紧。

⑪ 后张法有黏结预应力筋穿入孔道及其防护，应符合下列规定。

a. 对采用蒸汽养护的预制构件，预应力筋应在蒸汽养护结束后穿入孔道。

b. 预应力筋穿入孔道后至孔道灌浆的时间间隔不宜过长，当环境相对湿度大于60%或处于近海环境时，不宜超过14d；当环境相对湿度不大于60%时，不宜超过28d。

c. 当不能满足b. 的规定时，宜对预应力筋采取防锈措施。

⑫ 预应力筋等安装完成后，应做好成品保护工作。

⑬ 当采用减摩材料降低孔道摩擦阻力时，应符合下列规定。

a. 减摩材料不应对预应力筋、成孔管道及混凝土产生不利影响。

b. 灌浆前应将减摩材料清除干净。

必知要点52：预应力工程张拉和放张

① 预应力筋张拉前，应进行下列准备工作。

a. 计算张拉力和张拉伸长值，根据张拉设备标定结果确定油泵压力表读数。

b. 根据工程需要搭设安全可靠的张拉作业平台。

c. 清理锚垫板和张拉端预应力筋，检查锚垫板后混凝土的密实性。

② 预应力筋张拉设备及压力表应定期维护和标定。张拉设备和压力表应配套标定和使用，标定期限不应超过半年。当使用过程中出现反常现象或张拉设备检修后，应重新标定[1]。

③ 施加预应力时，混凝土强度应符合设计要求，且同条件养护的混凝土立方体抗压强度应符合下列规定[2]。

a. 不应低于设计混凝土强度等级值的75%。

b. 采用消除应力钢丝或钢绞线作为预应力筋的先张法构件，尚不应低于30MPa。

c. 不应低于锚具供应商提供的产品技术手册要求的混凝土最低强度要求。

d. 后张法预应力梁和板，现浇结构混凝土的龄期分别不宜小于7d和5d。

④ 预应力筋的张拉控制应力应符合设计及专项施工方案的要求。当施工中需要超张拉时，调整后的张拉控制应力σ_{con}应符合下列规定。

a. 消除应力钢丝、钢绞线：

$$\sigma_{con} \leqslant 0.80 f_{ptk} \tag{4-1}$$

b. 中强度预应力钢丝：

$$\sigma_{con} \leqslant 0.75 f_{ptk} \tag{4-2}$$

c. 预应力螺纹钢筋：

---

[1] 压力表的量程应大于张拉工作压力读值，压力表的精确度等级不应低于1.6级。标定张拉设备用的试验机或测力计的测力示值不确定度，不应大于1.0%。张拉设备标定时，千斤顶活塞的运行方向应与实际张拉工作状态一致。

[2] 为防止混凝土早期裂缝而施加预应力时，可不受本条的限制，但应满足局部受压承载力的要求。

$$\sigma_{con} \leqslant 0.90 f_{pyk} \tag{4-3}$$

上述式中 σ_{con}——预应力筋张拉控制应力；

f_{ptk}——预应力筋极限强度标准值；

f_{pyk}——预应力筋屈服强度标准值。

⑤ 采用应力控制方法张拉时，应校核最大张拉力下预应力筋伸长值。实测伸长值与计算伸长值的偏差应控制在±6%之内，否则应查明原因并采取措施后再张拉。必要时，宜进行现场孔道摩擦系数测定，并可根据实测结果调整张拉控制力。预应力筋张拉伸长值的计算和实测值的确定及孔道摩擦系数的测定，可分别按《混凝土结构工程施工规范》（GB 50666—2011）附录D、附录E的规定执行。

⑥ 预应力筋的张拉顺序应符合设计要求，并应符合下列规定。

a. 应根据结构受力特点、施工方便及操作安全等因素确定张拉顺序。

b. 预应力筋宜按均匀、对称的原则张拉。

c. 现浇预应力混凝土楼盖，宜先张拉楼板、次梁的预应力筋，后张拉主梁的预应力筋。

d. 对预制屋架等平卧叠浇构件，应从上而下逐榀张拉。

⑦ 后张预应力筋应根据设计和专项施工方案的要求采用一端或两端张拉。采用两端张拉时，宜两端同时张拉，也可一端先张拉锚固，另一端补张拉。当设计无具体要求时，应符合下列规定：

a. 有黏结预应力筋长度不大于20m时，可一端张拉，大于20m时，宜两端张拉；预应力筋为直线形时，一端张拉的长度可延长至35m。

b. 无黏结预应力筋长度不大于40m时，可一端张拉，大于40m时，宜两端张拉。

⑧ 后张有黏结预应力筋应整束张拉。对直线形或平行编排的有黏结预应力钢绞线束，当能确保各根钢绞线不受叠压影响时，也可逐根张拉。

⑨ 预应力筋张拉时，应从零拉力加载至初拉力后，量测伸长值初读数，再以均匀速率加载至张拉控制力。塑料波纹管内的预应力筋，张拉力达到张拉控制力后宜持荷2～5min。

⑩ 预应力筋张拉中应避免预应力筋断裂或滑脱。当发生断裂或滑脱时，应符合下列规定：

a. 对后张法预应力结构构件，断裂或滑脱的数量严禁超过同一截面预应力筋总根数的3%，且每束钢丝或每根钢绞线不得超过一丝；对多跨双向连续板，其同一截面应按每跨计算。

b. 对先张法预应力构件，在浇筑混凝土前发生断裂或滑脱的预应力筋必须更换。

⑪ 锚固阶段张拉端预应力筋的内缩量应符合设计要求。当设计无具体要求时，应符合表4-4的规定。

表4-4　张拉端预应力筋的内缩量限值

锚具类别		内缩量限值/mm
支承式锚具(螺母锚具、镦头锚具等)	螺母缝隙	1
	每块后加垫板的缝隙	1
夹片式锚具	有顶压	5
	无顶压	6～8

⑫ 先张法预应力筋的放张顺序，应符合下列规定。

a. 宜采取缓慢放张工艺进行逐根或整体放张。

b. 对轴心受压构件，所有预应力筋宜同时放张。

c. 对受弯或偏心受压的构件，应先同时放张预压应力较小区域的预应力筋，再同时放张预压应力较大区域的预应力筋。

d. 当不能按a.～c.的规定放张时，应分阶段、对称、相互交错放张。

e. 放张后，预应力筋的切断顺序，宜从张拉端开始依次切向另一端。

⑬ 后张法预应力筋张拉锚固后，如遇特殊情况需卸锚时，应

采用专门的设备和工具。

⑭ 预应力筋张拉或放张时，应采取有效的安全防护措施，预应力筋两端正前方不得站人或穿越。

⑮ 预应力筋张拉时，应对张拉力、压力表读数、张拉伸长值、锚固回缩值及异常情况处理等作出详细记录。

必知要点 53：预应力工程灌浆及封锚

① 后张法有黏结预应力筋张拉完毕并经检查合格后，应尽早进行孔道灌浆，孔道内水泥浆应饱满、密实。

② 后张法预应力筋锚固后的外露多余长度，宜采用机械方法切割，也可采用氧-乙炔焰切割，其外露长度不宜小于预应力筋直径的 1.5 倍，且不应小于 30mm。

③ 孔道灌浆前应进行下列准备工作。

a. 应确认孔道、排气兼泌水管及灌浆孔畅通；对预埋管成型孔道，可采用压缩空气清孔。

b. 应采用水泥浆、水泥砂浆等材料封闭端部锚具缝隙，也可采用封锚罩封闭外露锚具。

c. 采用真空灌浆工艺时，应确认孔道系统的密封性。

④ 配制水泥浆用水泥、水及外加剂除应符合国家现行有关标准的规定外，尚宜符合下列规定。

a. 宜采用普通硅酸盐水泥或硅酸盐水泥。

b. 拌合用水和掺加的外加剂中不应含有对预应力筋或水泥有害的成分。

c. 外加剂应与水泥做配合比试验并确定掺量。

⑤ 灌浆用水泥浆应符合下列规定：

a. 采用普通灌浆工艺时，稠度宜控制在 12～20s，采用真空灌浆工艺时，稠度宜控制在 18～25s。

b. 水灰比不应大于 0.45。

c. 3h 自由泌水率宜为 0，且不应大于 1%，泌水应在 24h 内全部被水泥浆吸收。

d. 24h自由膨胀率，采用普通灌浆工艺时不应大于6%；采用真空灌浆工艺时不应大于3%。

e. 水泥浆中氯离子含量不应超过水泥重量的0.06%。

f. 28d标准养护的边长为70.7mm的立方体水泥浆试块抗压强度不应低于30MPa。

g. 稠度、泌水率及自由膨胀率的试验方法应符合现行国家标准《预应力孔道灌浆剂》(GB/T 25182—2010)的规定[1]。

⑥ 灌浆用水泥浆的制备及使用应符合下列规定。

a. 水泥浆宜采用高速搅拌机进行搅拌，搅拌时间不应超过5min。

b. 水泥浆使用前应经筛孔尺寸不大于1.2mm×1.2mm的筛网过滤。

c. 搅拌后不能在短时间内灌入孔道的水泥浆，应保持缓慢搅动。

d. 水泥浆应在初凝前灌入孔道，搅拌后至灌浆完毕的时间不宜超过30min。

⑦ 灌浆施工应符合下列规定。

a. 宜先灌注下层孔道，后灌注上层孔道。

b. 灌浆应连续进行，直至排气管排除的浆体稠度与注浆孔处相同且无气泡后，再顺浆体流动方向依次封闭排气孔；全部出浆口封闭后，宜继续加压0.5～0.7MPa，并应稳压1～2min后封闭灌浆口。

c. 当泌水较大时，宜进行二次灌浆和对泌水孔进行重力补浆。

d. 因故中途停止灌浆时，应用压力水将未灌注完孔道内已注入的水泥浆冲洗干净。

---

[1] 一组水泥浆试块由6个试块组成。抗压强度为一组试块的平均值，当一组试块中抗压强度最大值或最小值与平均值相差超过20%时，应取中间4个试块强度的平均值。

⑧ 真空辅助灌浆时，孔道抽真空负压宜稳定保持为0.08～0.10MPa。

⑨ 孔道灌浆应填写灌浆记录。

⑩ 外露锚具及预应力筋应按设计要求采取可靠的保护措施。

必知要点54：混凝土制备与运输的原材料

① 混凝土原材料的主要技术指标应符合《混凝土结构工程施工规范》(GB 50666—2011) 附录F和国家现行有关标准的规定。

② 水泥的选用应符合下列规定。

a. 水泥品种与强度等级应根据设计、施工要求，以及工程所处环境条件确定。

b. 普通混凝土宜选用通用硅酸盐水泥；有特殊需要时，也可选用其他品种水泥。

c. 有抗渗、抗冻融要求的混凝土，宜选用硅酸盐水泥或普通硅酸盐水泥。

d. 处于潮湿环境的混凝土结构，当使用碱活性骨料时，宜采用低碱水泥。

③ 粗骨料宜选用粒形良好、质地坚硬的洁净碎石或卵石，并应符合下列规定。

a. 粗骨料最大粒径不应超过构件截面最小尺寸的1/4，且不应超过钢筋最小净间距的3/4；对实心混凝土板，粗骨料的最大粒径不宜超过板厚的1/3，且不应超过40mm。

b. 粗骨料宜采用连续粒级，也可用单粒级组合成满足要求的连续粒级。

c. 含泥量、泥块含量指标应符合现行国家标准《混凝土结构工程施工规范》(GB 50666—2011) 附录F的规定。

④ 细骨料宜选用级配良好、质地坚硬、颗粒洁净的天然砂或机制砂，并应符合下列规定。

a. 细骨料宜选用Ⅱ区中砂。当选用Ⅰ区砂时，应提高砂率，并应保持足够的胶凝材料用量，同时应满足混凝土的工作性要求；当采用Ⅲ区砂时，宜适当降低砂率。

b. 混凝土细骨料中氯离子含量，对钢筋混凝土，按干砂的质量百分率计算不得大于0.06%；对预应力混凝土，按干砂的质量百分率计算不得大于0.02%。

c. 含泥量、泥块含量指标应符合现行国家标准《混凝土结构工程施工规范》（GB 50666—2011）附录F的规定。

d. 海砂应符合现行行业标准《海砂混凝土应用技术规范》（JGJ 206—2010）的有关规定。

⑤ 强度等级为C60及以上的混凝土所用骨料，除应符合③和④的规定外，尚应符合下列规定。

a. 粗骨料压碎指标的控制值应经试验确定。

b. 粗骨料最大粒径不宜大于25mm，针片状颗粒含量不应大于8.0%，含泥量不应大于0.5%，泥块含量不应大于0.2%。

c. 细骨料细度模数宜控制为2.6～3.0，含泥量不应大于2.0%，泥块含量不应大于0.5%。

⑥ 有抗渗、抗冻融或其他特殊要求的混凝土，宜选用连续级配的粗骨料，最大粒径不宜大于40mm，含泥量不应大于1.0%，泥块含量不应大于0.5%；所用细骨料含泥量不应大于3.0%，泥块含量不应大于1.0%。

⑦ 矿物掺合料的选用应根据设计、施工要求及工程所处环境条件确定，其掺量应通过试验确定。

⑧ 外加剂的选用应根据设计、施工要求、混凝土原材料性能及工程所处环境条件等因素通过试验确定，并应符合下列规定。

a. 当使用碱活性骨料时，由外加剂带入的碱含量（以当量氧化钠计）不宜超过1.0kg/m³，混凝土总碱含量尚应符合现行国家标准《混凝土结构设计规范》（GB 50010—2010）等的有关规定。

b. 不同品种外加剂首次复合使用时，应检验混凝土外加剂的相容性。

⑨ 混凝土拌和及养护用水，应符合现行行业标准《混凝土用水标准》（JGJ 63—2006）的有关规定。

⑩ 未经处理的海水严禁用于钢筋混凝土结构和预应力混凝土结构中混凝土的拌制和养护。

⑪ 原材料进场后，应按种类、批次分开储存与堆放，应标识明晰，并应符合下列规定。

a. 散装水泥、矿物掺合料等粉体材料，应采用散装罐分开储存；袋装水泥、矿物掺合料、外加剂等，应按品种、批次分开码垛堆放，并应采取防雨、防潮措施，高温季节应有防晒措施。

b. 骨料应按品种、规格分别堆放，不得混入杂物，并应保持洁净和颗粒级配均匀。骨料堆放场地的地面应做硬化处理，并应采取排水、防尘和防雨等措施。

c. 液体外加剂应放置于阴凉干燥处，应防止日晒、污染、浸水，使用前应搅拌均匀；有离析、变色等现象时，应经检验合格后再使用。

必知要点 55: 混凝土配合比

① 混凝土配合比设计应经试验确定，并应符合下列规定。

a. 应在满足混凝土强度、耐久性和工作性要求的前提下，减少水泥和水的用量。

b. 当有抗冻、抗渗、抗氯离子侵蚀和化学腐蚀等耐久性要求时，尚应符合现行国家标准《混凝土结构耐久性设计规范》（GB/T 50476—2008）的有关规定。

c. 应分析环境条件对施工及工程结构的影响。

d. 试配所用的原材料应与施工实际使用的原材料一致。

② 混凝土的配制强度应按下列规定计算。

a. 当设计强度等级低于 C60 时，配制强度应按下式确定：

$$f_{cu,0} \geqslant f_{cu,k} + 1.645\sigma \tag{4-4}$$

式中 $f_{cu,0}$——混凝土的配制强度，MPa；

$f_{cu,k}$——混凝土立方体抗压强度标准值，MPa；

σ——混凝土强度标准差，MPa，应按③确定。

b. 当设计强度等级不低于 C60 时，配制强度应按下式确定：

$$f_{cu,0} \geqslant 1.15 f_{cu,k} \tag{4-5}$$

③ 混凝土强度标准差应按下列规定计算确定。

a. 当具有近期的同品种混凝土的强度资料时，其混凝土强度标准差 σ 应按下式计算：

$$\sigma = \sqrt{\frac{\sum_{i=1}^{n} f_{cu,i}^2 - n m_{fcu}^2}{n-1}} \tag{4-6}$$

式中 $f_{cu,i}$——第 i 组的试件强度，MPa；

m_{fcu}——n 组试件的强度平均值，MPa；

n——试件组数，n 值不应小于 30。

b. 按 a. 计算混凝土强度标准差时：强度等级不高于 C30 的混凝土，计算得到的 σ 大于等于 3.0MPa 时，应按计算结果取值；计算得到的 σ 小于 3.0MPa 时，σ 应取 3.0MPa。强度等级高于 C30 且低于 C60 的混凝土，计算得到的 σ 大于等于 4.0MPa 时，应按计算结果取值；计算得到的 σ 小于 4.0MPa 时，σ 应取 4.0MPa。

c. 当没有近期的同品种混凝土强度资料时，其混凝土强度标准差 σ 可按表 4-5 取用。

表 4-5 混凝土强度标准差 σ 单位：MPa

混凝土强度等级	≤C20	C25～C45	C50～C55
σ	4.0	5.0	6.0

④ 混凝土的工作性指标应根据结构形式、运输方式和距离、泵送高度、浇筑和振捣方式以及工程所处环境条件等确定。

⑤ 混凝土最大水胶比和最小胶凝材料用量应符合现行行业标准《普通混凝土配合比设计规程》(JGJ 55—2011) 的有关规定。

⑥ 当设计文件对混凝土提出耐久性指标时，应进行相关耐久性试验验证。

⑦ 大体积混凝土的配合比设计应符合下列规定。

a. 在保证混凝土强度及工作性要求的前提下，应控制水泥用量，宜选用中、低水化热水泥，并宜掺加粉煤灰、矿渣粉。

b. 温度控制要求较高的大体积混凝土，其胶凝材料用量、品种等宜通过水化热和绝热温升试验确定。

c. 宜采用高性能减水剂。

⑧ 混凝土配合比的试配、调整和确定，应按下列步骤进行。

a. 采用工程实际使用的原材料和计算配合比进行试配。每盘混凝土试配量不应小于 20L。

b. 进行试拌，并调整砂率和外加剂掺量等使拌合物满足工作性要求，提出试拌配合比。

c. 在试拌配合比的基础上，调整胶凝材料用量，提出不少于 3 个配合比进行试配。根据试件的试压强度和耐久性试验结果，选定设计配合比。

d. 应对选定的设计配合比进行生产适应性调整，确定施工配合比。

e. 对采用搅拌运输车运输的混凝土，当运输时间较长时，试配时应控制混凝土坍落度经时损失值。

⑨ 施工配合比应经技术负责人批准。在使用过程中，应根据反馈的混凝土动态质量信息对混凝土配合比及时进行调整。

⑩ 遇有下列情况时，应重新进行配合比设计：

a. 当混凝土性能指标有变化或有其他特殊要求时；

b. 当原材料品质发生显著改变时；

c. 同一配合比的混凝土生产间断三个月以上时。

必知要点 56：混凝土搅拌

① 当粗、细骨料的实际含水量发生变化时，应及时调整粗、

细骨料和拌和用水的用量。

② 混凝土搅拌时应对原材料用量准确计量，并应符合下列规定。

a. 计量设备的精度应符合现行国家标准《混凝土搅拌站(楼)》(GB/T 10171—2005) 的有关规定，并应定期校准。使用前设备应归零。

b. 原材料的计量应按重量计，水和外加剂溶液可按体积计，其允许偏差应符合表 4-6 的规定。

表 4-6 混凝土原材料计量允许偏差 单位：%

原材料品种	水泥	细骨料	粗骨料	水	矿物掺合料	外加剂
每盘计量允许偏差	±2	±3	±3	±1	±2	±1
累计计量允许偏差	±1	±2	±2	±1	±1	±1

注：1. 现场搅拌时原材料计量允许偏差应满足每盘计量允许偏差要求。

2. 累计计量允许偏差指每一运输车中各盘混凝土的每种材料累计称量的偏差，该项指标仅适用于采用计算机控制计量的搅拌站。

3. 骨料含水率应经常测定，雨、雪天施工应增加测定次数。

③ 采用分次投料搅拌方法时，应通过试验确定投料顺序、数量及分段搅拌的时间等工艺参数。矿物掺合料宜与水泥同步投料，液体外加剂宜滞后于水和水泥投料；粉状外加剂宜溶解后再投料。

④ 混凝土应搅拌均匀，宜采用强制式搅拌机搅拌。混凝土搅拌的最短时间可按表 4-7 采用，当能保证搅拌均匀时可适当缩短搅拌时间。搅拌强度等级 C60 及以上的混凝土时，搅拌时间应适当延长。

⑤ 对首次使用的配合比应进行开盘鉴定，开盘鉴定应包括下列内容：

a. 混凝土的原材料与配合比设计所采用原材料的一致性；

b. 出机混凝土工作性与配合比设计要求的一致性；

c. 混凝土强度；

d. 混凝土凝结时间；

表 4-7　混凝土搅拌的最短时间　　单位：s

混凝土坍落度/mm	搅拌机机型	搅拌机出料量/L		
		＜250	250～500	＞500
≤40	强制式	60	90	120
40～100	强制式	60	60	90
≥100	强制式	60		

注：1. 混凝土搅拌时间指从全部材料装入搅拌筒中起，到开始卸料时止的时间段。

2. 当掺有外加剂与矿物掺合料时，搅拌时间应适当延长。

3. 采用自落式搅拌机时，搅拌时间宜延长 30s。

4. 当采用其他形式的搅拌设备时，搅拌的最短时间也可按设备说明书的规定或经试验确定。

e. 工程有要求时，尚应包括混凝土耐久性能等。

必知要点 57: 混凝土运输

① 采用混凝土搅拌运输车运输混凝土时，应符合下列规定：

a. 接料前，搅拌运输车应排净罐内积水；

b. 在运输途中及等候卸料时，应保持搅拌运输车罐体正常转速，不得停转；

c. 卸料前，搅拌运输车罐体宜快速旋转搅拌 20s 以上后再卸料。

② 采用搅拌运输车运输混凝土时，施工现场车辆出入口处应设置交通安全指挥人员，施工现场道路应顺畅，有条件时宜设置循环车道；危险区域应设置警戒标志；夜间施工时，应有良好的照明。

③ 采用搅拌运输车运输混凝土，当混凝土坍落度损失较大不能满足施工要求时，可在运输车罐内加入适量的与原配合比相同成分的减水剂。减水剂加入量应事先由试验确定，并应作出记录。加入减水剂后，搅拌运输车罐体应快速旋转搅拌均匀，并应达到要求的工作性能后再泵送或浇筑。

④ 当采用机动翻斗车运输混凝土时，道路应通畅，路面应平

整、坚实，临时坡道或支架应牢固，铺板接头应平顺。

必知要点58：混凝土输送

① 混凝土输送宜采用泵送方式。

② 混凝土输送泵的选择及布置应符合下列规定。

a. 输送泵的选型应根据工程特点、混凝土输送高度和距离、混凝土工作性确定。

b. 输送泵的数量应根据混凝土浇筑量和施工条件确定，必要时应设置备用泵。

c. 输送泵设置的位置应满足施工要求，场地应平整、坚实，道路应畅通。

d. 输送泵的作业范围不得有阻碍物；输送泵设置位置应有防范高空坠物的设施。

③ 混凝土输送泵管与支架的设置应符合下列规定。

a. 混凝土输送泵管应根据输送泵的型号、拌合物性能、总输出量、单位输出量、输送距离以及粗骨料粒径等进行选择。

b. 混凝土粗骨料最大粒径不大于25mm时，可采用内径不小于125mm的输送泵管；混凝土粗骨料最大粒径不大于40mm时，可采用内径不小于150mm的输送泵管。

c. 输送泵管安装连接应严密，输送泵管道转向宜平缓。

d. 输送泵管应采用支架固定，支架应与结构牢固连接，输送泵管转向处支架应加密；支架应通过计算确定，设置位置的结构应进行验算，必要时应采取加固措施。

e. 向上输送混凝土时，地面水平输送泵管的直管和弯管总的折算长度不宜小于竖向输送高度的20%，且不宜小于15m。

f. 输送泵管倾斜或垂直向下输送混凝土，且高差大于20m时，应在倾斜或竖向管下端设置直管或弯管，直管或弯管总的折算长度不宜小于高差的1.5倍。

g. 输送高度大于100m时，混凝土输送泵出料口处的输送泵管位置应设置截止阀。

h. 混凝土输送泵管及其支架应经常进行检查和维护。

④ 混凝土输送布料设备的设置应符合下列规定。

a. 布料设备的选择应与输送泵相匹配；布料设备的混凝土输送管内径宜与混凝土输送泵管内径相同。

b. 布料设备的数量及位置应根据布料设备工作半径、施工作业面大小以及施工要求确定。

c. 布料设备应安装牢固，且应采取抗倾覆措施；布料设备安装位置处的结构或专用装置应进行验算，必要时应采取加固措施。

d. 应经常对布料设备的弯管壁厚进行检查，磨损较大的弯管应及时更换。

e. 布料设备作业范围不得有阻碍物，并应有防范高空坠物的设施。

⑤ 输送混凝土的管道、容器、溜槽不应吸水、漏浆，并应保证输送通畅。输送混凝土时，应根据工程所处环境条件采取保温、隔热、防雨等措施。

⑥ 输送泵输送混凝土应符合下列规定。

a. 应先进行泵水检查，并应湿润输送泵的料斗、活塞等直接与混凝土接触的部位；泵水检查后，应清除输送泵内积水。

b. 输送混凝土前，宜先输送水泥砂浆对输送泵和输送管进行润滑，然后开始输送混凝土。

c. 输送混凝土应先慢后快、逐步加速，应在系统运转顺利后再按正常速度输送。

d. 输送混凝土过程中，应设置输送泵集料斗网罩，并应保证集料斗有足够的混凝土余量。

⑦ 吊车配备斗容器输送混凝土应符合下列规定。

a. 应根据不同结构类型以及混凝土浇筑方法选择不同的斗容器。

b. 斗容器的容量应根据吊车吊运能力确定。

c. 运输至施工现场的混凝土宜直接装入斗容器进行输送。

d. 斗容器宜在浇筑点直接布料。

⑧ 升降设备配备小车输送混凝土应符合下列规定。

a. 升降设备和小车的配备数量、小车行走路线及卸料点位置应能满足混凝土浇筑需要。

b. 运输至施工现场的混凝土宜直接装入小车进行输送，小车宜在靠近升降设备的位置进行装料。

必知要点 59: 混凝土浇筑

① 浇筑混凝土前，应清除模板内或垫层上的杂物。表面干燥的地基、垫层、模板上应洒水湿润；现场环境温度高于 35℃ 时，宜对金属模板进行洒水降温；洒水后不得留有积水。

② 混凝土浇筑应保证混凝土的均匀性和密实性。混凝土宜一次连续浇筑。

③ 混凝土应分层浇筑，分层厚度应符合表 4-8 的规定，上层混凝土应在下层混凝土初凝之前浇筑完毕。

表 4-8 混凝土分层振捣的最大厚度

振捣方法	混凝土分层振捣最大厚度
振动棒	振动棒作用部分长度的 1.25 倍
平板振动器	200mm
附着振动器	根据设置方式,通过试验确定

④ 混凝土运输、输送入模的过程应保证混凝土连续浇筑，从运输到输送入模的延续时间不宜超过表 4-9 的规定，且不应超过表 4-10 的规定。掺早强型减水剂、早强剂的混凝土，以及有特殊要求的混凝土，应根据设计及施工要求，通过试验确定允许时间。

⑤ 混凝土浇筑的布料点宜接近浇筑位置，应采取减少混凝土下料冲击的措施，并应符合下列规定：

a. 宜先浇筑竖向结构构件，后浇筑水平结构构件；

表 4-9　运输到输送入模的延续时间　　单位：min

条件	气温	
	≤25℃	>25℃
不掺外加剂	90	60
掺外加剂	150	120

表 4-10　运输、输送入模及其间歇总的时间限值　单位：min

条件	气温	
	≤25℃	>25℃
不掺外加剂	180	150
掺外加剂	240	210

b. 浇筑区域结构平面有高差时，宜先浇筑低区部分，再浇筑高区部分。

⑥ 柱、墙模板内的混凝土浇筑不得发生离析，倾落高度应符合表 4-11 的规定；当不能满足要求时，应加设串筒、溜管、溜槽等装置。

表 4-11　柱、墙模板内混凝土浇筑倾落高度限值 单位：m

条件	浇筑倾落高度限值
粗骨料粒径大于 25mm	≤3
粗骨料粒径小于等于 25mm	≤6

注：当有可靠措施能保证混凝土不产生离析时，混凝土倾落高度可不受本表限制。

⑦ 混凝土浇筑后，在混凝土初凝前和终凝前，宜分别对混凝土裸露表面进行抹面处理。

⑧ 柱、墙混凝土设计强度等级高于梁、板混凝土设计强度等级时，混凝土浇筑应符合下列规定。

a. 柱、墙混凝土设计强度比梁、板混凝土设计强度高一个等级时，柱、墙位置梁、板高度范围内的混凝土经设计单位确认，可采用与梁、板混凝土设计强度等级相同的混凝土进行浇筑。

b. 柱、墙混凝土设计强度比梁、板混凝土设计强度高两个等级及以上时，应在交界区域采取分隔措施；分隔位置应在低强度等级的构件中，且距高强度等级构件边缘不应小于500mm。

c. 宜先浇筑强度等级高的混凝土，后浇筑强度等级低的混凝土。

⑨ 泵送混凝土浇筑应符合下列规定。

a. 宜根据结构形状及尺寸、混凝土供应、混凝土浇筑设备、场地内外条件等划分每台输送泵的浇筑区域及浇筑顺序。

b. 采用输送管浇筑混凝土时，宜由远而近浇筑；采用多根输送管同时浇筑时，其浇筑速度宜保持一致。

c. 润滑输送管的水泥砂浆用于湿润结构施工缝时，水泥砂浆应与混凝土浆液成分相同；接浆厚度不应大于30mm，多余水泥砂浆应收集后运出。

d. 混凝土泵送浇筑应连续进行；当混凝土不能及时供应时，应采取间歇泵送方式。

e. 混凝土浇筑后，应清洗输送泵和输送管。

⑩ 施工缝或后浇带处浇筑混凝土，应符合下列规定。

a. 结合面应为粗糙面，并应清除浮浆、松动石子、软弱混凝土层。

b. 结合面处应洒水湿润，但不得有积水。

c. 施工缝处已浇筑混凝土的强度不应小于1.2MPa。

d. 柱、墙水平施工缝水泥砂浆接浆层厚度不应大于30mm，接浆层水泥砂浆应与混凝土浆液成分相同。

e. 后浇带混凝土强度等级及性能应符合设计要求；当设计无具体要求时，后浇带混凝土强度等级宜比两侧混凝土提高一级，并宜采用减少收缩的技术措施。

⑪ 超长结构混凝土浇筑应符合下列规定。

a. 可留设施工缝分仓浇筑，分仓浇筑间隔时间不应少于7d。

b. 当留设后浇带时，后浇带封闭时间不得少于14d。

c. 超长整体基础中调节沉降的后浇带，混凝土封闭时间应通过监测确定，应在差异沉降稳定后封闭后浇带。

d. 后浇带的封闭时间尚应经设计单位确认。

⑫ 型钢混凝土结构浇筑应符合下列规定。

a. 混凝土粗骨料最大粒径不应大于型钢外侧混凝土保护层厚度的1/3，且不宜大于25mm。

b. 浇筑应有足够的下料空间，并应使混凝土充盈整个构件各部位。

c. 型钢周边混凝土浇筑宜同步上升，混凝土浇筑高差不应大于500mm。

⑬ 钢管混凝土结构浇筑应符合下列规定。

a. 宜采用自密实混凝土浇筑。

b. 混凝土应采取减少收缩的技术措施。

c. 钢管截面较小时，应在钢管壁适当位置留有足够的排气孔，排气孔孔径不应小于20mm；浇筑混凝土应加强排气孔观察，并应确认浆体流出和浇筑密实后再封堵排气孔。

d. 当采用粗骨料粒径不大于25mm的高流态混凝土或粗骨料粒径不大于20mm的自密实混凝土时，混凝土最大倾落高度不宜大于9m；倾落高度大于9m时，宜采用串筒、溜槽、溜管等辅助装置进行浇筑。

e. 混凝土从管顶向下浇筑时应符合下列规定。

ⅰ. 浇筑应有足够的下料空间，并应使混凝土充盈整个钢管。

ⅱ. 输送管端内径或斗容器下料口内径应小于钢管内径，且每边应留有不小于100mm的间隙。

ⅲ. 应控制浇筑速度和单次下料量，并应分层浇筑至设计标高。

ⅳ. 混凝土浇筑完毕后应对管口进行临时封闭。

f. 混凝土从管底顶升浇筑时应符合下列规定。

ⅰ. 应在钢管底部设置进料输送管，进料输送管应设止流阀门，止流阀门可在顶升浇筑的混凝土达到终凝后拆除。

ⅱ. 应合理选择混凝土顶升浇筑设备；应配备上、下方通信联络工具，并应采取可有效控制混凝土顶升或停止的措施。

ⅲ. 应控制混凝土顶升速度，并均衡浇筑至设计标高。

⑭ 自密实混凝土浇筑应符合下列规定。

a. 应根据结构部位、结构形状、结构配筋等确定合适的浇筑方案。

b. 自密实混凝土粗骨料最大粒径不宜大于20mm。

c. 浇筑应能使混凝土充填到钢筋、预埋件、预埋钢构件周边及模板内各部位。

d. 自密实混凝土浇筑布料点应结合拌合物特性选择适宜的间距，必要时可通过试验确定混凝土布料点下料间距。

⑮ 清水混凝土结构浇筑应符合下列规定。

a. 应根据结构特点进行构件分区，同一构件分区应采用同批混凝土，并应连续浇筑。

b. 同层或同区内混凝土构件所用材料牌号、品种、规格应一致，并应保证结构外观色泽符合要求。

c. 竖向构件浇筑时应严格控制分层浇筑的间歇时间。

⑯ 基础大体积混凝土结构浇筑应符合下列规定。

a. 采用多条输送泵管浇筑时，输送泵管间距不宜大于10m，并宜由远及近浇筑。

b. 采用汽车布料杆输送浇筑时，应根据布料杆工作半径确定布料点数量，各布料点浇筑速度应保持均衡。

c. 宜先浇筑深坑部分再浇筑大面积基础部分。

d. 宜采用斜面分层浇筑方法，也可采用全面分层、分块分层浇筑方法，层与层之间混凝土浇筑的间歇时间应能保证混凝土浇筑连续进行。

e. 混凝土分层浇筑应采用自然流淌形成斜坡，并应沿高度均匀上升，分层厚度不宜大于500mm。

f. 抹面处理应符合⑦的规定，抹面次数宜适当增加。

g. 应有排除积水或混凝土泌水的有效技术措施。

⑰ 预应力结构混凝土浇筑应符合下列规定。

a. 应避免成孔管道破损、移位或连接处脱落，并应避免预应力筋、锚具及锚垫板等移位。

b. 预应力锚固区等配筋密集部位应采取保证混凝土浇筑密实的措施。

c. 先张法预应力混凝土构件，应在张拉后及时浇筑混凝土。

必知要点 60：混凝土振捣

① 混凝土振捣应能使模板内各个部位混凝土密实、均匀，不应漏振、欠振、过振。

② 混凝土振捣应采用插入式振动棒、平板振动器或附着振动器，必要时可采用人工辅助振捣。

③ 振动棒振捣混凝土应符合下列规定。

a. 应按分层浇筑厚度分别进行振捣，振动棒的前端应插入前一层混凝土中，插入深度不应小于 50mm。

b. 振动棒应垂直于混凝土表面并快插慢拔均匀振捣；当混凝土表面无明显塌陷、有水泥浆出现、不再冒气泡时，应结束该部位振捣。

c. 振动棒与模板的距离不应大于振动棒作用半径的 50%；振捣插点间距不应大于振动棒的作用半径的 1.4 倍。

④ 平板振动器振捣混凝土应符合下列规定。

a. 平板振动器振捣应覆盖振捣平面边角。

b. 平板振动器移动间距应覆盖已振实部分混凝土边缘。

c. 振捣倾斜表面时，应由低处向高处进行振捣。

⑤ 附着振动器振捣混凝土应符合下列规定。

a. 附着振动器应与模板紧密连接，设置间距应通过试验确定。

b. 附着振动器应根据混凝土浇筑高度和浇筑速度，依次从下往上振捣。

c. 模板上同时使用多台附着振动器时，应使各振动器的频率一致，并应交错设置在相对面的模板上。

⑥ 混凝土分层振捣的最大厚度应符合表 4-8 的规定。

⑦ 特殊部位的混凝土应采取下列加强振捣措施。

a. 宽度大于 0.3m 的预留洞底部区域，应在洞口两侧进行振捣，并应适当延长振捣时间；宽度大于 0.8m 的洞口底部，应采取特殊的技术措施。

b. 后浇带及施工缝边角处应加密振捣点，并应适当延长振捣时间。

c. 钢筋密集区域或型钢与钢筋结合区域，应选择小型振动棒辅助振捣、加密振捣点，并应适当延长振捣时间。

d. 基础大体积混凝土浇筑流淌形成的坡脚不得漏振。

必知要点 61：混凝土养护

① 混凝土浇筑后应及时进行保湿养护，保湿养护可采用洒水、覆盖、喷涂养护剂等方式。养护方式应根据现场条件、环境温湿度、构件特点、技术要求、施工操作等因素确定。

② 混凝土的养护时间应符合下列规定。

a. 采用硅酸盐水泥、普通硅酸盐水泥或矿渣硅酸盐水泥配制的混凝土，不应少于 7d；采用其他品种水泥时，养护时间应根据水泥性能确定。

b. 采用缓凝型外加剂、大掺量矿物掺合料配制的混凝土，不应少于 14d。

c. 抗渗混凝土、强度等级 C60 及以上的混凝土，不应少于 14d。

d. 后浇带混凝土的养护时间不应少于 14d。

e. 地下室底层墙、柱和上部结构首层墙、柱，宜适当增加养护时间。

f. 大体积混凝土养护时间应根据施工方案确定。

③ 洒水养护应符合下列规定。

a. 洒水养护宜在混凝土裸露表面覆盖麻袋或草帘后进行，也可采用直接洒水、蓄水等养护方式；洒水养护应保证混凝土表面处于湿润状态。

b. 洒水养护用水应符合《混凝土用水标准》（JGJ 63—2006）的规定。

c. 当日最低温度低于5℃时，不应采用洒水养护。

④ 覆盖养护应符合下列规定。

a. 覆盖养护宜在混凝土裸露表面覆盖塑料薄膜、塑料薄膜加麻袋、塑料薄膜加草帘进行。

b. 塑料薄膜应紧贴混凝土裸露表面，塑料薄膜内应保持有凝结水。

c. 覆盖物应严密，覆盖物的层数应按施工方案确定。

⑤ 喷涂养护剂养护应符合下列规定。

a. 应在混凝土裸露表面喷涂覆盖致密的养护剂进行养护。

b. 养护剂应均匀喷涂在结构构件表面，不得漏喷；养护剂应具有可靠的保湿效果，保湿效果可通过试验检验。

c. 养护剂使用方法应符合产品说明书的有关要求。

⑥ 基础大体积混凝土裸露表面应采用覆盖养护方式；当混凝土浇筑体表面以内40～100mm位置的温度与环境温度的差值小于25℃时，可结束覆盖养护。覆盖养护结束但尚未达到养护时间要求时，可采用洒水养护方式直至养护结束。

⑦ 柱、墙混凝土养护方法应符合下列规定。

a. 地下室底层和上部结构首层柱、墙混凝土带模养护时间，不应少于3d；带模养护结束后，可采用洒水养护方式继续养护，也可采用覆盖养护或喷涂养护剂养护方式继续养护。

b. 其他部位柱、墙混凝土可采用洒水养护，也可采用覆盖养护或喷涂养护剂养护。

⑧ 混凝土强度达到1.2MPa前，不得在其上踩踏、堆放物料、安装模板及支架。

⑨ 同条件养护试件的养护条件应与实体结构部位养护条件相同，并应妥善保管。

⑩ 施工现场应具备混凝土标准试件制作条件，并应设置标准试件养护室或养护箱。标准试件养护应符合国家现行有关标准的规定。

必知要点62：混凝土施工缝与后浇带

① 施工缝和后浇带的留设位置应在混凝土浇筑前确定。施工缝和后浇带宜留设在结构受剪力较小且便于施工的位置。受力复杂的结构构件或有防水抗渗要求的结构构件，施工缝留设位置应经设计单位确认。

② 水平施工缝的留设位置应符合下列规定。

a. 柱、墙施工缝可留设在基础、楼层结构顶面，柱施工缝与结构上表面的距离宜为0～100mm，墙施工缝与结构上表面的距离宜为0～300mm。

b. 柱、墙施工缝也可留设在楼层结构底面，施工缝与结构下表面的距离宜为0～50mm；当板下有梁托时，可留设在梁托下0～20mm。

c. 高度较大的柱、墙、梁以及厚度较大的基础，可根据施工需要在其中部留设水平施工缝；当因施工缝留设改变受力状态而需要调整构件配筋时，应经设计单位确认。

d. 特殊结构部位留设水平施工缝应经设计单位确认。

③ 竖向施工缝和后浇带的留设位置应符合下列规定。

a. 有主次梁的楼板施工缝应留设在次梁跨度中间1/3范围内。

b. 单向板施工缝应留设在与跨度方向平行的任何位置。

c. 楼梯梯段施工缝宜设置在梯段板跨度端部1/3范围内。

d. 墙的施工缝宜设置在门洞口过梁跨中1/3范围内，也可留设在纵横墙交接处。

e. 后浇带留设位置应符合设计要求。

f. 特殊结构部位留设竖向施工缝应经设计单位确认。

④ 设备基础施工缝留设位置应符合下列规定。

a. 水平施工缝应低于地脚螺栓底端，与地脚螺栓底端的距离应大于150mm；当地脚螺栓直径小于30mm时，水平施工缝可留设在深度不小于地脚螺栓埋入混凝土部分总长度的3/4处。

b. 竖向施工缝与地脚螺栓中心线的距离不应小于250mm，且不应小于螺栓直径的5倍。

⑤ 承受动力作用的设备基础施工缝留设位置应符合下列规定。

a. 标高不同的两个水平施工缝，其高低结合处应留设成台阶形，台阶的高宽比不应大于1.0。

b. 竖向施工缝或台阶形施工缝的断面处应加插钢筋，插筋数量和规格应由设计确定。

c. 施工缝的留设应经设计单位确认。

⑥ 施工缝、后浇带留设界面应垂直于结构构件和纵向受力钢筋。结构构件厚度或高度较大时，施工缝或后浇带界面宜采用专用材料封挡。

⑦ 混凝土浇筑过程中，因特殊原因需临时设置施工缝时，施工缝留设应规整，并宜垂直于构件表面，必要时可采取增加插筋、事后修凿等技术措施。

⑧ 施工缝和后浇带应采取钢筋防锈或阻锈等保护措施。

必知要点63：大体积混凝土裂缝控制

① 大体积混凝土宜采用后期强度作为配合比设计、强度评定及验收的依据。基础混凝土，确定混凝土强度时的龄期可取为60d（56d）或90d；柱、墙混凝土强度等级不低于C80时，确定混凝土强度时的龄期可取为60d（56d）。确定混凝土强度时采用大于28d的龄期时，龄期应经设计单位确认。

② 大体积混凝土施工配合比设计应符合“必知要点55：混凝土配合比”中⑦的规定，并应加强混凝土养护。

③ 大体积混凝土施工时，应对混凝土进行温度控制，并应符合下列规定。

a. 混凝土入模温度不宜大于30℃；混凝土浇筑体最大温升值不宜大于50℃。

b. 在覆盖养护或带模养护阶段，混凝土浇筑体表面以内40～100mm位置处的温度与混凝土浇筑体表面温度差值不应大于25℃；结束覆盖养护或拆模后，混凝土浇筑体表面以内40～100mm位置处的温度与环境温度差值不应大于25℃。

c. 混凝土浇筑体内部相邻两测温点的温度差值不应大于25℃。

d. 混凝土降温速率不宜大于2.0℃/d；当有可靠经验时，降温速率要求可适当放宽。

④ 基础大体积混凝土测温点设置应符合下列规定。

a. 宜选择具有代表性的两个交叉竖向剖面进行测温，竖向剖面交叉位置宜通过基础中部区域。

b. 每个竖向剖面的周边及以内部位应设置测温点，两个竖向剖面交叉处应设置测温点；混凝土浇筑体表面测温点应设置在保温覆盖层底部或模板内侧表面，并应与两个剖面上的周边测温点位置及数量对应；环境测温点不应少于2处。

c. 每个剖面的周边测温点应设置在混凝土浇筑体表面以内40～100mm位置处；每个剖面的测温点宜竖向、横向对齐；每个剖面竖向设置的测温点不应少于3处，间距不应小于0.4m且不宜大于1.0m；每个剖面横向设置的测温点不应少于4处，间距不应小于0.4m且不应大于10m。

d. 对基础厚度不大于1.6m，裂缝控制技术措施完善的工程，可不进行测温。

⑤ 柱、墙、梁大体积混凝土测温点设置应符合下列规定。

a. 柱、墙、梁结构实体最小尺寸大于2m，且混凝土强度等级不低于 C60 时，应进行测温。

b. 宜选择沿构件纵向的两个横向剖面进行测温，每个横向剖面的周边及中部区域应设置测温点；混凝土浇筑体表面测温点应设置在模板内侧表面，并应与两个剖面上的周边测温点位置及数量对应；环境测温点不应少于 1 处。

c. 每个横向剖面的周边测温点应设置在混凝土浇筑体表面以内 40～100mm 位置处；每个横向剖面的测温点宜对齐；每个剖面的测温点不应少于 2 处，间距不应小于 0.4m 且不宜大于 1.0m。

d. 可根据第一次测温结果，完善温差控制技术措施，后续施工可不进行测温。

⑥ 大体积混凝土测温应符合下列规定。

a. 宜根据每个测温点被混凝土初次覆盖时的温度确定各测点部位混凝土的入模温度。

b. 浇筑体周边表面以内测温点、浇筑体表面测温点、环境测温点的测温，应与混凝土浇筑、养护过程同步进行。

c. 应按测温频率要求及时提供测温报告，测温报告应包含各测温点的温度数据、温差数据、代表点位的温度变化曲线、温度变化趋势分析等内容。

d. 混凝土浇筑体表面以内 40～100mm 位置的温度与环境温度的差值小于 20℃时，可停止测温。

⑦ 大体积混凝土测温频率应符合下列规定：

a. 第一天至第四天，每 4h 不应少于一次；

b. 第五天至第七天，每 8h 不应少于一次；

c. 第七天至测温结束，每 12h 不应少于一次。

必知要点 64：装配式结构工程施工验算

① 装配式混凝土结构施工前，应根据设计要求和施工方案进行必要的施工验算。

② 预制构件在脱模、吊运、运输、安装等环节的施工验算，

应将构件自重标准值乘以脱模吸附系数或动力系数作为等效荷载标准值，并应符合下列规定：

a. 脱模吸附系数宜取 1.5，也可根据构件和模具表面状况适当增减；对复杂情况，脱模吸附系数宜根据试验确定。

b. 构件吊运、运输时，动力系数宜取 1.5；构件翻转及安装过程中就位、临时固定时，动力系数可取 1.2。当有可靠经验时，动力系数可根据实际受力情况和安全要求适当增减。

③ 预制构件的施工验算应符合设计要求。当设计无具体要求时，宜符合下列规定。

a. 钢筋混凝土和预应力混凝土构件正截面边缘的混凝土法向压应力，应满足下式的要求：

$$\sigma_{cc} \leqslant 0.8 f'_{ck} \tag{4-7}$$

式中 σ_{cc}——各施工环节在荷载标准组合作用下产生的构件正截面边缘混凝土法向压应力，MPa，可按毛截面计算；

f'_{ck}——与各施工环节的混凝土立方体抗压强度相应的抗压强度标准值，MPa，按表 4-12 以线性内插法确定。

表 4-12 混凝土轴心抗压强度标准值 单位：N/mm²

强度	混凝土强度等级													
	C15	C20	C25	C30	C35	C40	C45	C50	C55	C60	C65	C70	C75	C80
f_{ck}	10.0	13.4	16.7	20.1	23.4	26.8	29.6	32.4	35.5	38.5	41.5	44.5	47.4	50.2

b. 钢筋混凝土和预应力混凝土构件正截面边缘的混凝土法向拉应力，宜满足下式的要求：

$$\sigma_{ct} \leqslant 1.0 f'_{tk} \tag{4-8}$$

式中 σ_{ct}——各施工环节在荷载标准组合作用下产生的构件正截面边缘混凝土法向拉应力，MPa，可按毛截面计算；

f'_{tk}——与各施工环节的混凝土立方体抗压强度相应的抗拉强度标准值，MPa，按表 4-13 以线性内插法确定。

表 4-13 混凝土轴心抗拉强度标准值 单位：N/mm²

强度	混凝土强度等级													
	C15	C20	C25	C30	C35	C40	C45	C50	C55	C60	C65	C70	C75	C80
f_{tk}	1.27	1.54	1.78	2.01	2.20	2.39	2.51	2.64	2.74	2.85	2.93	2.99	3.05	3.11

c. 预应力混凝土构件的端部正截面边缘的混凝土法向拉应力，可适当放松，但不应大于 $1.2f'_{tk}$。

d. 施工过程中允许出现裂缝的钢筋混凝土构件，其正截面边缘混凝土法向拉应力限值可适当放松，但开裂截面处受拉钢筋的应力应满足下式的要求：

$$\sigma_s \leqslant 0.7f_{yk} \tag{4-9}$$

式中 σ_s——各施工环节在荷载标准组合作用下产生的构件受拉钢筋应力，应按开裂截面计算，MPa；

f_{yk}——受拉钢筋强度标准值，MPa。

e. 叠合式受弯构件尚应符合现行国家标准《混凝土结构设计规范》（GB 50010—2010）的有关规定。在叠合层施工阶段验算中，作用在叠合板上的施工活荷载标准值可按实际情况计算，且取值不宜小于 1.5kN/m²。

④ 预制构件中的预埋吊件及临时支撑，宜按下式进行计算：

$$K_cS_c \leqslant R_c \tag{4-10}$$

式中 K_c——施工安全系数，可按表 4-14 的规定取值；当有可靠经验时，可根据实际情况适当增减；

S_c——施工阶段荷载标准组合作用下的效应值，施工阶段的荷载标准值按《混凝土结构工程施工规范》（GB 50666—2011）附录 A 及③的有关规定取值；

R_c——按材料强度标准值计算或根据试验确定的预埋吊件、临时支撑、连接件的承载力；对复杂或特殊情况，宜通过试验确定。

表 4-14　预埋吊件及临时支撑的施工安全系数 K_c

项　　目	施工安全系数/K_c
临时支撑	2
临时支撑的连接件 预制构件中用于连接临时支撑的预埋件	3
普通预埋吊件	4
多用途的预埋吊件	5

注：对采用 HPB300 钢筋吊环形式的预埋吊件，应符合现行国家标准《混凝土结构设计规范》（GB 50010—2010）的有关规定。

必知要点 65：装配式结构工程构件制作

① 制作预制构件的场地应平整、坚实，并应采取排水措施。当采用台座生产预制构件时，台座表面应光滑平整，2m 长度内表面平整度不应大于 2mm，在气温变化较大的地区宜设置伸缩缝。

② 模具应具有足够的强度、刚度和整体稳定性，并应能满足预制构件预留孔、插筋、预埋吊件及其他预埋件的定位要求。模具设计应满足预制构件质量、生产工艺、模具组装与拆卸、周转次数等要求。跨度较大的预制构件的模具应根据设计要求预设反拱。

③ 混凝土振捣除可采用插入式振动棒、平板振动器、附着振动器或人工辅助振捣外，尚可采用振动台等振捣方式。

④ 当采用平卧重叠法制作预制构件时，应在下层构件的混凝土强度达到 5.0MPa 后，再浇筑上层构件混凝土，上、下层构件之间应采取隔离措施。

⑤ 预制构件可根据需要选择洒水、覆盖、喷涂养护剂养护，或采用蒸汽养护、电加热养护。采用蒸汽养护时，应合理控制升温、降温速度和最高温度，构件表面宜保持 90%～100% 的相对湿度。

⑥ 预制构件的饰面应符合设计要求。带面砖或石材饰面的预制构件宜采用反打成型法制作，也可采用后贴工艺法制作。

⑦ 带保温材料的预制构件宜采用水平浇筑方式成型。采用夹芯保温的预制构件，宜采用专用连接件连接内外两层混凝土，其数量和位置应符合设计要求。

⑧ 清水混凝土预制构件的制作应符合下列规定。

a. 预制构件的边角宜采用倒角或圆弧角。

b. 模具应满足清水表面设计精度要求。

c. 应控制原材料质量和混凝土配合比，并应保证每班生产构件的养护温度均匀一致。

d. 构件表面应采取针对清水混凝土的保护和防污染措施。出现的质量缺陷应采用专用材料修补，修补后的混凝土外观质量应满足设计要求。

⑨ 带门窗、预埋管线预制构件的制作应符合下列规定。

a. 门窗框、预埋管线应在浇筑混凝土前预先放置并固定，固定时应采取防止窗破坏及污染窗体表面的保护措施。

b. 当采用铝窗框时，应采取避免铝窗框与混凝土直接接触发生电化学腐蚀的措施。

c. 应采取控制温度或受力变形对门窗产生的不利影响的措施。

⑩ 采用现浇混凝土或砂浆连接的预制构件结合面，制作时应按设计要求进行处理。设计无具体要求时，宜进行拉毛或凿毛处理，也可采用露骨料粗糙面。

⑪ 预制构件脱模起吊时的混凝土强度应根据计算确定，且不宜小于15MPa。后张有黏结预应力混凝土预制构件应在预应力筋张拉并灌浆后起吊，起吊时同条件养护的水泥浆试块抗压强度不宜小于15MPa。

必知要点66：装配式结构工程运输与堆放

① 预制构件运输与堆放时的支承位置应经计算确定。

② 预制构件的运输应符合下列规定。

a. 预制构件的运输线路应根据道路、桥梁的实际条件确定，场内运输宜设置循环线路。

b. 运输车辆应满足构件尺寸和载重要求。

c. 装卸构件过程中，应采取保证车体平衡、防止车体倾覆的措施。

d. 应采取防止构件移动或倾倒的绑扎固定措施。

e. 运输细长构件时应根据需要设置水平支架。

f. 构件边角部或绳索接触处的混凝土宜采用垫衬加以保护。

③ 预制构件的堆放应符合下列规定。

a. 场地应平整、坚实，并应采取良好的排水措施。

b. 应保证最下层构件垫实，预埋吊件宜向上，标识宜朝向堆垛间的通道。

c. 垫木或垫块在构件下的位置宜与脱模、吊装时的起吊位置一致；重叠堆放构件时，每层构件间的垫木或垫块应在同一垂直线上。

d. 堆垛层数应根据构件与垫木或垫块的承载力及堆垛的稳定性确定，必要时应设置防止构件倾覆的支架。

e. 施工现场堆放的构件宜按安装顺序分类堆放，堆垛宜布置在吊车工作范围内且不受其他工序施工作业影响的区域。

f. 预应力构件的堆放应根据反拱影响采取措施。

④ 墙板类构件应根据施工要求选择堆放和运输方式。外形复杂墙板宜采用插放架或靠放架直立堆放和运输。插放架、靠放架应安全可靠。采用靠放架直立堆放的墙板宜对称靠放、饰面朝外，与竖向的倾斜角不宜大于10°。

⑤ 吊运平卧制作的混凝土屋架时，应根据屋架跨度、刚度确定吊索绑扎形式及加固措施。屋架堆放时，可将几榀屋架绑扎成整体。

必知要点67：装配式结构工程安装与连接

① 装配式结构安装现场应根据工期要求以及工程量、机械设

备等现场条件，组织立体交叉、均衡有效的安装施工流水作业。

② 预制构件安装前的准备工作应符合下列规定。

a. 应核对已施工完成结构的混凝土强度、外观质量、尺寸偏差等符合设计要求和《混凝土结构工程施工规范》（GB 50666—2011）的有关规定。

b. 应核对预制构件混凝土强度及预制构件和配件的型号、规格、数量等符合设计要求。

c. 应在已施工完成结构及预制构件上进行测量放线，并应设置安装定位标志。

d. 应确认吊装设备及吊具处于安全操作状态。

e. 应核实现场环境、天气、道路状况满足吊装施工要求。

③ 安放预制构件时，其搁置长度应满足设计要求。预制构件与其支承构件间宜设置厚度不大于 30mm 坐浆或垫片。

④ 预制构件安装过程中应根据水准点和轴线校正位置，安装就位后应及时采取临时固定措施。预制构件与吊具的分离应在校准定位及临时固定措施安装完成后进行。临时固定措施的拆除应在装配式结构能达到后续施工承载要求后进行。

⑤ 采用临时支撑时，应符合下列规定。

a. 每个预制构件的临时支撑不宜少于 2 道。

b. 对预制柱、墙板的上部斜撑，其支撑点距离底部的距离不宜小于高度的 2/3，且不应小于高度的 1/2。

c. 构件安装就位后，可通过临时支撑对构件的位置和垂直度进行微调。

⑥ 装配式结构采用现浇混凝土或砂浆连接构件时，除应符合《混凝土结构工程施工规范》（GB 50666—2011）的有关规定外，尚应符合下列规定。

a. 构件连接处现浇混凝土或砂浆的强度及收缩性能应满足设计要求。设计无具体要求时，应符合下列规定：

ⅰ. 承受内力的连接处应采用混凝土浇筑，混凝土强度等级值不应低于连接处构件混凝土强度设计等级值的较大值。

ⅱ. 非承受内力的连接处可采用混凝土或砂浆浇筑，其强度等级不应低于 C15 或 M15。

ⅲ. 混凝土粗骨料最大粒径不宜大于连接处最小尺寸的 1/4。

b. 浇筑前，应清除浮浆、松散骨料和污物，并宜洒水湿润。

c. 连接节点、水平拼缝应连续浇筑；竖向拼缝可逐层浇筑，每层浇筑高度不宜大于 2m，应采取保证混凝土或砂浆浇筑密实的措施。

d. 混凝土或砂浆强度达到设计要求后，方可承受全部设计荷载。

⑦ 装配式结构采用焊接或螺栓连接构件时，应符合设计要求或国家现行有关钢结构施工的标准的规定，并应对外露铁件采取防腐和防火措施。采用焊接连接时，应采取避免损伤已施工完成结构、预制构件及配件的措施。

⑧ 装配式结构采用后张预应力筋连接构件时，预应力工程施工应符合相关规定。

⑨ 装配式结构构件间的钢筋连接可采用焊接、机械连接、搭接及套筒灌浆连接等方式。钢筋锚固及钢筋连接长度应满足设计要求。钢筋连接施工应符合国家现行有关标准的规定。

⑩ 叠合式受弯构件的后浇混凝土层施工前，应按设计要求检查结合面粗糙度和预制构件的外露钢筋。施工过程中，应控制施工荷载不超过设计取值，并应避免单个预制构件承受较大的集中荷载。

⑪ 当设计对构件连接处有防水要求时，材料性能及施工应符合设计要求及国家现行有关标准的规定。

第5章 钢结构工程

必知要点68：焊接工艺

1. 焊接工艺评定及方案

① 施工单位首次采用的钢材、焊接材料、焊接方法、接头形式、焊接位置、焊后热处理等各种参数及参数的组合，应在钢结构制作及安装前进行焊接工艺评定试验。焊接工艺评定试验方法和要求，以及免予工艺评定的限制条件，应符合现行国家标准《钢结构焊接规范》（GB 50661—2011）的有关规定。

② 焊接施工前，施工单位应以合格的焊接工艺评定结果或采用符合免除工艺评定条件为依据，编制焊接工艺文件，并应包括下列内容。

a. 焊接方法或焊接方法的组合。

b. 母材的规格、牌号、厚度及覆盖范围。

c. 填充金属的规格、类别和型号。

d. 焊接接头形式、坡口形式、尺寸及其允许偏差。

e. 焊接位置。

f. 焊接电源的种类和极性。

g. 清根处理。

h. 焊接工艺参数（焊接电流、焊接电压、焊接速度、焊层和焊道分布）。

i. 预热温度及道间温度范围。

j. 焊后消除应力处理工艺。

k. 其他必要的规定。

2. 焊接作业条件

① 焊接时，作业区环境温度、相对湿度和风速等应符合下列规定，当超出本条规定且必须进行焊接时，应编制专项方案。

a. 作业环境温度不应低于－10℃。

b. 焊接作业区的相对湿度不应大于90%。

c. 当手工电弧焊和自保护药芯焊丝电弧焊时，焊接作业区最大风速不应超过8m/s；当气体保护电弧焊时，焊接作业区最大风速不应超过2m/s。

② 现场高空焊接作业应搭设稳固的操作平台和防护棚。

③ 焊接前，应用钢丝刷、砂轮等工具清除待焊处表面的氧化皮、铁锈、油污等杂物，焊缝坡口宜按现行国家标准《钢结构焊接规范》（GB 50661—2011）的有关规定进行检查。

④ 焊接作业应按工艺评定的焊接工艺参数进行。

⑤ 当焊接作业环境温度低于0℃且不低于－10℃时，应采取加热或防护措施，应将焊接接头和焊接表面各方向大于或等于钢板厚度的2倍且不小于100mm范围内的母材，加热到规定的最低预热温度且不低于20℃后再施焊。

3. 定位焊

① 定位焊焊缝的厚度不应小于3mm，不宜超过设计焊缝厚度的2/3；长度不宜小于40mm和接头中较薄部件厚度的4倍；间距宜为300～600mm。

② 定位焊缝与正式焊缝应具有相同的焊接工艺和焊接质量要求。多道定位焊焊缝的端部应为阶梯状。采用钢衬垫板的焊接接头，定位焊宜在接头坡口内进行。定位焊焊接时预热温度宜高于正

式施焊预热温度 20～50℃。

4. 引弧板、引出板和衬垫板

① 当引弧板、引出板和衬垫板为钢材时，应选用屈服强度不大于被焊钢材标称强度的钢材，且焊接性应相近。

② 焊接接头的端部应设置焊缝引弧板、引出板。焊条电弧焊和气体保护电弧焊焊缝引出长度应大于 25mm，埋弧焊缝引出长度应大于 80mm。焊接完成并完全冷却后，可采用火焰切割、碳弧气刨或机械等方法除去引弧板、引出板，并应修磨平整，严禁用锤击落。

③ 钢衬垫板应与接头母材密贴连接，其间隙不应大于 1.5mm，并应与焊缝充分熔合。手工电弧焊和气体保护电弧焊时，钢衬垫板厚度不应小于 4mm；埋弧焊接时，钢衬垫板厚度不应小于 6mm；电渣焊时钢衬垫板厚度不应小于 25mm。

5. 预热和道间温度控制

① 预热和道间温度控制宜采用电加热、火焰加热和红外线加热等加热方法，并应采用专用的测温仪器测量。预热的加热区域应在焊接坡口两侧，宽度应为焊件施焊处板厚的 1.5 倍以上，且不应小于 100mm。温度测量点，当为非封闭空间构件时，宜在焊件受热面的背面离焊接坡口两侧不小于 75mm 处；当为封闭空间构件时，宜在正面离焊接坡口两侧不小于 100mm 处。

② 焊接接头的预热温度和道间温度，应符合现行国家标准《钢结构焊接规范》（GB 50661—2011）的有关规定；当工艺选用的预热温度低于现行国家标准《钢结构焊接规范》（GB 50661—2011）的有关规定时，应通过工艺评定试验确定。

6. 焊接变形的控制

① 采用的焊接工艺和焊接顺序应使构件的变形和收缩最小，可采用下列控制变形的焊接顺序：

a. 对接接头、T 形接头和十字接头，在构件放置条件允许或易于翻转的情况下，宜双面对称焊接；有对称截面的构件，宜对称于构件中性轴焊接；有对称连接杆件的节点，宜对称于节点轴线同时对称焊接。

b. 非对称双面坡口焊缝，宜先焊深坡口侧部分焊缝，然后焊满浅坡口侧，最后完成深坡口侧焊缝。特厚板宜增加轮流对称焊接的循环次数。

c. 长焊缝宜采用分段退焊法、跳焊法或多人对称焊接法。

② 构件焊接时，宜采用预留焊接收缩余量或预置反变形方法控制收缩和变形，收缩余量和反变形值宜通过计算或试验确定。

③ 构件装配焊接时，应先焊收缩量较大的接头、后焊收缩量较小的接头，接头应在拘束较小的状态下焊接。

7. 焊后消除应力处理

① 设计文件或合同文件对焊后消除应力有要求时，需经疲劳验算的结构中承受拉应力的对接接头或焊缝密集的节点或构件，宜采用电加热器局部退火和加热炉整体退火等方法进行消除应力处理；仅为稳定结构尺寸时，可采用振动法消除应力。

② 焊后热处理直符合现行行业标准《碳钢、低合金钢焊接构件焊后热处理方法》（JB/T 6046—1992）的有关规定。当采用电加热器对焊接构件进行局部消除应力热处理时，应符合下列规定。

a. 使用配有温度自动控制仪的加热设备，其加热、测温、控温性能应符合使用要求。

b. 构件焊缝每侧面加热板（带）的宽度应至少为钢板厚度的3倍，且不应小于200mm。

c. 加热板（带）以外构件两侧宜用保温材料覆盖。

③ 用锤击法消除中间焊层应力时，应使用圆头手锤或小型振动工具进行，不应对根部焊缝、盖面焊缝或焊缝坡口边缘的母材进行锤击。

④ 采用振动法消除应力时，振动时效工艺参数选择及技术要求，应符合现行行业标准《焊接构件振动时效工艺参数选择及技术要求》（JB/T 10375—2002）的有关规定。

必知要点 69：焊接接头

1. 全熔透和部分熔透焊接

① T形接头、十字接头、角接接头等要求全熔透的对接和角接组合焊缝，其加强角焊缝的焊脚尺寸不应小于 $t/4$［图 5-1 (a)～(c)］，设计有疲劳验算要求的吊车梁或类似构件的腹板与上翼缘连接焊缝的焊脚尺寸应为 $t/2$，且不应大于 10mm［图 5-1 (d)］。焊脚尺寸的允许偏差为 0～4mm。

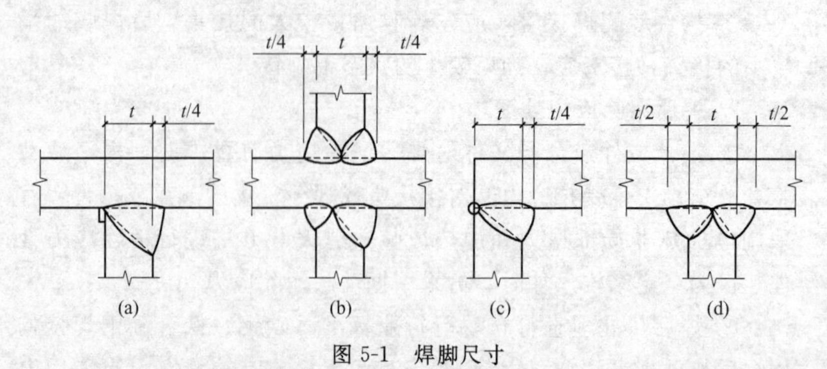

图 5-1　焊脚尺寸

② 全熔透坡口焊缝对接接头的焊缝余高应符合表 5-1 的规定。

表 5-1　对接接头的焊缝余高　　单位：mm

设计要求焊缝等级	焊缝宽度	焊缝余高
一、二级焊缝	＜20	0～3
	≥20	0～4
三级焊缝	＜20	0～3.5
	≥20	0～5

③ 全熔透双面坡口焊缝可采用不等厚的坡口深度，较浅坡口深度不应小于接头厚度的 1/4。

④ 部分熔透焊接应保证设计文件要求的有效焊缝厚度。T形接头和角接接头中部分熔透坡口焊缝与角焊缝构成的组合焊缝，其

加强角焊缝的焊脚尺寸应为接头中最薄板厚的1/4，且不应超过 10mm。

2. 角焊缝接头

① 由角焊缝连接的部件应密贴，根部间隙不宜超过 2mm；当接头的根部间隙超过 2mm 时，角焊缝的焊脚尺寸应根据根部间隙值增加，但最大不应超过 5mm。

② 当角焊缝的端部在构件上时，转角处宜连续包角焊，起弧和熄弧点距焊缝端部宜大于 10.0mm；当角焊缝端部不设置引弧和引出板的连续焊缝，起熄弧点（图 5-2）距焊缝端部宜大于 10.0mm，弧坑应填满。

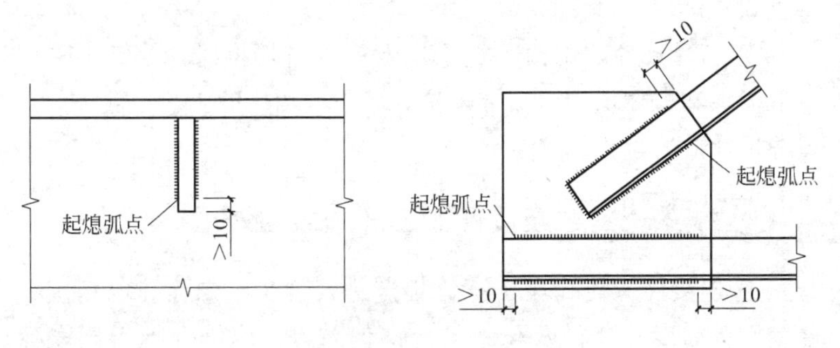

图 5-2　起熄弧点位置

③ 间断角焊缝每焊段的最小长度不应小于 40mm，焊段之间的最大间距不应超过较薄焊件厚度的 24 倍，且不应大于 300mm。

3. 塞焊与槽焊

① 塞焊和槽焊可采用手工电弧焊、气体保护电弧焊及自保护电弧焊等焊接方法。平焊时，应分层熔敷焊接，每层熔渣应冷却凝固并清除后再重新焊接；立焊和仰焊时，每道焊缝焊完后，应待熔渣冷却并清除后再施焊后续焊道。

② 塞焊和槽焊的两块钢板接触面的装配间隙不得超过 1.5mm。塞焊和槽焊焊接时严禁使用填充板材。

4. 电渣焊

① 电渣焊应采用专用的焊接设备，可采用熔化嘴和非熔化嘴方式进行焊接。电渣焊采用的衬垫可使用钢衬垫和水冷铜衬垫。

② 箱形构件内隔板与面板T形接头的电渣焊焊接宜采取对称方式进行焊接。

③ 电渣焊衬垫板与母材的定位焊宜采用连续焊。

5. 栓钉焊

① 栓钉应采用专用焊接设备进行施焊。首次栓钉焊接时，应进行焊接工艺评定试验，并应确定焊接工艺参数。

② 每班焊接作业前。应至少试焊3个栓钉，并应检查合格后再正式施焊。

③ 当受条件限制而不能采用专用设备焊接时，栓钉可采用焊条电弧焊和气体保护电弧焊焊接，并应按相应的工艺参数施焊，其焊缝尺寸应通过计算确定。

必知要点70：连接件加工及摩擦面处理

① 连接件螺栓孔应按有关规定进行加工，螺栓孔的精度、孔壁表面粗糙度、孔径及孔距的允许偏差等，应符合现行国家标准《钢结构工程施工质量验收规范》（GB 50205—2001）的有关规定。

② 螺栓孔孔距超过①规定的允许偏差时，可采用与母材相匹配的焊条补焊，并应经无损检测合格后重新制孔，每组孔中经补焊重新钻孔的数量不得超过该组螺栓数量的20%。

③ 高强度螺栓摩擦面对因板厚公差、制造偏差或安装偏差等产生的接触面间隙，应按表5-2的规定进行处理。

④ 高强度螺栓连接处的摩擦面可根据设计抗滑移系数的要求选择处理工艺，抗滑移系数应符合设计要求。采用手工砂轮打磨时，打磨方向应与受力方向垂直，且打磨范围不应小于螺栓孔径的4倍。

⑤ 经表面处理后的高强度螺栓连接摩擦面，应符合下列规定：

表 5-2　接触面间隙处理

示意图	处理方法
	Δ<1.0mm 时不予处理
磨斜面	Δ=1.0～3.0mm 时将厚板一侧磨成 1∶10 缓坡，使间隙小于 1.0mm
	Δ>3.0mm 时加垫板，垫板厚度不小于 3mm，最多不超过 3 层，垫板材质和摩擦面处理方法应与构件相同

a. 连接摩擦面应保持干燥、清洁，不应有飞边、毛刺、焊接飞溅物、焊疤、氧化铁皮、污垢等；

b. 经处理后的摩擦面应采取保护措施，不得在摩擦面上做标记；

c. 摩擦面采用生锈处理方法时，安装前应以细钢丝刷垂直于构件受力方向除去摩擦面上的浮锈。

必知要点 71：普通紧固件连接

① 普通螺栓可采用普通扳手紧固，螺栓紧固应使被连接件接触面、螺栓头和螺母与构件表面密贴。普通螺栓紧固应从中间开始，对称向两边进行，大型接头宜采用复拧。

② 普通螺栓作为永久性连接螺栓时，紧固连接应符合下列规定：

a. 螺栓头和螺母侧应分别放置平垫圈，螺栓头侧放置的垫圈不应多于 2 个，螺母侧放置的垫圈不应多于 1 个。

b. 承受动力荷载或重要部位的螺栓连接，设计有防松动要求时，应采取有防松动装置的螺母或弹簧垫圈，弹簧垫圈应放置在螺母侧。

c. 对工字钢、槽钢等有斜面的螺栓连接，宜采用斜垫圈。

d. 同一个连接接头螺栓数量不应少于2个。

e. 螺栓紧固后外露丝扣不应少于2扣，紧固质量检验可采用锤敲检验。

③ 连接薄钢板采用的拉铆钉、自攻钉、射钉等，其规格尺寸应与被连接钢板相匹配，其间距、边距等应符合设计文件的要求。钢拉铆钉和自攻螺钉的钉头部分应靠在较薄的板件一侧。自攻螺钉、钢拉铆钉、射钉等与连接钢板应紧固密贴，外观应排列整齐。

④ 自攻螺钉（非自攻自钻螺钉）连接板上的预制孔径 d_0 可按下列公式计算：

$$d_0 = 0.7d + 0.2t_t \tag{5-1}$$

$$d_0 \leqslant 0.9d \tag{5-2}$$

式中 d——自攻螺钉的公称直径，mm；

t_t——连接板的总厚度，mm。

⑤ 射钉施工时，穿透深度不应小于10.0mm。

必知要点72：高强度螺栓连接

① 高强度大六角头螺栓连接副应由一个螺栓、一个螺母和两个垫圈组成，扭剪型高强度螺栓连接副应由一个螺栓、一个螺母和一个垫圈组成，使用组合应符合表5-3的规定。

表5-3 高强度螺栓连接副的使用组合

螺栓	螺母	垫圈
10.9S	10H	(35～45)HRC
8.8S	8H	(35～45)HRC

② 高强度螺栓长度应以螺栓连接副终拧后外露2～3扣丝为标准计算，可按下列公式计算：

$$l = l' + \Delta l \tag{5-3}$$

$$\Delta l=m+ns+3p \tag{5-4}$$

式中 l'——连接板层总厚度；

Δl——附加长度，或按表5-4选取；

m——高强度螺母公称厚度；

n——垫圈个数，扭剪型高强度螺栓为1，高强度大六角头螺栓为2；

s——高强度垫圈公称厚度，当采用大圆孔或槽孔时，高强度垫圈公称厚度按实际厚度取值；

p——螺纹的螺距。

表5-4　高强度螺栓附加长度 Δl　　单位：mm

螺栓公称直径	M12	M16	M20	M22	M24	M27	M30
高强度大六角头螺栓	23	30	35.5	39.5	43	46	50.5
扭剪型高强度螺栓	—	26	31.5	34.5	38	41	45.5

注：本表附加长度 Δl 由标准圆孔垫圈公称厚度计算确定。

选用的高强度螺栓公称长度应取修约后的长度，应根据计算出的螺栓长度l按修约间隔5mm进行修约。

③ 高强度螺栓安装时应先使用安装螺栓和冲钉。在每个节点上穿入的安装螺栓和冲钉数量，应根据安装过程所承受的荷载计算确定，并应符合下列规定：

a. 不应少于安装孔总数的1/3；

b. 安装螺栓不应少于2个；

c. 冲钉穿入数量不宜多于安装螺栓数量的30%；

d. 不得用高强度螺栓兼做安装螺栓。

④ 高强度螺栓应在构件安装精度调整后进行拧紧。高强度螺栓安装应符合下列规定。

a. 扭剪型高强度螺栓安装时，螺母带圆台面的一侧应朝向垫圈有倒角的一侧。

b. 大六角头高强度螺栓安装时，螺栓头下垫圈有倒角的一侧应朝向螺栓头，螺母带圆台面的一侧应朝向垫圈有倒角的一侧。

⑤ 高强度螺栓现场安装时应能自由穿入螺栓孔，不得强行穿入。螺栓不能自由穿入时，可采用铰刀或锉刀修整螺栓孔，不得采用气割扩孔，扩孔数量应征得设计单位同意，修整后或扩孔后的孔径不应超过螺栓直径的1.2倍。

⑥ 高强度大六角头螺栓连接副施拧可采用扭矩法或转角法，施工时应符合下列规定。

a. 施工用的扭矩扳手使用前应进行校正，其扭矩相对误差不得大于±5%：校正用的扭矩扳手，其扭矩相对误差不得大于±3%。

b. 施拧时，应在螺母上施加扭矩。

c. 施拧应分为初拧和终拧，大型节点应在初拧和终拧间增加复拧。初拧扭矩可取施工终拧扭矩的50%，复拧扭矩应等于初拧扭矩。终拧扭矩应按下式计算：

$$T_c = kP_c d \tag{5-5}$$

式中 T_c——施工终拧扭矩，N·m；

k——高强度螺栓连接副的扭矩系数平均值，取0.110～0.150；

P_c——高强度大六角头螺栓施工预拉力，可按表5-5选用，kN；

d——高强度螺栓公称直径，mm。

表5-5 高强度大六角头螺栓施工预拉力 单位：kN

螺栓性能等级	螺栓公称直径						
	M12	M16	M20	M22	M24	M27	M30
8.8s	50	90	140	165	195	255	310
10.9s	60	110	170	210	250	320	390

d. 采用转角法施工时，初拧（复拧）后连接副的终拧转角应符合表5-6的要求。

表 5-6 初拧（复拧）后连接副的终拧转角

螺栓长度 l	螺母转角	连接状态
$l \leqslant 4d$	1/3 圈(120°)	连接形式为一层芯板加两层盖板
$4d < l \leqslant 8d$ 或 200mm 及以下	1/2 圈(180°)	
$8d < l \leqslant 12d$ 或 200mm 以上	2/3 圈(240°)	

注：1. d 为螺栓公称直径。

2. 螺母的转角为螺母与螺栓杆之间的相对转角。

3. 当螺栓长度 l 超过螺栓公称直径 d 的 12 倍时，螺母的终拧角度应由试验确定。

e. 初拧或复拧后应对螺母涂画颜色标记。

⑦ 扭剪型高强度螺栓连接副应采用专用电动扳手施拧，施工时应符合下列规定：

a. 施拧应分为初拧和终拧，大型节点宜在初拧和终拧间增加复拧。

b. 初拧扭矩值应取公式(5-5) 中 T_c 计算值的 50%，其中 k 应取 0.13，也可按表 5-7 选用；复拧扭矩应等于初拧扭矩。

表 5-7 扭剪型高强度螺栓初拧（复拧）扭矩值

单位：N·m

螺栓公称直径	M16	M20	M22	M24	M27	M30
初拧(复拧)扭矩	115	220	300	390	560	760

c. 终拧应以拧掉螺栓尾部梅花头为准，少数不能用专用扳手进行终拧的螺栓，可按⑥规定的方法进行终拧，扭矩系数 k 应取 0.13。

d. 初拧或复拧后应对螺母涂画颜色标记。

⑧ 高强度螺栓连接节点螺栓群初拧、复拧和终拧应采用合理的施拧顺序。

⑨ 高强度螺栓和焊接混用的连接节点，当设计文件无规定时，宜按先螺栓紧固后焊接的施工顺序。

⑩ 高强度螺栓连接副的初拧、复拧、终拧宜在 24h 内完成。

⑪ 高强度大六角头螺栓连接用扭矩法施工紧固时，应进行下列质量检查。

a. 应检查终拧颜色标记，并应用质量为0.3kg的小锤敲击螺母对高强度螺栓进行逐个检查。

b. 终拧扭矩应按节点数10%抽查，且不应少于10个节点；对每个被抽查节点应按螺栓数10%抽查，且不应少于2个螺栓。

c. 检查时应先在螺杆端面和螺母上画一直线，然后将螺母拧松约60°；再用扭矩扳手重新拧紧，使两线重合，测得此时的扭矩应为$0.9T_{ch}$～$1.1T_{ch}$。T_{ch}可按下式计算：

$$T_{ch}=kPd \tag{5-6}$$

式中 T_{ch}——检查扭矩，N·m；

P——高强度螺栓设计预拉力，kN；

d——螺栓公称直径；

k——扭矩系数。

d. 发现有不符合规定时，应再扩大1倍检查；仍有不合格者时，则整个节点的高强度螺栓应重新施拧。

e. 扭矩检查宜在螺栓终拧1h以后、24h之前完成，检查用的扭矩扳手，其相对误差不得大于±3%。

⑫ 高强度大六角头螺栓连接转角法施工紧固应进行下列质量检查。

a. 应检查终拧颜色标记，同时应用质量约0.3kg的小锤敲击螺母对高强度螺栓进行逐个检查。

b. 终拧转角应按节点数抽查10%，且不应少于10个节点；对每个被抽查节点应按螺栓数抽查10%，且不应少于2个螺栓。

c. 应在螺杆端面和螺母相对位置画线，然后全部卸松螺母，应再按规定的初拧扭矩和终拧角度重新拧紧螺栓，测量终止线与原终止线画线间的角度，应符合表5-6的要求，误差在±30°者应为合格。

d. 发现有不符合规定时，应再扩大1倍检查；仍有不合格者时，则整个节点的高强度螺栓应重新施拧。

e. 转角检查宜在螺栓终拧1h以后、24h之前完成。

⑬ 扭剪型高强度螺栓终拧检查，应以目测尾部梅花头拧断为合格。不能用专用扳手拧紧的扭剪型高强度螺栓，应按⑪的规定进行质量检查。

⑭ 螺栓球节点网架总拼完成后，高强度螺栓与球节点应紧固连接，螺栓拧入螺栓球内的螺纹长度不应小于螺栓直径的1.1倍，连接处不应出现有间隙、松动等未拧紧情况。

必知要点73：放样和号料

① 放样和号料应根据施工详图和工艺文件进行，并应按要求预留余量。

② 放样和样板（样杆）的允许偏差应符合表5-8的规定。

表5-8 放样和样板（样杆）的允许偏差

项目	允许偏差
平行线距离与分段尺寸	±0.5mm
样板长度	±0.5mm
样板宽度	±0.5mm
样板对角线差	1.0mm
样杆长度	±1.0mm
样板的角度	±20′

③ 号料的允许偏差应符合表5-9的规定。

表5-9 号料的允许偏差 单位：mm

项目	允许偏差
零件外形尺寸	±1.0
孔距	±0.5

④ 主要零件应根据构件的受力特点和加工状况，按工艺规定

的方向进行号料。

⑤ 号料后，零件和部件应按施工详图和工艺要求进行标识。

必知要点 74：切割

① 钢材切割可采用气割、机械切割、等离子切割等方法，选用的切割方法应满足工艺文件的要求。切割后的飞边、毛刺应清理干净。

② 钢材切割面应无裂纹、夹渣、分层等缺陷和大于 1mm 的缺棱。

③ 气割前钢材切割区域表面应清理干净。切割时，应根据设备类型、钢材厚度、切割气体等因素选择适合的工艺参数。

④ 气割的允许偏差应符合表 5-10 的规定。

表 5-10 气割的允许偏差 单位：mm

项目	允许偏差
零件宽度、长度	±3.0
切割面平面度	0.05t，且不应大于 2.0
割纹深度	0.3
局部缺口深度	1.0

注：t 为切割面厚度。

⑤ 机械剪切的零件厚度不宜大于 12.0mm，剪切面应平整。碳素结构钢在环境温度低于－20℃、低合金结构钢在环境温度低于－15℃时，不得进行剪切、冲孔。

⑥ 机械剪切的允许偏差应符合表 5-11 的规定。

表 5-11 机械剪切的允许偏差 单位：mm

项目	允许偏差
零件宽度、长度	±3.0
边缘缺棱	1.0
型钢端部垂直度	2.0

⑦ 钢网架（桁架）用钢管杆件宜用管子车床或数控相贯线切割机下料，下料时应预放加工余量和焊接收缩量，焊接收缩量可由工艺试验确定。钢管杆件加工的允许偏差应符合表 5-12 的规定。

表 5-12 钢管杆件加工的允许偏差 单位：mm

项目	允许偏差
长度	±1.0
端面对管轴的垂直度	0.005r
管口曲线	1.0

注：r为管半径。

必知要点 75: 矫正和成型

① 矫正可采用机械矫正、加热矫正、加热与机械联合矫正等方法。

② 碳素结构钢在环境温度低于−16℃、低合金结构钢在环境温度低于 12℃时，不应进行冷矫正和冷弯曲。碳素结构钢和低合金结构钢在加热矫正时，加热温度应为 700～800℃，最高温度严禁超过 900℃，最低温度不得低于 600℃。

③ 当零件采用热加工成型时，可根据材料的含碳量，选择不同的加热温度。加热温度应控制在 900～1000℃，也可控制在 1100～1300℃；碳素结构钢和低合金结构钢在温度分别下降到 700℃和 800℃前，应结束加工；低合金结构钢应自然冷却。

④ 热加工成型温度应均匀，同一构件不应反复进行热加工；温度冷却到 200～400℃时，严禁捶打、弯曲和成型。

⑤ 工厂冷成型加工钢管可采用卷制或压制工艺。

⑥ 矫正后的钢材表面，不应有明显的凹痕或损伤，划痕深度不得大于 0.5mm，且不应超过钢材厚度允许负偏差的 1/2。

⑦ 型钢冷矫正和冷弯曲的最小曲率半径和最大弯曲矢高应符合表 5-13 的规定。

表 5-13 型钢冷矫正和冷弯曲的最小曲率半径和最大弯曲矢高

单位：mm

项次	钢材类型	示意图	对于轴线	矫正		弯曲	
				r	f	r	f
1	钢板、扁钢	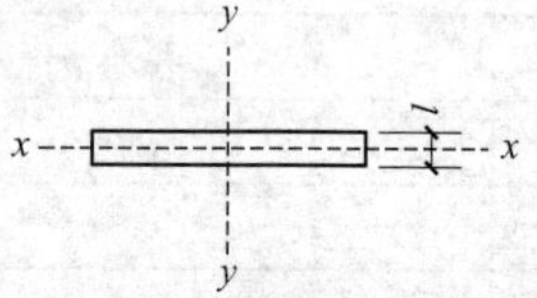	x-x	$50t$	$\frac{l^2}{400t}$	$25t$	$\frac{l^2}{200t}$
			y-y（仅对扁钢轴线）	$100b$	$\frac{l^2}{800b}$	$50b$	$\frac{l^2}{400b}$
2	角钢	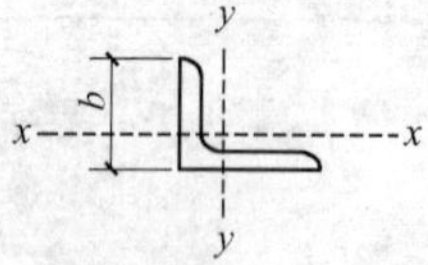	x-x	$90b$	$\frac{l^2}{720b}$	$45b$	$\frac{l^2}{360b}$
3	槽钢	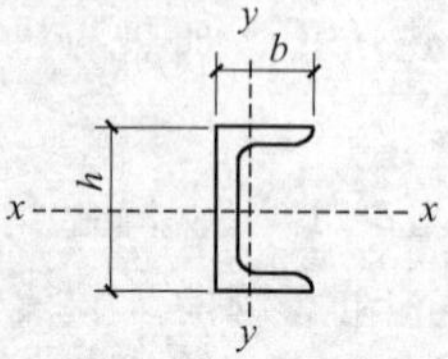	x-x	$50h$	$\frac{l^2}{400h}$	$25h$	$\frac{l^2}{200h}$
			y-y	$90b$	$\frac{l^2}{720b}$	$45b$	$\frac{l^2}{360b}$
4	工字钢	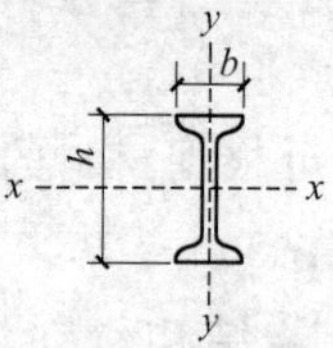	x-x	$50h$	$\frac{l^2}{400h}$	$25h$	$\frac{l^2}{200h}$
			y-y	$50b$	$\frac{l^2}{400b}$	$25b$	$\frac{l^2}{200b}$

注：r 为曲率半径；f 为弯曲矢高；l 为弯曲弦长；t 为板厚；b 为宽度；h 为高度。

⑧ 钢材矫正后的允许偏差应符合表 5-14 的规定。

表 5-14 钢材矫正后的允许偏差 单位：mm

项目		允许偏差	图例
钢板的局部平面度	$t \leqslant 14$	1.5	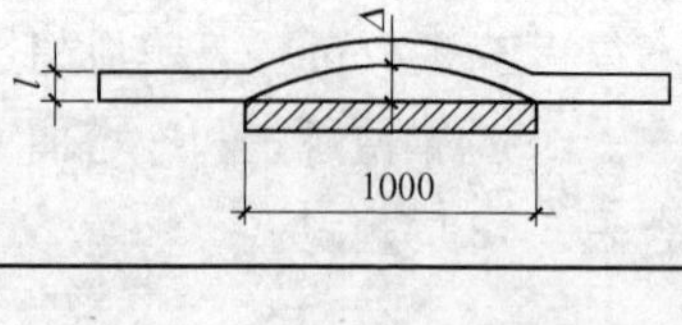
	$t > 14$	1.0	

续表

项目	允许偏差	图例
型钢弯曲矢高	$l/1000$ 且不应大于 5.0	
角钢肢的垂直度	$b/100$ 且双肢栓接角钢的角度不得大于 90°	
槽钢翼缘对腹板的垂直度	$b/80$	
工字钢、H 型钢翼缘对腹板的垂直度	$b/100$ 且不大于 2.0	

⑨ 钢管弯曲成型的允许偏差应符合表 5-15 的规定。

表 5-15 钢管弯曲成型的允许偏差 单位：mm

项目	允许偏差
直径	$\pm d/200$ 且$\leqslant\pm5.0$
构件长度	±3.0
管口圆度	$d/200$ 且$\leqslant5.0$
管中间圆度	$d/100$ 且$\leqslant8.0$
弯曲矢高	$l/1500$ 且$\leqslant5.0$

注：d 为钢管直径；l 为弯曲弦长。

必知要点 76：边缘加工

① 边缘加工可采用气割和机械加工方法，对边缘有特殊要求

时宜采用精密切割。

② 气割或机械剪切的零件，需要进行边缘加工时，其刨削量不应小于2.0mm。

③ 边缘加工的允许偏差应符合表5-16的规定。

表5-16 边缘加工的允许偏差

项 目	允许偏差
零件宽度、长度	±1.0mm
加工边直线度	l/3000，且不应大于2.0mm
相邻两边夹角	±6′
加工面垂直度	0.025t，且不应大于0.5mm
加工面表面粗糙度	$Ra \leqslant 50\mu m$

注：l为加工边长度；t为工件厚度。

④ 焊缝坡口可采用气割、铲削、刨边机加工等方法，焊缝坡口的允许偏差应符合表5-17的规定。

表5-17 焊缝坡口的允许偏差

项目	允许偏差
坡口角度	±5°
钝边	±1.0mm

⑤ 零部件采用铣床进行铣削加工边缘时，加工后的允许偏差应符合表5-18的规定。

表5-18 零部件铣削加工后的允许偏差 单位：mm

项目	允许偏差
两端铣平时零件长度、宽度	±1.0
铣平面的平面度	0.3
铣平面的垂直度	l/1500

注：l为零部件长度。

必知要点77：螺栓球和焊接球加工

① 螺栓球宜热锻成型，加热温度宜为1150～1250℃，终锻温度不得低于800℃，成型后螺栓球不应有裂纹、褶皱和过烧。

② 螺栓球加工的允许偏差应符合表5-19的规定。

表5-19 螺栓球加工的允许偏差

项目		允许偏差
球直径	$d \leqslant 120$mm	+2.0mm −1.0mm
	$d > 120$mm	+3.0mm −1.5mm
球圆度	$d \leqslant 120$mm	1.5mm
	120mm$< d \leqslant$250mm	2.5mm
	$d > 250$mm	3.0mm
同一轴线上两铣平面平行度	$d \leqslant 120$mm	0.2mm
	$d > 120$mm	0.3mm
铣平面距球中心距离		±0.2mm
相邻两螺栓孔中心线夹角		±30′
两铣平面与螺栓孔轴线垂直度		$0.005r$

注：r 为螺栓球半径；d 为螺栓球直径。

③ 焊接空心球宜采用钢板热压成半圆球，加热温度宜为1000～1100℃，并应经机械加工坡口后焊成圆球。焊接后的成品球表面应光滑平整，不应有局部凸起或褶皱。

④ 焊接空心球加工的允许偏差应符合表5-20的规定。

表5-20 焊接空心球加工的允许偏差　　单位：mm

项目		允许偏差
直径	$d \geqslant 300$	±1.5
	$300 < d \leqslant 500$	±2.5
	$500 < d \leqslant 800$	±3.5
	$d > 800$	±4

续表

项目		允许偏差
圆度	$d \geqslant 300$	±1.5
	$300 < d \leqslant 500$	±2.5
	$500 < d \leqslant 800$	±3.5
	$d > 800$	±4
壁厚减薄量	$t \leqslant 10$	$\leqslant 0.18t$ 且不大于 1.5
	$10 < t \leqslant 16$	$\leqslant 0.15t$ 且不大于 2.0
	$16 < t \leqslant 22$	$\leqslant 0.12t$ 且不大于 2.5
	$22 < t \leqslant 45$	$\leqslant 0.11t$ 且不大于 3.5
	$t > 45$	$\leqslant 0.08t$ 且不大于 4.0
对口错边量	$t \leqslant 20$	$\leqslant 0.10t$ 且不大于 1.0
	$20 < t \leqslant 40$	2.0
	$t > 40$	3.0
焊缝余高		0～1.5

注：d 为焊接空心球的外径；t 为焊接空心球的壁厚。

必知要点 78：构件组装及加工

1. 一般规定

① 构件组装前，组装人员应熟悉施工详图、组装工艺及有关技术文件的要求，检查组装用的零部件的材质、规格、外观、尺寸、数量等均符合设计要求。

② 组装焊接处的连接接触面及沿边缘 30～50mm 范围内的铁锈、毛刺、污垢等应在组装前清除干净。

③ 板材、型材的拼接应在构件组装前进行；构件的组装应在部件组装、焊接、校正并经检验合格后进行。

④ 构件组装应根据设计要求、构件形式、连接方式、焊接方法和焊接顺序等确定合理的组装顺序。

⑤ 构件的隐蔽部位应在焊接和涂装检查合格后封闭，完全封

闭的构件内表面可不涂装。

⑥ 构件应在组装完成并经检验合格后再进行焊接。

⑦ 焊接完成后的构件应根据设计和工艺文件要求进行端面加工。

⑧ 构件组装的尺寸偏差，应符合设计文件和现行国家标准《钢结构工程施工质量验收规范》（GB 50205—2001）的有关规定。

2. 部件拼接

① 焊接 H 形钢的翼缘板拼接缝和腹板拼接缝的间距，不宜小于 200mm。翼缘板拼接长度不应小于 600mm；腹板拼接宽度不应小于 300mm，长度不应小于 600mm。

② 箱形构件的侧板拼接长度不应小于 600mm，相邻两侧板拼接缝的间距不宜小于 200mm；侧板在宽度方向不宜拼接，当宽度超过 2400mm 确需拼接时，最小拼接宽度不宜小于板宽的 1/4。

③ 设计无特殊要求时，用于次要构件的热轧型钢可采用直口全熔透焊接拼接，其拼接长度不应小于 600mm。

④ 钢管接长时每个节间宜为一个接头，最短接长长度应符合下列规定：

a. 当钢管直径 $d \leqslant 500$mm 时，不应小于 500mm；

b. 当钢管直径 $500\text{mm} < d \leqslant 1000$mm，不应小于直径 d；

c. 当钢管直径 $d > 1000$mm 时，不应小于 1000mm；

d. 当钢管采用卷制方式加工成型时，可有若干个接头，但最短接长长度应符合 a.～c. 的要求。

⑤ 钢管接长时，相邻管节或管段的纵向焊缝应错开，错开的最小距离（沿弧长方向）不应小于钢管壁厚的 5 倍，且不应小于 200mm。

⑥ 部件拼接焊缝应符合设计文件的要求，当设计无要求时，应采用全熔透等强对接焊缝。

3. 构件组装

① 构件组装宜在组装平台、组装支承架或专用设备上进行，

组装平台及组装支承架应有足够的强度和刚度，并应便于构件的装卸、定位。在组装平台或组装支承架上宜画出构件的中心线、端面位置线、轮廓线和标高线等基准线。

② 构件组装可采用地样法、仿形复制装配法、胎模装配法和专用设备装配法等方法；组装时可采用立装、卧装等方式。

③ 构件组装间隙应符合设计和工艺文件要求，当设计和工艺文件无规定时，组装间隙不宜大于2.0mm。

④ 焊接构件组装时应预设焊接收缩量，并应对各部件进行合理的焊接收缩量分配。重要或复杂构件宜通过工艺性试验确定焊接收缩量。

⑤ 设计要求起拱的构件，应在组装时按规定的起拱值进行起拱，起拱允许偏差为起拱值的0～10%，且不应大于10mm。设计未要求但施工工艺要求起拱的构件，起拱允许偏差不应大于起拱值的±10%，且不应大于±10mm。

⑥ 桁架结构组装时，杆件轴线交点偏移不应大于3mm。

⑦ 吊车梁和吊车桁架组装、焊接完成后不应允许下挠。吊车梁的下翼缘和重要受力构件的受拉面不得焊接工装夹具、临时定位板、临时连接板等。

⑧ 拆除临时工装夹具、临时定位板、临时连接板等，严禁用锤击落，应在距离构件表面3～5mm处采用气割切除，对残留的焊疤应打磨平整，且不得损伤母材。

⑨ 构件端部铣平后顶紧接触面应有75%以上的面积密贴，应用0.3mm的塞尺检查，其塞入面积应小于25%，边缘最大间隙不应大于0.8mm。

4. 构件端部加工

① 构件端部加工应在构件组装、焊接完成并经检验合格后进行。构件的端面铣平加工可用端铣床加工。

② 构件的端部铣平加工应符合下列规定：

a. 应根据工艺要求预先确定端部铣削量，铣削量不宜小于 5mm；

b. 应按设计文件及现行国家标准《钢结构工程施工质量验收规范》（GB 50205—2001）的有关规定，控制铣平面的平面度和垂直度。

5. 构件矫正

① 构件外形矫正宜采取先总体后局部、先主要后次要、先下部后上部的顺序。

② 构件外形矫正可采用冷矫正和热矫正。当设计有要求时，矫正方法和矫正温度应符合设计文件要求；当设计文件无要求时，矫正方法和矫正温度应符合“必知要点 75：矫正和成型”的规定。

必知要点 79：钢结构预拼装

1. 一般规定

① 预拼装前，单个构件应检查合格；当同一类型构件较多时，可选择一定数量的代表性构件进行预拼装。

② 构件可采用整体预拼装或累积连续预拼装。当采用累积连续预拼装时，两相邻单元连接的构件应分别参与两个单元的预拼装。

③ 除有特殊规定外，构件预拼装应按设计文件和现行国家标准《钢结构工程施工质量验收规范》（GB 50205—2001）的有关规定进行验收。预拼装验收时，应避开日照的影响。

2. 实体预拼装

① 预拼装场地应平整、坚实；预拼装所用的临时支承架、支承凳或平台应经测量准确定位，并应符合工艺文件要求。重型构件预拼装所用的临时支承结构应进行结构安全验算。

② 预拼装单元可根据场地条件、起重设备等选择合适的几何形态进行预拼装。

③ 构件应在自由状态下进行预拼装。

④ 构件预拼装应按设计图的控制尺寸定位，对有预起拱、焊

接收缩等的预拼装构件，应按预起拱值或收缩量的大小对尺寸定位进行调整。

⑤ 采用螺栓连接的节点连接件，必要时可在预拼装定位后进行钻孔。

⑥ 当多层板叠采用高强度螺栓或普通螺栓连接时，宜先使用不少于螺栓孔总数10%的冲钉定位，再采用临时螺栓紧固。临时螺栓在一组孔内不得少于螺栓孔数量的20%，且不应少于2个；预拼装时应使板层密贴。螺栓孔应采用试孔器进行检查，并应符合下列规定：

a. 当采用比孔公称直径小1.0mm的试孔器检查时，每组孔的通过率不应小于85%；

b. 当采用比螺栓公称直径大0.3mm的试孔器检查时，通过率应为100%。

⑦ 预拼装检查合格后，宜在构件上标注中心线、控制基准线等标记，必要时可设置定位器。

3. 计算机辅助模拟预拼装

① 构件除可采用实体预拼装外，还可采用计算机辅助模拟预拼装方法，模拟构件或单元的外形尺寸应与实物几何尺寸相同。

② 当采用计算机辅助模拟预拼装的偏差超过现行国家标准《钢结构工程施工质量验收规范》（GB 50205—2001）的有关规定时，应按2.的要求进行实体预拼装。

必知要点80：钢结构安装

1. 起重设备和吊具

① 钢结构安装宜采用塔式起重机、履带吊、汽车吊等定型产品。选用非定型产品作为起重设备时，应编制专项方案，并应经评审后再组织实施。

② 起重设备应根据起重设备性能、结构特点、现场环境、作业效率等因素综合确定。

③ 起重设备需要附着或支承在结构上时，应得到设计单位的同意，并应进行结构安全验算。

④ 钢结构吊装作业必须在起重设备的额定起重量范围内进行。

⑤ 钢结构吊装不宜采用抬吊。当构件重量超过单台起重设备的额定起重量范围时，构件可采用抬吊的方式吊装。采用抬吊方式时，应符合下列规定。

a. 起重设备应进行合理的负荷分配，构件重量不得超过两台起重设备额定起重量总和的75%，单台起重设备的负荷量不得超过额定起重量的80%。

b. 吊装作业应进行安全验算并采取相应的安全措施，应有经批准的抬吊作业专项方案。

c. 吊装操作时应保持两台起重设备升降和移动同步，两台起重设备的吊钩、滑车组均应基本保持垂直状态。

⑥ 用于吊装的钢丝绳、吊装带、卸扣、吊钩等吊具应经检查合格，并应在其额定许用荷载范围内使用。

2. 基础、支承面和预埋件

① 钢结构安装前应对建筑物的定位轴线、基础轴线和标高、地脚螺栓位置等进行检查，并应办理交接验收。当基础工程分批进行交接时，每次交接验收不应少于一个安装单元的柱基基础，并应符合下列规定：

a. 基础混凝土强度应达到设计要求；

b. 基础周围回填夯实应完毕；

c. 基础的轴线标志和标高基准点应准确、齐全。

② 基础顶面直接作为柱的支承面、基础顶面预埋钢板（或支座）作为柱的支承面时，其支承面、地脚螺栓（锚栓）的允许偏差应符合表5-21的规定。

表 5-21 支承面、地脚螺栓（锚栓）的允许偏差

单位：mm

<table>
<tr><th colspan="2">项目</th><th>允许偏差</th></tr>
<tr><td rowspan="2">支承面</td><td>标高</td><td>±3.0</td></tr>
<tr><td>水平度</td><td>1/1000</td></tr>
<tr><td rowspan="3">地脚螺栓(锚栓)</td><td>螺栓中心偏移</td><td>5.0</td></tr>
<tr><td>螺栓露出长度</td><td>+30.0
0</td></tr>
<tr><td>螺纹长度</td><td>+30.0
0</td></tr>
<tr><td colspan="2">预留孔中心偏移</td><td>10.0</td></tr>
</table>

③ 钢柱脚采用钢垫板作支承时，应符合下列规定。

a. 钢垫板面积应根据混凝土抗压强度、柱脚底板承受的荷载和地脚螺栓（锚栓）的紧固拉力计算确定。

b. 垫板应设置在靠近地脚螺栓（锚栓）的柱脚底板加劲板或柱肢下，每根地脚螺栓（锚栓）侧应设 1～2 组垫板，每组垫板不得多于 5 块。

c. 垫板与基础面和柱底面的接触应平整、紧密；当采用成对斜垫板时，其叠合长度不应小于垫板长度的 2/3。

d. 柱底二次浇灌混凝土前垫板间应焊接固定。

④ 锚栓及预埋件安装应符合下列规定。

a. 宜采取锚栓定位支架、定位板等辅助固定措施。

b. 锚栓和预埋件安装到位后，应可靠固定；当锚栓埋设精度较高时，可采用预留孔洞、二次埋设等工艺。

c. 锚栓应采取防止损坏、锈蚀和污染的保护措施。

d. 钢柱地脚螺栓紧固后，外露部分应采取防止螺母松动和锈蚀的措施。

e. 当锚栓需要施加预应力时，可采用后张拉方法，张拉力应符合设计文件的要求，并应在张拉完成后进行灌浆处理。

3. 构件安装

① 钢柱安装应符合下列规定。

a. 柱脚安装时，锚栓宜使用导入器或护套。

b. 首节钢柱安装后应及时进行垂直度、标高和轴线位置校正，钢柱的垂直度可采用经纬仪或线锤测量；校正合格后钢柱应可靠固定，并应进行柱底二次灌浆，灌浆前应清除柱底板与基础面间杂物。

c. 首节以上的钢柱定位轴线应从地面控制轴线直接引上，不得从下层柱的轴线引上；钢柱校正垂直度时，应确定钢梁接头焊接的收缩量，并应预留焊缝收缩变形值。

d. 倾斜钢柱可采用三维坐标测量法进行测校，也可采用柱顶投影点结合标高进行测校，校正合格后宜采用刚性支撑固定。

② 钢梁安装应符合下列规定。

a. 钢梁宜采用两点起吊；当单根钢梁长度大于21m，采用两点吊装不能满足构件强度和变形要求时，宜设置3～4个吊装点吊装或采用平衡梁吊装，吊点位置应通过计算确定。

b. 钢梁可采用一机一吊或一机串吊的方式吊装，就位后应立即临时固定连接。

c. 钢梁面的标高及两端高差可采用水准仪与标尺进行测量，校正完成后应进行永久性连接。

③ 支撑安装应符合下列规定：

a. 交叉支撑宜按从下到上的顺序组合吊装；

b. 无特殊规定时，支撑构件的校正宜在相邻结构校正固定后进行；

c. 屈曲约束支撑应按设计文件和产品说明书的要求进行安装。

④ 桁架（屋架）安装应在钢柱校正合格后进行，并应符合下列规定：

a. 钢桁架（屋架）可采用整榀或分段安装；

b. 钢桁架（屋架）应在起扳和吊装过程中防止产生变形；

c. 单榀钢桁架（屋架）安装时应采用缆绳或刚性支撑增加侧向临时约束。

⑤ 钢板剪力墙安装应符合下列规定：

a. 钢板剪力墙吊装时应采取防止平面外的变形措施；

b. 钢板剪力墙的安装时间和顺序应符合设计文件要求。

⑥ 关节轴承节点安装应符合下列规定：

a. 关节轴承节点应采用专门的工装进行吊装和安装；

b. 轴承总成不宜解体安装，就位后应采取临时固定措施；

c. 连接销轴与孔装配时应密贴接触，宜采用锥形孔、轴，应采用专用工具顶紧安装；

d. 安装完毕后应做好成品保护。

⑦ 钢铸件或铸钢节点安装应符合下列规定：

a. 出厂时应标识清晰的安装基准标记；

b. 现场焊接应严格按焊接工艺专项方案施焊和检验。

⑧ 由多个构件在地面组拼的重型组合构件吊装时，吊点位置和数量应经计算确定。

⑨ 后安装构件应根据设计文件或吊装工况的要求进行安装，其加工长度宜根据现场实际测量确定；当后安装构件与已完成结构采用焊接连接时，应采取减少焊接变形和焊接残余应力措施。

4. 单层钢结构

① 单跨结构宜从跨端一侧向另一侧、中间向两端或两端向中间的顺序进行吊装。多跨结构，宜先吊主跨、后吊副跨；当有多台起重设备共同作业时，也可多跨同时吊装。

② 单层钢结构在安装过程中，应及时安装临时柱间支撑或稳定缆绳，应在形成空间结构稳定体系后再扩展安装。单层钢结构安装过程中形成的临时空间结构稳定体系应能承受结构自重、风荷载、雪荷载、施工荷载以及吊装过程中冲击荷载的作用。

5. 多层、高层钢结构

① 多层及高层钢结构宜划分多个流水作业段进行安装，流水

段宜以每节框架为单位。流水段划分应符合下列规定。

a. 流水段内的最重构件应在起重设备的起重能力范围内。

b. 起重设备的爬升高度应满足下节流水段内构件的起吊高度。

c. 每节流水段内的柱长度应根据工厂加工、运输堆放、现场吊装等因素确定，长度宜取2～3个楼层高度，分节位置宜在梁顶标高以上1.0～1.3m处。

d. 流水段的划分应与混凝土结构施工相适应。

e. 每节流水段可根据结构特点和现场条件在平面上划分流水区进行施工。

② 流水作业段内的构件吊装宜符合下列规定。

a. 吊装可采用整个流水段内先柱后梁、或局部先柱后梁的顺序；单柱不得长时间处于悬臂状态。

b. 钢楼板及压型金属板安装应与构件吊装进度同步。

c. 特殊流水作业段内的吊装顺序应按安装工艺确定，并应符合设计文件的要求。

③ 多层及高层钢结构安装校正应依据基准柱进行，并应符合下列规定。

a. 基准柱应能够控制建筑物的平面尺寸并便于其他柱的校正，宜选择角柱为基准柱。

b. 钢柱校正宜采用合适的测量仪器和校正工具。

c. 基准柱应校正完毕后，再对其他柱进行校正。

④ 多层及高层钢结构安装时，楼层标高可采用相对标高或设计标高进行控制，并应符合下列规定。

a. 当采用设计标高控制时，应以每节柱为单位进行柱标高调整，并应使每节柱的标高符合设计的要求。

b. 建筑物总高度的允许偏差和同一层内各节柱的柱顶高度差，应符合现行国家标准《钢结构工程施工质量验收规范》（GB 50205—2001）的有关规定。

⑤ 同一流水作业段、同一安装高度的一节柱，当各柱的全部

构件安装、校正、连接完毕并验收合格后，应再从地面引放上一节柱的定位轴线。

⑥ 高层钢结构安装时应分析竖向压缩变形对结构的影响，并应根据结构特点和影响程度采取预调安装标高、设置后连接构件等相应措施。

6. 大跨度空间钢结构

① 大跨度空间钢结构可根据结构特点和现场施工条件，采用高空散装法、分条分块吊装法、滑移法、单元或整体提升（顶升）法、整体吊装法、折叠展开式整体提升法、高空悬拼安装法等安装方法。

② 空间结构吊装单元的划分应根据结构特点、运输方式、起重设备性能、安装场地条件等因素确定。

③ 索（预应力）结构施工应符合下列规定。

a. 施工前应对钢索、锚具及零配件的出厂报告、产品质量保证书、检测报告，以及索体长度、直径、品种、规格、色泽、数量等进行验收，并应验收合格后再进行预应力施工。

b. 索（预应力）结构施工张拉前，应进行全过程施工阶段结构分析，并应以分析结果为依据确定张拉顺序，编制索（预应力）施工专项方案。

c. 索（预应力）结构施工张拉前，应进行钢结构分项验收，验收合格后方可进行预应力张拉施工。

d. 索（预应力）张拉应符合分阶段、分级、对称、缓慢匀速、同步加载的原则，并应根据结构和材料特点确定超张拉的要求。

e. 索（预应力）结构宜进行索力和结构变形监测，并应形成监测报告。

④ 大跨度空间钢结构施工应分析环境温度变化对结构的影响。

7. 高耸钢结构

① 高耸钢结构可采用高空散件（单元）法、整体起扳法和整体提升（顶升）法等安装方法。

② 高耸钢结构采用整体起扳法安装时，提升吊点的数量和位置应通过计算确定，并应对整体起扳过程中结构不同施工倾斜角度或倾斜状态进行结构安全验算。

③ 高耸钢结构安装的标高和轴线基准点向上传递时，应对风荷载、环境温度和日照等对结构变形的影响进行分析。

必知要点81：压型金属板

① 压型金属板安装前，应绘制各楼层压型金属板铺设的排板图；图中应包含压型金属板的规格、尺寸和数量，与主体结构的支承构造和连接详图，以及封边挡板等内容。

② 压型金属板安装前，应在支承结构上标出压型金属板的位置线。铺放时，相邻压型金属板端部的波形槽口应对准。

③ 压型金属板应采用专用吊具装卸和转运，严禁直接采用钢丝绳绑扎吊装。

④ 压型金属板与主体结构（钢梁）的锚固支承长度应符合设计要求，且应不小于50mm；端部锚固可采用点焊、贴角焊或射钉连接，设置位置应符合设计要求。

⑤ 转运至楼面的压型金属板应当天安装和连接完毕，当有剩余时应固定在钢梁上或转移到地面堆场。

⑥ 支承压型金属板的钢梁表面应保持清洁，压型金属板与钢梁顶面的间隙应控制在1mm以内。

⑦ 安装边模封口板时，应与压型金属板波距对齐，偏差应不大于3mm。

⑧ 压型金属板安装应平整、顺直，板面不得有施工残留物和污物。

⑨ 压型金属板需预留设备孔洞时，应在混凝土浇筑完毕后使用等离子切割或空心钻开孔，不得采用火焰切割。

⑩ 设计文件要求在施工阶段设置临时支承时，应在混凝土浇筑前设置临时支承，待浇筑的混凝土强度达到规定强度后方可拆

除。混凝土浇筑时应避免在压型金属板上集中堆载。

必知要点82：涂装

1. 一般规定

① 钢结构防腐涂装施工宜在构件组装和预拼装工程检验批的施工质量验收合格后进行。涂装完毕后，宜在构件上标注构件编号；大型构件应标明重量、重心位置和定位标记。

② 钢结构防火涂料涂装施工应在钢结构安装工程和防腐涂装工程检验批施工质量验收合格后进行。当设计文件规定构件可不进行防腐涂装时，安装验收合格后可直接进行防火涂料涂装施工。

③ 钢结构防腐涂装工程和防火涂装工程的施工工艺和技术应符合现行国家标准《钢结构工程施工规范》（GB 50755—2012）、设计文件、涂装产品说明书和国家现行有关产品标准的规定。

④ 防腐涂装施工前，钢材应按现行国家标准《钢结构工程施工规范》（GB 50755—2012）和设计文件要求进行表面处理。当设计文件未提出要求时，可根据涂料产品对钢材表面的要求，采用适当的处理方法。

⑤ 油漆类防腐涂料涂装工程和防火涂料涂装工程，应按现行国家标准《钢结构工程施工质量验收规范》（GB 50205—2001）的有关规定进行质量验收。

⑥ 金属热喷涂防腐和热浸镀锌防腐工程，可按现行国家标准《热喷涂　金属和其他无机覆盖层　锌、铝及其合金》（GB/T 9793—2012）和《热喷涂金属件表面预处理通则》（GB/T 11373—1989）等有关规定进行质量验收。

⑦ 构件表面的涂装系统应相互兼容。

⑧ 涂装施工时，应采取相应的环境保护和劳动保护措施。

2. 表面处理

① 构件采用涂料防腐涂装时，表面除锈等级可按设计文件及现行国家标准《涂覆涂料前钢材表面处理　表面清洁度的目视评

定　第1部分：未涂覆过的钢材表面和全面清除原有涂层后的钢材表面的锈蚀等级和处理等级》（GB/T 8923.1—2011）的有关规定，采用机械除锈和手工除锈方法进行处理。

② 构件的表面粗糙度可根据不同底涂层和除锈等级按表5-22进行选择，并应按现行国家标准《涂覆涂料前钢材表面处理　喷射清理后的钢材表面粗糙度特性　第2部分：磨料喷射清理后钢材表面粗糙度等级的测定方法　比较样块法》（GB/T 13288.2—2011）的有关规定执行。

表5-22　构件的表面粗糙度

钢材底涂层	除锈等级	表面粗糙度 $Ra/\mu m$
热喷锌/铝	Sa3级	60～100
无机富锌	Sa2 $\frac{1}{2}$～Sa3级	50～80
环氧富锌	Sa2 $\frac{1}{2}$级	30～75
不便喷砂的部位	St3级	

③ 经处理的钢材表面不应有焊渣、焊疤、灰尘、油污、水和毛刺等；对于镀锌构件，酸洗除锈后，钢材表面应露出金属色泽，并应无污渍、锈迹和残留酸液。

3. 油漆防腐涂装

① 油漆防腐涂装可采用涂刷法、手工滚涂法、空气喷涂法和高压无气喷涂法。

② 钢结构涂装时的环境温度和相对湿度，除应符合涂料产品说明书的要求外，还应符合下列规定：

a. 当产品说明书对涂装环境温度和相对湿度未作规定时，环境温度宜为5～38℃，相对湿度不应大于85%，钢材表面温度应高于露点温度3℃，且钢材表面温度不应超过40℃。

b. 被施工物体表面不得有凝露。

c. 遇雨、雾、雪、强风天气时应停止露天涂装，应避免在强烈阳光照射下施工。

d. 涂装后 4h 内应采取保护措施，避免淋雨和沙尘侵袭。

e. 风力超过 5 级时，室外不宜喷涂作业。

③ 涂料调制应搅拌均匀，应随拌随用，不得随意添加稀释剂。

④ 不同涂层间施工应有适当的重涂间隔时间，最大及最小重涂间隔时间应符合涂料产品说明书的规定，应超过最小重涂间隔再施工，超过最大重涂间隔时应按涂料说明书的指导进行施工。

⑤ 表面除锈处理与涂装的间隔时间宜在 4h 之内，在车间内作业或湿度较低的晴天不应超过 12h。

⑥ 工地焊接部位的焊缝两侧宜留出暂不涂装的区域，应符合表 5-23 的规定，焊缝及焊缝两侧也可涂装不影响焊接质量的防腐涂料。

表 5-23　焊缝暂不涂装的区域　　单位：mm

图示	钢板厚度 t	暂不涂装的区域宽度 b
(图：b, t, b)	$t<50$	50
	$50\leq t\leq 90$	70
	$t>90$	100

⑦ 构件油漆补涂应符合下列规定。

a. 表面涂有工厂底漆的构件，因焊接、火焰校正、曝晒和擦伤等造成重新锈蚀或附有白锌盐时，应经表面处理后再按原涂装规定进行补漆。

b. 运输、安装过程的涂层碰损、焊接烧伤等应根据原涂装规定进行补涂。

4. 金属热喷涂

① 钢结构金属热喷涂方法可采用气喷涂或电喷涂，并应按现行国家标准《热喷涂　金属和其他无机覆盖层　锌、铝及其合金》

(GB/T 9793—2012）的有关规定执行。

② 钢结构表面处理与热喷涂施工的间隔时间，晴天或湿度不大的气候条件下应在12h以内，雨天、潮湿、有盐雾的气候条件下不应超过2h。

③ 金属热喷涂施工应符合下列规定。

a. 采用的压缩空气应干燥、洁净。

b. 喷枪与表面宜成直角，喷枪的移动速度应均匀，各喷涂层之间的喷枪方向应相互垂直、交叉覆盖。

c. 一次喷涂厚度宜为25～80μm，同一层内各喷涂带间应有1/3的重叠宽度。

d. 当大气温度低于5℃或钢结构表面温度低于露点3℃时，应停止热喷涂操作。

④ 金属热喷涂层的封闭剂或首道封闭油漆施工宜采用涂刷方式施工，施工工艺要求应符合3. 的规定。

5. 热浸镀锌防腐

① 构件表面单位面积的热浸镀锌质量应符合设计文件规定的要求。

② 构件热浸镀锌应符合现行国家标准《金属覆盖层　钢铁制件热浸镀锌层　技术要求及试验方法》(GB/T 13912—2002）的有关规定，并应采取防止热变形的措施。

③ 热浸镀锌造成构件的弯曲或扭曲变形，应采取延压、滚轧或千斤顶等机械方式进行矫正。矫正时，宜采取垫木方等措施，不得采用加热矫正。

6. 防火涂装

① 防火涂料涂装前，钢材表面除锈及防腐涂装应符合设计文件和国家现行有关标准的规定。

② 基层表面应无油污、灰尘和泥沙等污垢，且防锈层应完整、底漆无漏刷。构件连接处的缝隙应采用防火涂料或其他防火材料填平。

③ 选用的防火涂料应符合设计文件和国家现行有关标准的规定，具有抗冲击能力和黏结强度，不应腐蚀钢材。

④ 防火涂料可按产品说明书要求在现场进行搅拌或调配。当天配置的涂料应在产品说明书规定的时间内用完。

⑤ 厚涂型防火涂料，属于下列情况之一时，宜在涂层内设置与构件相连的钢丝网或其他相应的措施。

a. 承受冲击、振动荷载的钢梁。

b. 涂层厚度大于或等于 40mm 的钢梁和桁架。

c. 涂料黏结强度小于或等于 0.05MPa 的构件。

d. 钢板墙和腹板高度超过 1.5m 的钢梁。

⑥ 防火涂料施工可采用喷涂、抹涂或滚涂等方法。

⑦ 防火涂料涂装施工应分层施工，应在上层涂层干燥或固化后，再进行下道涂层施工。

⑧ 厚涂型防火涂料有下列情况之一时，应重新喷涂或补涂。

a. 涂层干燥固化不良，黏结不牢或粉化、脱落。

b. 钢结构接头和转角处的涂层有明显凹陷。

c. 涂层厚度小于设计规定厚度的 85%。

d. 涂层厚度未达到设计规定厚度，且涂层连续长度超过 1m。

⑨ 薄涂型防火涂料面层涂装施工应符合下列规定。

a. 面层应在底层涂装干燥后开始涂装。

b. 面层涂装应颜色均匀、一致，接槎应平整。

第6章 防水与屋面工程

必知要点 83: 防水混凝土

① 防水混凝土施工前应做好降、排水工作，不得在有积水的环境中浇筑混凝土。

② 防水混凝土的配合比应符合下列规定。

a. 胶凝材料用量应根据混凝土的抗渗等级和强度等级等选用，其总用量不宜小于 $320kg/m^3$；当强度要求较高或地下水有腐蚀性时，胶凝材料用量可通过试验调整。

b. 在满足混凝土抗渗等级、强度等级和耐久性条件下，水泥用量不宜小于 $260kg/m^3$。

c. 砂率宜为 35%～40%，泵送时可增至 45%。

d. 灰砂比宜为 1∶1.5～1∶2.5。

e. 水胶比不得大于 0.50，有侵蚀性介质时水胶比不宜大于 0.45。

f. 防水混凝土采用预拌混凝土时，入泵坍落度宜控制在 120～160mm，坍落度每小时损失值不应大于 20mm，坍落度总损失值不应大于 40mm。

g. 掺加引气剂或引气型减水剂时，混凝土含气量应控制在

3%～5%。

h. 预拌混凝土的初凝时间宜为6～8h。

③ 防水混凝土配料应按配合比准确称量，其计量允许偏差应符合表6-1的规定。

表6-1 防水混凝土配料计量允许偏差

混凝土组成材料	每盘计量/%	累计计量/%
水泥、掺合料	±2	±1
粗、细骨料	±3	±2
水、外加剂	±2	±1

注：累计计量仅适用于微机控制计量的搅拌站。

④ 使用减水剂时，减水剂宜配制成一定浓度的溶液。

⑤ 防水混凝土应分层连续浇筑，分层厚度不得大于500mm。

⑥ 用于防水混凝土的模板应拼缝严密、支撑牢固。

⑦ 防水混凝土拌合物应采用机械搅拌，搅拌时间不宜小于2min。掺外加剂时，搅拌时间应根据外加剂的技术要求确定。

⑧ 防水混凝土拌合物在运输后如出现离析，必须进行二次搅拌。当坍落度损失后不能满足施工要求时，应加入原水胶比的水泥浆或掺加同品种的减水剂进行搅拌，严禁直接加水。

⑨ 防水混凝土应采用机械振捣，避免漏振、欠振和超振。

⑩ 防水混凝土应连续浇筑，宜少留施工缝。当留设施工缝时，应符合下列规定。

a. 墙体水平施工缝不应留在剪力最大处或底板与侧墙的交接处，应留在高出底板表面不小于300mm的墙体上。拱（板）墙结合的水平施工缝，宜留在拱（板）墙接缝线以下150～300mm处。墙体有预留孔洞时，施工缝距孔洞边缘不应小于300mm。

b. 垂直施工缝应避开地下水和裂隙水较多的地段，并宜与变形缝相结合。

⑪ 施工缝防水构造形式宜按图6-1～图6-4选用，当采用两种

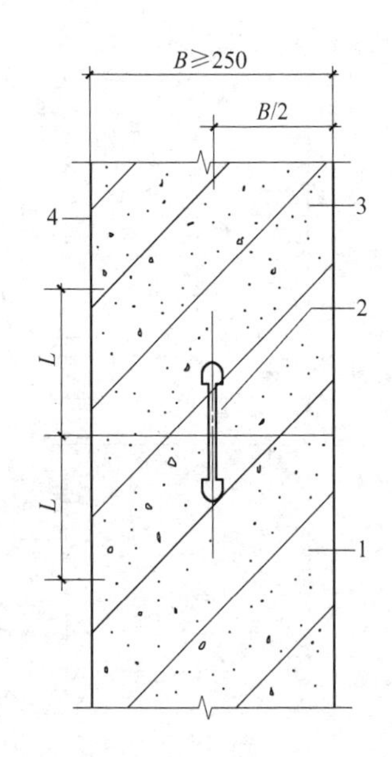

图 6-1 施工缝防水构造（一）

钢板止水带 $L \geqslant 150$；橡胶止水带 $L \geqslant 200$；钢边橡胶止水带 $L \geqslant 120$

1—先浇混凝土；2—中埋止水带；3—后浇混凝土；4—结构迎水面

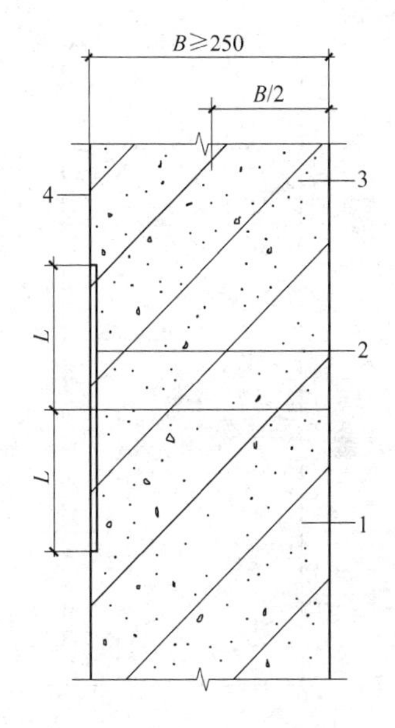

图 6-2 施工缝防水构造（二）

外贴止水带 $L \geqslant 150$；外涂防水涂料 $L=200$；外抹防水砂浆 $L=200$

1—先浇混凝土；2—外贴止水带；3—后浇混凝土；4—结构迎水面

以上构造措施时可进行有效组合。

⑫ 施工缝的施工应符合下列规定。

a. 水平施工缝浇筑混凝土前，应将其表面浮浆和杂物清除，然后铺设净浆或涂刷混凝土界面处理剂、水泥基渗透结晶型防水涂料等材料，再铺 30～50mm 厚的 1∶1 水泥砂浆，并应及时浇筑混凝土。

b. 垂直施工缝浇筑混凝土前，应将其表面清理干净，再涂刷混凝土界面处理剂或水泥基渗透结晶型防水涂料，并应及时浇筑混凝土。

c. 遇水膨胀止水条（胶）应与接触表面密贴。

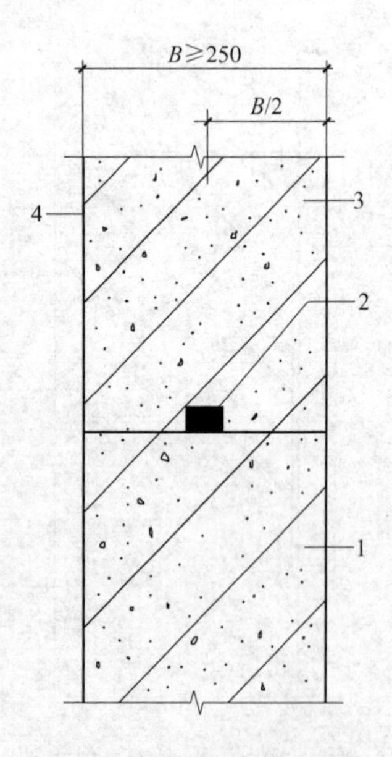

图 6-3　施工缝防水构造（三）

1—先浇混凝土；2—遇水膨胀止水条（胶）；3—后浇混凝土；4—结构迎水面

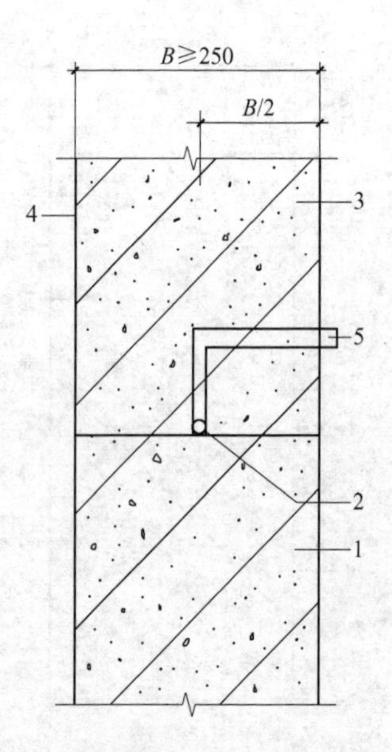

图 6-4　施工缝防水构造（四）

1—先浇混凝土；2—预埋注浆管；3—后浇混凝土；4—结构迎水面；5—注浆导管

d. 选用的遇水膨胀止水条（胶）应具有缓胀性能，7d 的净膨胀率不宜大于最终膨胀率的 60%，最终膨胀率宜大于 220%。

e. 采用中埋式止水带或预埋式注浆管时，应定位准确、固定牢靠。

⑬ 大体积防水混凝土的施工应符合下列规定。

a. 在设计许可的情况下，掺粉煤灰混凝土设计强度等级的龄期宜为 60d 或 90d。

b. 宜选用水化热低和凝结时间长的水泥。

c. 宜掺入减水剂、缓凝剂等外加剂和粉煤灰、磨细矿渣粉等掺合料。

d. 炎热季节施工时，应采取降低原材料温度、减少混凝土运输时吸收外界热量等降温措施，入模温度不应大于30℃。

e. 混凝土内部预埋管道宜进行水冷散热。

f. 应采取保温保湿养护。混凝土中心温度与表面温度的差值不应大于25℃，表面温度与大气温度的差值不应大于20℃，温降梯度不得大于3℃/d，养护时间不应少于14d。

⑭ 防水混凝土结构内部设置的各种钢筋或绑扎铁丝，不得接触模板。用于固定模板的螺栓必须穿过混凝土结构时，可采用工具式螺栓或螺栓加堵头，螺栓上应加焊方形止水环。拆模后应将留下的凹槽用密封材料封堵密实，并应用聚合物水泥砂浆抹平(图6-5)。

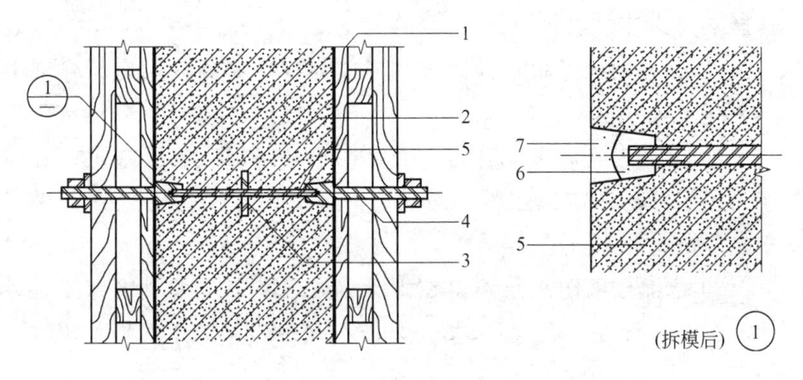

图6-5　固定模板用螺栓的防水构造

1—模板；2—结构混凝土；3—止水环；4—工具式螺栓；5—固定模板用螺栓；6—密封材料；7—聚合物水泥砂浆

⑮ 防水混凝土终凝后应立即进行养护，养护时间不得少于14d。

⑯ 防水混凝土的冬期施工应符合下列规定。

a. 混凝土入模温度不应低于5℃。

b. 混凝土养护应采用综合蓄热法、蓄热法、暖棚法、掺化学外加剂等方法，不得采用电热法或蒸气直接加热法。

c. 应采取保湿保温措施。

必知要点84: 水泥砂浆防水层

① 基层表面应平整、坚实、清洁，并应充分湿润、无明水。

② 基层表面的孔洞、缝隙应采用与防水层相同的防水砂浆堵塞并抹平。

③ 施工前应将预埋件、穿墙管预留凹槽内嵌填密封材料后，再施工水泥砂浆防水层。

④ 防水砂浆的配合比和施工方法应符合所掺材料的规定，其中聚合物水泥防水砂浆的用水量应包括乳液中的含水量。

⑤ 水泥砂浆防水层应分层铺抹或喷射，铺抹时应压实、抹平，最后一层表面应提浆压光。

⑥ 聚合物水泥防水砂浆拌和后应在规定时间内用完，施工中不得任意加水。

⑦ 水泥砂浆防水层各层应紧密黏合，每层宜连续施工；必须留设施工缝时，应采用阶梯坡形槎，但离阴阳角处的距离不得小于200mm。

⑧ 水泥砂浆防水层不得在雨天、五级及以上大风中施工。冬期施工时，气温不应低于5℃。夏季不宜在30℃以上的烈日照射下施工。

⑨ 水泥砂浆防水层终凝后，应及时进行养护，养护温度不宜低于5℃，并应保持砂浆表面湿润，养护时间不得少于14d。

聚合物水泥防水砂浆未达到硬化状态时，不得浇水养护或直接受雨水冲刷，硬化后应采用干湿交替的养护方法。潮湿环境中，可在自然条件下养护。

必知要点85: 卷材防水层

① 卷材防水层的基面应坚实、平整、清洁，阴阳角处应做圆弧或折角，并应符合所用卷材的施工要求。

② 铺贴卷材严禁在雨天、雪天、五级及以上大风中施工；冷

粘法、自粘法施工的环境气温不宜低于5℃，热熔法、焊接法施工的环境气温不宜低于−10℃。施工过程中下雨或下雪时，应做好已铺卷材的防护工作。

③ 不同品种防水卷材的搭接宽度应符合表6-2的要求。

表6-2 防水卷材搭接宽度

卷材品种	搭接宽度/mm
弹性体改性沥青防水卷材	100
改性沥青聚乙烯胎防水卷材	100
自粘聚合物改性沥青防水卷材	80
三元乙丙橡胶防水卷材	100/60(胶黏剂/胶黏带)
聚氯乙烯防水卷材	60/80(单焊缝/双焊缝)
	100(胶黏剂)
聚乙烯丙纶复合防水卷材	100(黏结料)
高分子自粘胶膜防水卷材	70/80(自粘胶/胶黏带)

④ 防水卷材施工前，基面应干净、干燥，并应涂刷基层处理剂；当基面潮湿时，应涂刷湿固化型胶黏剂或潮湿界面隔离剂。基层处理剂的配制与施工应符合下列要求。

a. 基层处理剂应与卷材及其黏结材料的材性相容。

b. 基层处理剂喷涂或刷涂应均匀一致，不应露底，表面干燥后方可铺贴卷材。

⑤ 铺贴各类防水卷材应符合下列规定。

a. 应铺设卷材加强层。

b. 结构底板垫层混凝土部位的卷材可采用空铺法或点粘法施工，其黏结位置、点粘面积应按设计要求确定；侧墙采用外防外贴法的卷材及顶板部位的卷材应采用满粘法施工。

c. 卷材与基面、卷材与卷材间的黏结应紧密、牢固；铺贴完成的卷材应平整顺直，搭接尺寸应准确，不得产生扭曲和皱折。

d. 卷材搭接处的接头部位应黏结牢固，接缝口应封严或采用材性相容的密封材料封缝。

e. 铺贴立面卷材防水层时，应采取防止卷材下滑的措施。

f. 铺贴双层卷材时，上下两层和相邻两幅卷材的接缝应错开1/3～1/2 幅宽，且两层卷材不得相互垂直铺贴。

⑥ 弹性体改性沥青防水卷材和改性沥青聚乙烯胎防水卷材采用热熔法施工应加热均匀，不得加热不足或烧穿卷材，搭接缝部位应溢出热熔的改性沥青。

⑦ 铺贴自粘聚合物改性沥青防水卷材应符合下列规定。

a. 基层表面应平整、干净、干燥、无尖锐突起物或孔隙。

b. 排除卷材下面的空气，应辊压粘贴牢固，卷材表面不得有扭曲、皱折和起泡现象。

c. 立面卷材铺贴完成后，应将卷材端头固定或嵌入墙体顶部的凹槽内，并应用密封材料封严。

d. 低温施工时，宜对卷材和基面适当加热，然后铺贴卷材。

⑧ 铺贴三元乙丙橡胶防水卷材应采用冷粘法施工，并应符合下列规定。

a. 基底胶黏剂应涂刷均匀，不应露底、堆积。

b. 胶黏剂涂刷与卷材铺贴的间隔时间应根据胶黏剂的性能控制。

c. 铺贴卷材时，应辊压粘贴牢固。

d. 搭接部位的黏合面应清理干净，并应采用接缝专用胶黏剂或胶黏带黏结。

⑨ 铺贴聚氯乙烯防水卷材，接缝采用焊接法施工时，应符合下列规定。

a. 卷材的搭接缝可采用单焊缝或双焊缝。单焊缝搭接宽度应为60mm，有效焊接宽度不应小于30mm；双焊缝搭接宽度应为80mm，中间应留设10～20mm的空腔，有效焊接宽度不宜小于10mm。

b. 焊接缝的结合面应清理干净，焊接应严密。

c. 应先焊长边搭接缝，后焊短边搭接缝。

⑩ 铺贴聚乙烯丙纶复合防水卷材应符合下列规定。

a. 应采用配套的聚合物水泥防水黏结材料。

b. 卷材与基层粘贴应采用满粘法，黏结面积不应小于 90%，刮涂黏结料应均匀，不应露底、堆积。

c. 固化后的黏结料厚度不应小于 1.3mm。

d. 施工完的防水层应及时做保护层。

⑪ 高分子自粘胶膜防水卷材宜采用预铺反粘法施工，并应符合下列规定。

a. 卷材宜单层铺设。

b. 在潮湿基面铺设时，基面应平整坚固、无明显积水。

c. 卷材长边应采用自粘边搭接，短边应采用胶黏带搭接，卷材端部搭接区应相互错开。

d. 立面施工时，在自粘边位置距离卷材边缘 10～20mm 内，应每隔 400～600mm 进行机械固定，并应保证固定位置被卷材完全覆盖。

e. 浇筑结构混凝土时不得损伤防水层。

⑫ 采用外防外贴法铺贴卷材防水层时，应符合下列规定。

a. 应先铺平面，后铺立面，交接处应交叉搭接。

b. 临时性保护墙宜采用石灰砂浆砌筑，内表面宜做找平层。

c. 从底面折向立面的卷材与永久性保护墙的接触部位，应采用空铺法施工；卷材与临时性保护墙或围护结构模板的接触部位，应将卷材临时贴附在该墙上或模板上，并应将板端临时固定。

d. 当不设保护墙时，从底面折向立面的卷材接槎部位应采取可靠的保护措施。

e. 混凝土结构完成，铺贴立面卷材时，应先将接槎部位的各层卷材揭开，并应将其表面清理干净，如卷材有局部损伤，应及时进行修补；卷材接槎的搭接长度，高聚物改性沥青类卷材应为 150mm，合成高分子类卷材应为 100mm；当使用两层卷材时，卷材应错槎接缝，上层卷材应盖过下层卷材。

卷材防水层甩槎、接槎构造如图 6-6 所示。

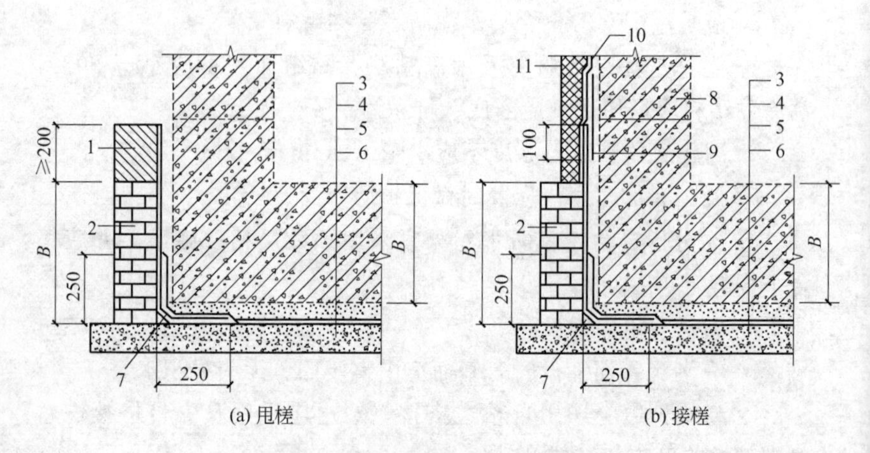

图 6-6　卷材防水层甩槎、接槎构造

1—临时保护墙；2—永久保护墙；3—细石混凝土保护层；4,10—卷材防水层；5—水泥砂浆找平层；6—混凝土垫层；7,9—卷材加强层；8—结构墙体；11—卷材保护层

⑬ 采用外防内贴法铺贴卷材防水层时，应符合下列规定。

a. 混凝土结构的保护墙内表面应抹厚度为 20mm 的 1∶3 水泥砂浆找平层，然后铺贴卷材。

b. 卷材宜先铺立面，后铺平面；铺贴立面时，应先铺转角，后铺大面。

⑭ 卷材防水层经检查合格后，应及时做保护层，保护层应符合下列规定。

a. 顶板卷材防水层上的细石混凝土保护层，应符合下列规定：

Ⅰ. 采用机械碾压回填土时，保护层厚度不宜小于 70mm；

Ⅱ. 采用人工回填土时，保护层厚度不宜小于 50mm；

Ⅲ. 防水层与保护层之间宜设置隔离层。

b. 底板卷材防水层上的细石混凝土保护层厚度不应小于 50mm。

c. 侧墙卷材防水层宜和软质保护材料或铺抹 20mm 厚 1：2.5 水泥砂浆层。

必知要点 86: 涂料防水层

① 无机防水涂料基层表面应干净、平整、无浮浆和明显积水。

② 有机防水涂料基层表面应基本干燥，不应有气孔、凹凸不平、蜂窝麻面等缺陷。涂料施工前，基层阴阳角应做成圆弧形。

③ 涂料防水层严禁在雨天、雾天、五级及以上大风时施工，不得在施工环境温度低于 5℃及高于 35℃或烈日暴晒时施工。涂膜固化前如有降雨可能时，应及时做好已完涂层的保护工作。

④ 防水涂料的配制应按涂料的技术要求进行。

⑤ 防水涂料应分层刷涂或喷涂，涂层应均匀，不得漏刷漏涂；接槎宽度不应小于 100mm。

⑥ 铺贴胎体增强材料时，应使胎体层充分浸透防水涂料，不得有露槎及褶皱。

⑦ 有机防水涂料施工完后应及时做保护层，保护层应符合下列规定：

a. 底板、顶板应采用 20mm 厚 1：2.5 水泥砂浆层和 40～50mm 厚的细石混凝土保护层，防水层与保护层之间宜设置隔离层；

b. 侧墙背水面保护层应采用 20mm 厚 1：2.5 水泥砂浆；

c. 侧墙迎水面保护层宜选用软质保护材料或 20mm 厚 1：2.5 水泥砂浆。

必知要点 87: 塑料防水板防水层

① 塑料防水板防水层的基面应平整、无尖锐突出物；基面平整度 D/L 不应大于 1/6，D 为初期支护基面相邻两凸面间凹进去的深度，L 为初期支护基面相邻两凸面间的距离。

② 铺设塑料防水板前应先铺缓冲层，缓冲层应采用暗钉圈固

定在基面上（图 6-7）。钉距应符合现行国家标准《地下工程防水技术规范》（GB 50108—2008）第 4.5.6 条的规定。

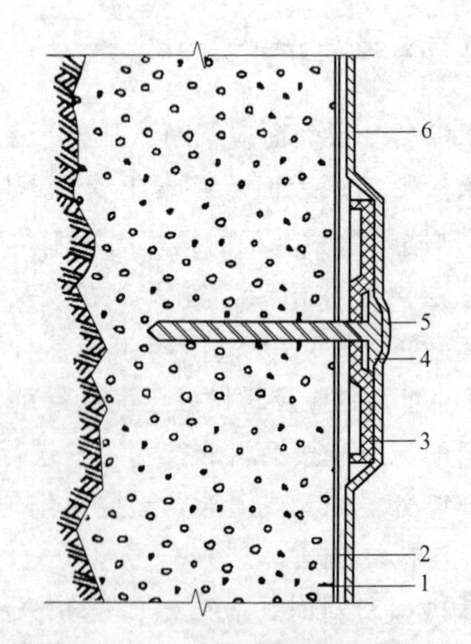

图 6-7　暗钉圈固定缓冲层

1—初期支护；2—缓冲层；3—热塑性暗钉圈；4—金属垫圈；5—射钉；6—塑料防水板

③ 塑料防水板的铺设应符合下列规定。

a. 铺设塑料防水板时，宜由拱顶向两侧展铺，并应边铺边用压焊机将塑料板与暗钉圈焊接牢靠，不得有漏焊、假焊和焊穿现象。两幅塑料防水板的搭接宽度不应小于 100mm。搭接缝应为热熔双焊缝，每条焊缝的有效宽度不应小于 10mm。

b. 环向铺设时，应先拱后墙，下部防水板应压住上部防水板。

c. 塑料防水板铺设时宜设置分区预埋注浆系数。

d. 分段设置塑料防水板防水层时，两端应采取封闭措施。

④ 接缝焊接时，塑料板的搭接层数不得超过三层。

⑤ 塑料防水板铺设时应少留或不留接头，当留设接头时，应对接头进行保护。再次焊接时应将接头处的塑料防水板擦拭干净。

⑥ 铺设塑料防水板时，不应绷得太紧，宜根据基面的平整度

留有充分的余地。

⑦ 防水板的铺设应超前混凝土施工，超前距离宜为5～20m，并应设临时挡板防止机械损伤和电火花灼伤防水板。

⑧ 二次衬砌混凝土施工时应符合下列规定。

a. 绑扎、焊接钢筋时，应采取防刺穿、灼伤防水板的措施。

b. 混凝土出料口和振捣棒不得直接接触塑料防水板。

⑨ 塑料防水板防水层铺设完毕后，应进行质量检查，并应在验收合格后进行下道工序的施工。

必知要点88：金属防水层

① 金属防水层可用于长期浸水、水压较大的水工及过水隧道，所用的金属板和焊条的规格及材料性能应符合设计要求。

② 金属板的拼接应采用焊接，拼接焊缝应严密。竖向金属板的垂直接缝应相互错开。

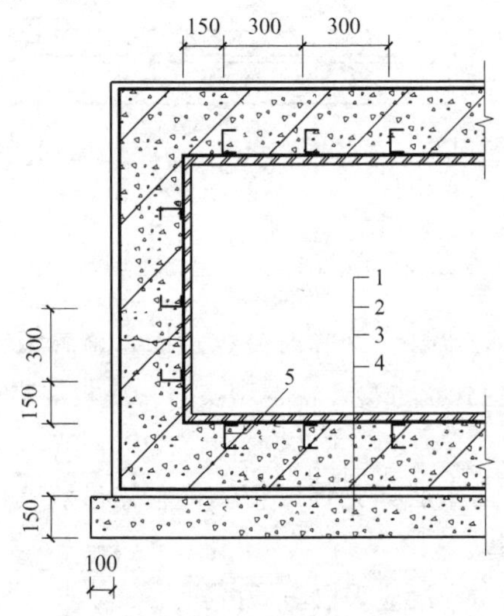

图6-8 金属板防水层（一）

1—金属板；2—主体结构；3—防水砂浆；4—垫层；5—锚固筋

③ 主体结构内侧设置金属防水层时，金属板应与结构内的钢筋焊牢，也可在金属防水层上焊接一定数量的锚固件（图 6-8）。

④ 主体结构外侧设置金属防水层时，金属板应焊在混凝土结构的预埋件上。金属板经焊缝检查合格后，应将其与结构间的空隙用水泥砂浆灌实（图 6-9）。

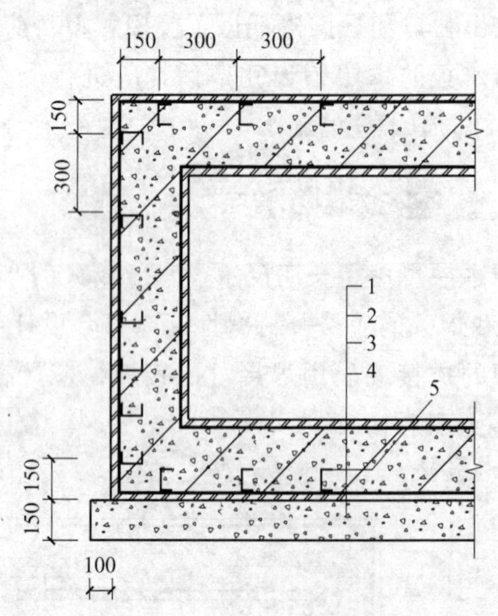

图 6-9　金属板防水层（二）

1—防水砂浆；2—主体结构；3—金属板；4—垫层；5—锚固筋

⑤ 金属板防水层应用临时支撑加固。金属板防水层底板上预留浇捣孔，并应保证混凝土浇筑密实，待底板混凝土浇筑完后应补焊严密。

⑥ 金属板防水层如先焊成箱体再整体吊装就位时，应在其内部加设临时支撑。

⑦ 金属板防水层应采取防锈措施。

必知要点 89：膨润土防水材料防水层

① 基层应坚实、清洁，不得有明水和积水。平整度应符合

“必知要点 87：塑料防水板防水层”中①的规定。

② 膨润土防水材料应采用水泥钉和垫片固定。立面和斜面上的固定间距宜为 400～500mm，平面上应在搭接缝处固定。

③ 膨润土防水毯的织布面应与结构外表面或底板垫层混凝土密贴；膨润土防水板的膨润土面应与结构外表面或底板垫层密贴。

④ 膨润土防水材料应采用搭接法连接，搭接宽度应大于 100mm。搭接部位的固定位置距搭接边缘的距离宜为 25～30mm，搭接处应涂膨润土密封膏。平面搭接缝可干撒膨润土颗粒，用量宜为 0.3～0.5kg/m。

⑤ 立面和斜面铺设膨润土防水材料时，应上层压着下层，卷材与基层、卷材与卷材之间应密贴，并应平整无褶皱。

⑥ 膨润土防水材料分段铺设时，应采取临时防护措施。

⑦ 甩槎与下幅防水材料连接时，应将收口压板、临时保护膜等去掉，并应将搭接部位清理干净，涂抹膨润土密封膏，然后搭接固定。

⑧ 膨润土防水材料的永久收口部位应用收口压条和水泥钉固定，并应用膨润土密封膏覆盖。

⑨ 膨润土防水材料与其他防水材料过渡时，过渡搭接宽度应大于 400mm，搭接范围内应涂抹膨润土密封膏或铺撒膨润土粉。

⑩ 破损部位应采用与防水层相同的材料进行修补，补丁边缘与破坏部位边缘的距离不应小于 100mm；膨润土防水板表面膨润土颗粒损失严重时应涂抹膨润土密封膏。

必知要点 90：锚喷支护

① 喷射混凝土施工前，应根据围岩裂隙及渗漏水的情况，预先采用引排或注浆堵水。采用引排措施时，应采用耐侵蚀、耐久性好的塑料丝盲沟或弹塑性软式导水管等导水材料。

② 锚喷支护用作工程内衬墙时，应符合下列规定。

a. 宜用于防水等级为三级的工程。

b. 喷射混凝土宜掺入速凝剂、膨胀剂或复合型外加剂、钢纤维与合成纤维等材料，其品种及掺量应通过试验确定。

c. 喷射混凝土的厚度应大于 80mm，对地下工程变截面及轴线转折点的阳角部位，应增加 50mm 以上厚度的喷射混凝土。

d. 喷射混凝土设置预埋件时，应采取防水处理。

e. 喷射混凝土终凝 2h 后，应喷水养护，养护时间不得少于 14d。

③ 锚喷支护作为复合式衬砌的一部分时，应符合下列规定。

a. 宜用于防水等级为一、二级工程的初期支护。

b. 锚喷支护的施工应符合②中 b. ～e. 的规定。

④ 锚喷支护、塑料防水板、防水混凝土内衬的复合式衬砌，应根据工程情况选用，也可将锚喷支护和离壁式衬砌、衬套结合使用。

必知要点 91：地下连续墙

① 地下连续墙应根据工程要求和施工条件划分单元槽段，宜减少槽段数量。墙体幅间接缝应避开拐角部位。

② 地下连续墙用作主体结构时，应符合下列规定。

a. 单层地下连续墙不应直接用于防水等级为一级的地下工程墙体。单墙用于地下工程墙体时，应使用高分子聚合物泥浆护壁材料。

b. 墙的厚度宜大于 600mm。

c. 应根据地质条件选择护壁泥浆及配合比，遇有地下水含盐或受化学污染时，泥浆配合比应进行调整。

d. 单元槽段整修后墙面平整度的允许偏差不宜大于 50mm。

e. 浇筑混凝土前应清槽、置换泥浆和清除沉渣，沉渣厚度不应大于 100mm，并应将接缝面的泥皮、杂物清理干净。

f. 钢筋笼浸泡泥浆时间不应超过 10h，钢筋保护层厚度不应小于 70mm。

g. 幅间接缝应采用工字钢或十字钢板接头，锁口管应能承受混凝土浇筑时的侧压力，浇筑混凝土时不得发生位移和混凝土绕管。

h. 胶凝材料用量不应少于400kg/m³，水胶比应小于0.55，坍落度不得小于180mm，石子粒径不宜大于导管直径的1/8。浇筑导管埋入混凝土深度宜为1.5～3m，在槽段端部的浇筑导管与端部的距离宜为1～1.5m，混凝土浇筑应连续进行。冬期施工时应采取保温措施，墙顶混凝土未达到设计强度50％时，不得受冻。

i. 支撑的预埋件应设置止水片或遇水膨胀止水条（胶），支撑部位及墙体的裂缝、孔洞等缺陷应采用防水砂浆及时修补；墙体幅间接缝如有渗漏，应采用注浆、嵌填弹性密封材料等进行防水处理，并应采取引排措施。

j. 底板混凝土应达到设计强度后方可停止降水，并应将降水井封堵密实。

k. 墙体与工程顶板、底板、中楼板的连接处均应凿毛，并应清洗干净，同时应设置1～2道遇水膨胀止水条（胶），接驳器处宜喷涂水泥基渗透结晶型防水涂料或涂抹聚合物水泥防水砂浆。

③ 地下连续墙与内衬构成的复合式衬砌，应符合下列规定。

a. 应用于防水等级为一、二级的工程。

b. 应根据基坑基础形式、支撑方式内衬构造特点选择防水层。

c. 墙体施工应符合②中c.～j.的规定，并应按设计规定对墙面、墙缝渗漏水进行处理，并应在基面找平满足设计要求后施工防水层及浇筑内衬混凝土。

d. 内衬墙应采用防水混凝土浇筑，施工缝、变形缝和诱导缝的防水措施应按表6-3选用，并应与地下连续墙墙缝互相错开。施工要求应符合“必知要点83：防水混凝土”和“必知要点84：水泥砂浆防水层”的有关规定。

表 6-3 明挖法地下工程防水设防要求

<table>
<tr><td colspan="2">工程部位</td><td colspan="7">主体结构</td><td colspan="7">施工缝</td><td colspan="4">后浇带</td><td colspan="7">变形缝(诱导缝)</td></tr>
<tr><td colspan="2">防水措施</td><td>防水混凝土</td><td>防水卷材</td><td>防水涂料</td><td>塑料防水板</td><td>膨润土防水材料</td><td>防水砂浆</td><td>金属防水板</td><td>遇水膨胀止水条(胶)</td><td>外贴式止水带</td><td>中埋式止水带</td><td>外抹防水砂浆</td><td>外涂防水涂料</td><td>水泥基渗透结晶型防水涂料</td><td>预埋注浆管</td><td>补偿收缩混凝土</td><td>外贴式止水带</td><td>预埋注浆管</td><td>遇水膨胀止水条(胶)</td><td>防水密封材料</td><td>中埋式止水带</td><td>外贴式止水带</td><td>可卸式止水带</td><td>防水密封材料</td><td>外贴防水卷材</td><td>外涂防水涂料</td></tr>
<tr><td rowspan="4">防水等级</td><td>一级</td><td>应选</td><td colspan="6">应一至两种</td><td colspan="7">应选两种</td><td>应选</td><td colspan="3">应选两种</td><td>应选</td><td colspan="6">应选一至两种</td></tr>
<tr><td>二级</td><td>应选</td><td colspan="6">应选一种</td><td colspan="7">应选一至两种</td><td>应选</td><td colspan="3">应选一至两种</td><td>应选</td><td colspan="6">应选一至两种</td></tr>
<tr><td>三级</td><td>应选</td><td colspan="6">宜选一种</td><td colspan="7">宜选一至两种</td><td>应选</td><td colspan="3">宜选一至两种</td><td>应选</td><td colspan="6">宜选一至两种</td></tr>
<tr><td>四级</td><td>宜选</td><td colspan="6">—</td><td colspan="7">宜选一种</td><td>应选</td><td colspan="3">宜选一种</td><td>应选</td><td colspan="6">宜选一种</td></tr>
</table>

④ 地下连续墙作为围护并与内衬墙构成叠合结构时，其抗渗等级要求可比表 6-4 规定的抗渗等级降低一级；地下连续墙与内衬墙构成分离式结构时，可不要求地下连续墙的混凝土抗渗等级。

表 6-4 防水混凝土设计抗渗等级

工程埋置深度 H/m	设计抗渗等级
$H<10$	P6
$10\leqslant H<20$	P8
$20\leqslant H<30$	P10
$H\geqslant 30$	P12

注：1. 本表适用于Ⅰ、Ⅱ、Ⅲ类围岩（土层及软弱围岩）。
2. 山岭隧道防水混凝土的抗渗等级可按国家现行有关标准执行。

必知要点 92: 盾构法隧道

① 盾构法施工的隧道宜采用钢筋混凝土管片、复合管片等装

配式衬砌或现浇混凝土衬砌。衬砌管片应采用防水混凝土制作。当隧道处于侵蚀性介质的地层时，应采取相应的耐侵蚀混凝土或外涂耐侵蚀的外防水涂层的措施。当处于严重腐蚀地层时，可同时采取耐侵蚀混凝土和外涂耐侵蚀的外防水涂层措施。

② 不同防水等级盾构隧道衬砌防水措施应符合表6-5的要求。

表6-5 不同防水等级盾构隧道的衬砌防水措施

防水措施 / 措施选择 / 防水等级	高精度管片	接缝防水				混凝土内衬或其他内衬	外防水涂料
		密封垫	嵌缝	注入密封剂	螺孔密封圈		
一级	必选	必选	全隧道或部分区段应选	可选	必选	宜选	对混凝土有中等以上腐蚀的地层应选，在非腐蚀地层宜选
二级	必选	必选	部分区段宜选	可选	必选	局部宜选	对混凝土有中等以上腐蚀的地层宜选
三级	应选	必选	部分区段宜选	—	应选	—	对混凝土有中等以上腐蚀的地层宜选
四级	可选	宜选	可选	—	—	—	—

③ 钢筋混凝土管片应采用高精度钢模制作，钢模宽度及弧、弦长偏差宜为±0.4mm。钢筋混凝土管片制作尺寸的允许偏差应符合下列规定：

a. 宽度应为±1mm；

b. 弧、弦长应为±1mm；

c. 厚度应为+3mm，−1mm。

④ 管片防水混凝土的抗渗等级应符合表6-4的规定，且不得小于P8。管片应进行混凝土氯离子扩散系数或混凝土渗透系数的检测，并宜进行管片的单块抗渗检漏。

⑤ 管片应至少设置一道密封垫沟槽。接缝密封垫宜选择具有合理构造形式、良好弹性或遇水膨胀性、耐久性、耐水性的橡胶类

材料，其外形应与沟槽相匹配。弹性橡胶密封垫材料、遇水膨胀橡胶密封垫胶料的物理性能应符合表 6-6 和表 6-7 的规定。

表 6-6　弹性橡胶密封垫材料物理性能

项目		指标	
		氯丁橡胶	三元乙丙橡胶
硬度(邵尔 A)/度		(45±5)～(60±5)	(55±5)～(70±5)
伸长率/%		≥350	≥330
拉伸强度/MPa		≥10.5	≥9.5
热空气老化(70℃×96h)	硬度变化值(邵尔 A)/度	≤+8	≤+6
	拉伸强度变化率/%	≥−20	≥−15
	扯断伸长率变化率/%	≥−30	≥−30
压缩永久变形(70℃×24h)/%		≤35	≤28
防霉等级		达到与优于 2 级	达到与优于 2 级

注：以上指标均为成品切片测试的数据，若只能以胶料制成试样测试，则其伸长率、拉伸强度的性能数据应达到本表规定的 120%。

表 6-7　遇水膨胀橡胶密封垫胶料的主要物理性能

项目		指标		
		PZ-150	PZ-250	PZ-400
硬度(邵尔 A)/度		42±7	42±7	45±7
拉伸强度/MPa		≥3.5	≥3.5	≥3.0
扯断伸长率/%		≥450	≥450	≥350
体积膨胀倍率/%		≥150	≥250	≥400
反复浸水试验	拉伸强度/MPa	≥3	≥3	≥2
	扯断伸长率/%	≥350	≥350	≥250
	体积膨胀倍率/%	≥150	≥250	≥300
低温弯折(−20℃×2h)		无裂纹		
防霉等级		达到与优于 2 级		

注：1. 成品切片测试应达到本表规定的 80%。
2. 接头部位的拉伸强度指标不得低于本表规定的 50%。
3. 体积膨胀倍率是浸泡前后的试样质量的比率。

⑥ 管片接缝密封垫应被完全压入密封垫沟槽内，密封垫沟槽的截面积应大于或等于密封垫的截面积，其关系宜符合下式：

$$A=(1\sim1.15)A_0 \tag{6-1}$$

式中　A——密封垫沟槽截面积；

A_0——密封垫截面积。

管片接缝密封垫应满足在计算的接缝最大张开量和估算的错位量下、埋深水头的2～3倍水压下不渗漏的技术要求；重要工程中选用的接缝密封垫应进行一字缝或十字缝水密性的试验检测。

⑦ 螺孔防水应符合下列规定。

a. 管片肋腔的螺孔口应设置锥形倒角的螺孔密封圈沟槽。

b. 螺孔密封圈的外形应与沟槽相匹配，并应有利于压密止水或膨胀止水。在满足止水的要求下，螺孔密封圈的断面宜小。

螺孔密封圈应为合成橡胶或遇水膨胀橡胶制品，其技术指标要求应符合表6-6和表6-7的规定。

⑧ 嵌缝防水应符合下列规定。

a. 在管片内侧环纵向边沿设置嵌缝槽，其深度比不应小于2.5，槽深宜为25～55mm，单面槽宽宜为5～10mm；嵌缝槽断面构造形状应符合图6-10的规定。

b. 嵌缝材料应有良好的不透水性、潮湿基面黏结性、耐久性、弹性和抗下坠性。

c. 应根据隧道使用功能和表6-5中的防水等级要求，确定嵌缝作业区的范围与嵌填嵌缝槽的部位，并采取嵌缝堵水或引排水措施。

d. 嵌缝防水施工应在盾构千斤顶顶力影响范围外进行。同时，应根据盾构施工方法、隧道的稳定性确定嵌缝作业开始的时间。

e. 嵌缝作业应在接缝堵漏和无明显渗水后进行，嵌缝槽表面混凝土如有缺损，应采用聚合物水泥砂浆或特种水泥修补，强度应达到或超过混凝土本体的强度。嵌缝材料嵌填时，应先刷涂基层处理剂，嵌填应密实、平整。

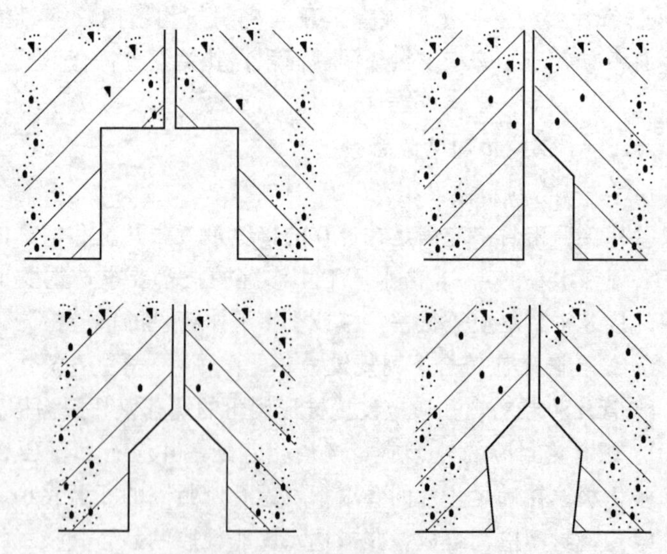

图 6-10　管片嵌缝槽断面构造形式

⑨ 复合式衬砌的内层衬砌混凝土浇筑前，应将外层管片的渗漏水引排或封堵。采用塑料防水板等夹层防水层的复合式衬砌，应根据隧道排水情况选用相应的缓冲层和防水板材料，并应按现行国家标准《地下工程防水技术规范》（GB 50108—2008）第 4.5 节和第 6.4 节的有关规定执行。

⑩ 管片外防水涂料宜采用环氧或改性环氧涂料等封闭型材料、水泥基渗透结晶型或硅氧烷类等渗透自愈型材料，并应符合下列规定。

a. 耐化学腐蚀性、抗微生物侵蚀性、耐水性、耐磨性应良好，且应无毒或低毒。

b. 在管片外弧面混凝土裂缝宽度达到 0.3mm 时，应仍能在最大埋深处水压下不渗漏。

c. 应具有防杂散电流的功能，体积电阻率应高。

⑪ 竖井与隧道结合处，可用刚性接头，但接缝宜采用柔性材料密封处理，并宜加固竖井洞圈周围土体。在软土地层距竖井结合

处一定范围内的衬砌段，宜增设变形缝。变形缝环面应贴设垫片，同时应采用适应变形量大的弹性密封垫。

⑫ 盾构隧道的连接通道及其与隧道接缝的防水应符合下列规定。

a. 采用双层衬砌的连接通道，内衬应采用防水混凝土。衬砌支护与内衬间宜设塑料防水板与土工织物组成的夹层防水层，并宜配以分区注浆系统加强防水。

b. 当采用内防水层时，内防水层宜为聚合物水泥砂浆等抗裂防渗材料。

c. 连接通道与盾构隧道接头应选用缓膨胀型遇水膨胀类止水条（胶）、预留注浆管以及接头密封材料。

必知要点93：沉井

① 沉井主体应采用防水混凝土浇筑，分别制作时，施工缝的防水措施应根据其防水等级按表6-3选用。

② 沉井施工缝的施工应符合“必知要点83：防水混凝土”中⑪的规定。固定模板的螺栓穿过混凝土井壁时，螺栓部位的防水处理应符合“必知要点83：防水混凝土”中⑭的规定。

③ 沉井的干封底应符合下列规定。

a. 地下水位应降至底板底高程500mm以下，降水作业应在底板混凝土达到设计强度，且沉井内部结构完成并满足抗浮要求后，方可停止。

b. 封底前井壁与底板连接部位应凿毛或涂刷界面处理剂，并应清洗干净。

c. 待垫层混凝土达到50%设计强度后，浇筑混凝土底板，应一次浇筑，并应分格连续对称进行。

d. 降水用的集水井应采用微膨胀混凝土填筑密实。

④ 沉井水下封底应符合下列规定。

a. 水下封底宜采用水下不分散混凝土，其坍落度宜为（200±

20)mm。

b. 封底混凝土应在沉井全部底面积上连续均匀浇筑，浇筑时导管插入混凝土深度不宜小于 1.5m。

c. 封底混凝土应达到设计强度后，方可从井内抽水，并应检查封底质量，对渗漏水部位应进行堵漏处理。

d. 防水混凝土底板应连续浇筑，不得留设施工缝，底板与井壁接缝处的防水措施应按表 6-3 选用，施工要求应符合“必知要点 83：防水混凝土”中⑪的规定。

⑤ 当沉井与位于不透水层内的地下工程连接时，应先封住井壁外侧含水层的渗水通道。

必知要点 94：逆筑结构

① 直接采用地下连续墙作围护的逆筑结构，应符合“必知要点 91：地下连续墙”中①和②的规定。

② 采用地下连续墙和防水混凝土内衬的复合逆筑结构应符合下列规定。

a. 可用于防水等级为一、二级的工程。

b. 地下连续墙的施工应符合“必知要点 91：地下连续墙”的①中 c.～h.、j. 的规定。

c. 顶板、楼板及下部 500mm 的墙体应同时浇筑，墙体的下部应做成斜坡形；斜坡形下部应预留 300～500mm 空间，并应待下部先浇混凝土施工 14d 后再行浇筑；浇筑前所有缝面应凿毛、清理干净，并应设置遇水膨胀止水条（胶）和预埋注浆管。上部施工缝设置遇水膨胀止水条时，应使用胶黏剂和射钉（或水泥钉）固定牢靠。浇筑混凝土应采用补偿收缩混凝土。逆筑法施工接缝防水构造见图 6-11。

d. 底板应连续浇筑，不宜留设施工缝，底板与桩头相交处的防水处理应符合现行国家标准《地下工程防水技术规范》(GB 50108—2008) 第 5.6 节的有关规定。

③ 采用桩基支护逆筑法施工时，应符合下列规定。

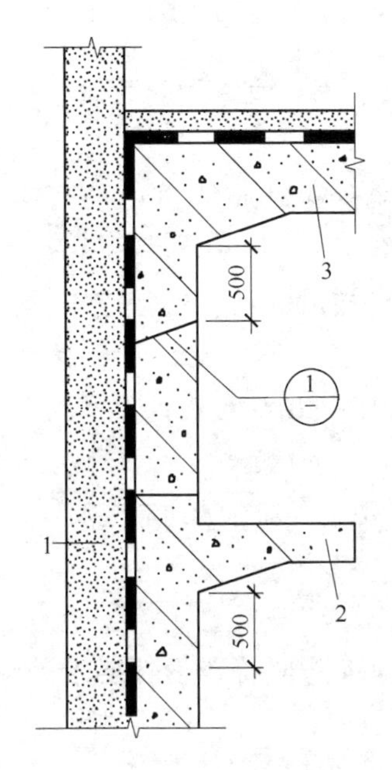

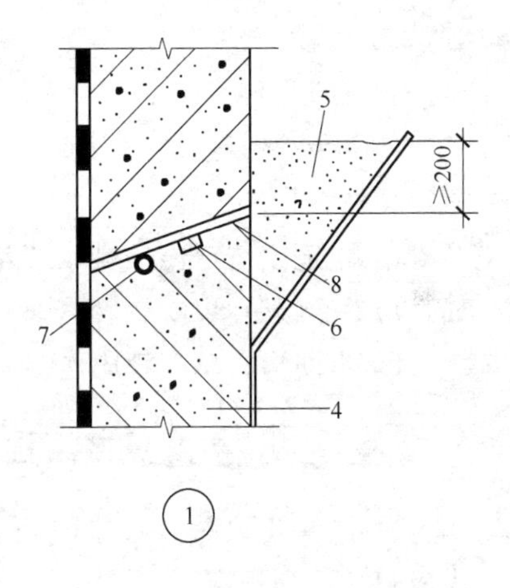

图 6-11 逆筑法施工接缝防水构造

1—地下连续墙；2—楼板；3—顶板；4—补偿收缩混凝土；5—应凿去的混凝土；6—遇水膨胀止水条或预埋注浆管；7—遇水膨胀止水胶；8—黏结剂

a. 应用于各防水等级的工程。

b. 侧墙水平、垂直施工缝应采取二道防水措施。

c. 逆筑施工缝、底板、底板与桩头的接触做法应符合②中 c.、d. 的规定。

必知要点 95：排水工程

① 纵向盲沟铺设前，应将基坑底铲平，并应按设计要求铺设碎砖（石）混凝土层。

② 集水管应放置在过滤层中间。

③ 盲管应采用塑料（无纺布）带、水泥钉等固定在基层上，固定点拱部间距宜为 300～500mm，边墙宜为 1000～1200mm，在

不平处应增加固定点。

④ 环向盲管宜整条铺设，需要有接头时，宜采用与盲管相配套的标准接头及标准三通连接。

⑤ 铺设于贴壁式衬砌、复合式衬砌隧道或坑道中的盲沟（管），在浇灌混凝土前，应采用无纺布包裹。

⑥ 无砂混凝土管连接时，可采用套接或插接，连接应牢固，不得扭曲变形和错位。

⑦ 隧道或坑道内的排水明沟及离壁式衬砌夹层内的排水沟断面，应符合设计要求，排水沟表面应平整、光滑。

⑧ 不同沟、槽、管应连接牢固，必要时可外加无纺布包裹。

必知要点96：注浆工程

① 注浆孔数量、布置间距、钻孔深度除应符合设计要求外，尚应符合下列规定。

a. 注浆孔深小于10m时，孔位最大允许偏差应为100mm，钻孔偏斜率最大允许偏差应为1%。

b. 注浆孔深大于10m时，孔位最大允许偏差应为50mm，钻孔偏斜率最大允许偏差应为0.5%。

② 岩石地层或衬砌内注浆前，应将钻孔冲洗干净。

③ 注浆前，应进行测定注浆孔吸水率和地层吸浆速度等参数的压水试验。

④ 回填注浆时，对岩石破碎、渗漏水量较大的地段，宜在衬砌与围岩间采用定量、重复注浆法分段设置隔水墙。

⑤ 回填注浆、衬砌后围岩注浆施工顺序，应符合下列规定。

a. 应沿工程轴线由低到高，由下往上，从少水处到多水处。

b. 在多水地段，应先两头，后中间。

c. 对竖井应由上往下分段注浆，在本段内应从下往上注浆。

⑥ 注浆过程中应加强监测，当发生围岩或衬砌变形、堵塞排水系统、窜浆、危及地面建筑物等异常情况时，可采取下列措施。

a. 降低注浆压力或采用间歇注浆，直到停止注浆。

b. 改变注浆材料或缩短浆液凝胶时间。

c. 调整注浆实施方案。

⑦ 单孔注浆结束的条件应符合下列规定。

a. 预注浆各孔段均应达到设计要求并应稳定10min，且进浆速度应为开始进浆速度的1/4或注浆量达到设计注浆量的80%。

b. 衬砌后回填注浆及围岩注浆应达到设计终压。

c. 其他各类注浆应满足设计要求。

⑧ 预注浆和衬砌后围岩注浆结束前，应在分析资料的基础上，采取钻孔取芯法对注浆效果进行检查，必要时应进行压（抽）水试验。当检查孔的吸水量大于1.0L/(min・m)时，应进行补充注浆。

⑨ 注浆结束后，应将注浆孔及检查孔封填密实。

必知要点97：找坡层和找平层施工

① 装配式钢筋混凝土板的板缝嵌填施工应符合下列规定。

a. 嵌填混凝土前板缝内应清理干净，并应保持湿润。

b. 当板缝宽度大于40mm或上窄下宽时，板缝内应按设计要求配置钢筋。

c. 嵌填细石混凝土的强度等级不应低于C20，填缝高度宜低于板面10～20mm，且应振捣密实和浇水养护。

d. 板端缝应按设计要求增加防裂的构造措施。

② 找坡层和找平层的基层的施工应符合下列规定。

a. 应清理结构层、保温层上面的松散杂物，凸出基层表面的硬物应剔平扫净。

b. 抹找坡层前，宜对基层洒水湿润。

c. 突出屋面的管道、支架等根部，应用细石混凝土堵实和固定。

d. 对不易与找平层结合的基层应做界面处理。

③ 找坡层和找平层所用材料的质量和配合比应符合设计要求，并应做到计量准确和机械搅拌。

④ 找坡应按屋面排水方向和设计坡度要求进行，找坡层最薄处厚度不宜小于 20mm。

⑤ 找坡材料应分层铺设和适当压实，表面宜平整和粗糙，并应适时浇水养护。

⑥ 找平层应在水泥初凝前压实抹平，水泥终凝前完成收水后应二次压光，并应及时取出分格条。养护时间不得少于 7d。

⑦ 卷材防水层的基层与突出屋面结构的交接处，以及基层的转角处，找平层均应做成圆弧形，且应整齐平顺。找平层圆弧半径应符合表 6-8 的规定。

表 6-8 找平层圆弧半径 单位：mm

卷材种类	圆弧半径
高聚物改性沥青防水卷材	50
合成高分子防水卷材	20

⑧ 找坡层和找平层的施工环境温度不宜低于 5℃。

必知要点 98：保护层和隔离层施工

① 施工完的防水层应进行雨后观察、淋水或蓄水试验，并应在合格后再进行保护层和隔离层的施工。

② 保护层和隔离层施工前，防水层或保温层的表面应平整、干净。

③ 保护层和隔离层施工时，应避免损坏防水层或保温层。

④ 块体材料、水泥砂浆、细石混凝土保护层表面的坡度应符合设计要求，不得有积水现象。

⑤ 块体材料保护层铺设应符合下列规定。

a. 在砂结合层上铺设块体时，砂结合层应平整，块体间应预留 10mm 的缝隙，缝内应填砂，并应用 1∶2 水泥砂浆勾缝。

b. 在水泥砂浆结合层上铺设块体时，应先在防水层上做隔离层，块体间应预留10mm的缝隙，缝内应用1∶2水泥砂浆勾缝。

c. 块体表面应洁净、色泽一致，应无裂纹、掉角和缺楞等缺陷。

⑥ 水泥砂浆及细石混凝土保护层铺设应符合下列规定。

a. 水泥砂浆及细石混凝土保护层铺设前，应在防水层上做隔离层。

b. 细石混凝土铺设不宜留施工缝；当施工间隙超过时间规定时，应对接槎进行处理。

c. 水泥砂浆及细石混凝土表面应抹平压光，不得有裂纹、脱皮、麻面、起砂等缺陷。

⑦ 浅色涂料保护层施工应符合下列规定。

a. 浅色涂料应与卷材、涂膜相容，材料用量应根据产品说明书的规定使用。

b. 浅色涂料应多遍涂刷，当防水层为涂膜时，应在涂膜固化后进行。

c. 涂层应与防水层黏结牢固，厚薄应均匀，不得漏涂。

d. 涂层表面应平整，不得流淌和堆积。

⑧ 保护层材料的贮运、保管应符合下列规定。

a. 水泥贮运、保管时应采取防尘、防雨、防潮措施。

b. 块体材料应按类别、规格分别堆放。

c. 浅色涂料贮运、保管环境温度，反应型及水乳型不宜低于5℃，溶剂型不宜低于0℃。

d. 溶剂型涂料保管环境应干燥、通风，并应远离火源和热源。

⑨ 保护层的施工环境温度应符合下列规定。

a. 块体材料干铺不宜低于−5℃，湿铺不宜低于5℃。

b. 水泥砂浆及细石混凝土宜为5～35℃。

c. 浅色涂料不宜低于5℃。

⑩ 隔离层铺设不得有破损和漏铺现象。

⑪ 干铺塑料膜、土工布、卷材时，其搭接宽度不应小于50mm；铺设应平整，不得有褶皱。

⑫ 低强度等级砂浆铺设时，其表面应平整、压实，不得有起壳和起砂等现象。

⑬ 隔离层材料的贮运、保管应符合下列规定。

a. 塑料膜、土工布、卷材贮运时，应防止日晒、雨淋、重压。

b. 塑料膜、土工布、卷材保管时，应保证室内干燥、通风。

c. 塑料膜、土工布、卷材保管环境应远离火源、热源。

⑭ 隔离层的施工环境温度应符合下列规定。

a. 干铺塑料膜、土工布、卷材可在负温下施工。

b. 铺抹低强度等级砂浆宜为5～35℃。

必知要点99：保温与隔热工程

1. 板状材料保温层施工

① 基层应平整、干燥、干净。

② 相邻板块应错缝拼接，分层铺设的板块上下层接缝应相互错开，板间缝隙应采用同类材料嵌填密实。

③ 采用干铺法施工时，板状保温材料应紧靠在基层表面上，并应铺平垫稳。

④ 采用黏结法施工时，胶黏剂应与保温材料相容，板状保温材料应贴严、粘牢，在胶黏剂固化前不得上人踩踏。

⑤ 采用机械固定法施工时，固定件应固定在结构层上，固定件的间距应符合设计要求。

2. 纤维材料保温层施工

① 基层应平整、干燥、干净。

② 纤维保温材料在施工时，应避免重压，并应采取防潮措施。

③ 纤维保温材料铺设时，平面拼接缝应贴紧，上下层拼接缝应相互错开。

④ 屋面坡度较大时，纤维保温材料宜采用机械固定法施工。

⑤ 在铺设纤维保温材料时，应做好劳动保护工作。

3. 喷涂硬泡聚氨酯保温层施工

① 基层应平整、干燥、干净。

② 施工前应对喷涂设备进行调试，并应喷涂试块进行材料性能检测。

③ 喷涂时喷嘴与施工基面的间距应由试验确定。

④ 喷涂硬泡聚氨酯的配比应准确计量，发泡厚度应均匀一致。

⑤ 一个作业面应分遍喷涂完成，每遍喷涂厚度不宜大于15mm，硬泡聚氨酯喷涂后20min内严禁上人。

⑥ 喷涂作业时，应采取防止污染的遮挡措施。

4. 现浇泡沫混凝土保温层施工

① 基层应清理干净，不得有油污、浮尘和积水。

② 泡沫混凝土应按设计要求的干密度和抗压强度进行配合比设计，拌制时应计量准确，并应搅拌均匀。

③ 泡沫混凝土应按设计的厚度设定浇筑面标高线，找坡时宜采取挡板辅助措施。

④ 泡沫混凝土的浇筑出料口离基层的高度不宜超过1m，泵送时应采取低压泵送。

⑤ 泡沫混凝土应分层浇筑，一次浇筑厚度不宜超过200mm，终凝后应进行保湿养护，养护时间不得少于7d。

5. 种植隔热层施工

① 种植隔热层挡墙或挡板施工时，留设的泄水孔位置应准确，并不得堵塞。

② 凹凸型排水板宜采用搭接法施工，搭接宽度应根据产品的规格具体确定；网状交织排水板宜采用对接法施工；采用陶粒作排水层时，铺设应平整，厚度应均匀。

③ 过滤层土工布铺设应平整、无褶皱，搭接宽度不应小于100mm，搭接宜采用黏合或缝合处理；土工布应沿种植土周边向上铺设至种植土高度。

④ 种植土层的荷载应符合设计要求；种植土、植物等应在屋面上均匀堆放，且不得损坏防水层。

6. 架空隔热层施工

① 架空隔热层施工前，应将屋面清扫干净，并应根据架空隔热制品的尺寸弹出支座中线。

② 在架空隔热制品支座底面，应对卷材、涂膜防水层采取加强措施。

③ 铺设架空隔热制品时，应随时清扫屋面防水层上的落灰、杂物等，操作时不得损伤已完工的防水层。

④ 架空隔热制品的铺设应平整、稳固，缝隙应勾填密实。

7. 蓄水隔热层施工

① 蓄水池的所有孔洞应预留，不得后凿。所设置的溢水管、排水管和给水管等，应在混凝土施工前安装完毕。

② 每个蓄水区的防水混凝土应一次浇筑完毕，不得留置施工缝。

③ 蓄水池的防水混凝土施工时，环境气温宜为5～35℃，并应避免在冬期和高温期施工。

④ 蓄水池的防水混凝土完工后，应及时进行养护，养护时间不得少于14d；蓄水后不得断水。

⑤ 蓄水池的溢水口标高、数量、尺寸应符合设计要求；过水孔应设在分仓墙底部，排水管应与水落管连通。

必知要点100：卷材防水层施工

① 卷材防水层基层应坚实、干净、平整，应无孔隙、起砂和裂缝。基层的干燥程度应根据所选防水卷材的特性确定。

② 卷材防水层铺贴顺序和方向应符合下列规定。

a. 卷材防水层施工时，应先进行细部构造处理，然后由屋面最低标高向上铺贴。

b. 檐沟、天沟卷材施工时，宜顺檐沟、天沟方向铺贴，搭接缝应顺流水方向。

c. 卷材宜平行屋脊铺贴，上下层卷材不得相互垂直铺贴。

③ 立面或大坡面铺贴卷材时，应采用满粘法，并宜减少卷材短边搭接。

④ 采用基层处理剂时，其配制与施工应符合下列规定。

a. 基层处理剂应与卷材相容。

b. 基层处理剂应配比准确，并应搅拌均匀。

c. 喷、涂基层处理剂前，应先对屋面细部进行涂刷。

d. 基层处理剂可选用喷涂或涂刷施工工艺，喷、涂应均匀一致，干燥后应及时进行卷材施工。

⑤ 卷材搭接缝应符合下列规定。

a. 平行屋脊的搭接缝应顺流水方向，搭接缝宽度应符合现行国家标准《屋面工程技术规范》（GB 50345—2012）第 4.5.10 条的规定。

b. 同一层相邻两幅卷材短边搭接缝错开不应小于 500mm。

c. 上下层卷材长边搭接缝应错开，且不应小于幅宽的 1/3。

d. 叠层铺贴的各层卷材，在天沟与屋面的交接处，应采用叉接法搭接，搭接缝应错开；搭接缝宜留在屋面与天沟侧面，不宜留在沟底。

⑥ 冷粘法铺贴卷材应符合下列规定。

a. 胶黏剂涂刷应均匀，不得露底、堆积；卷材空铺、点粘、条粘时，应按规定的位置及面积涂刷胶黏剂。

b. 应根据胶黏剂的性能与施工环境、气温条件等，控制胶黏剂涂刷与卷材铺贴的间隔时间。

c. 铺贴卷材时应排除卷材下面的空气，并应辊压粘贴牢固。

d. 铺贴的卷材应平整顺直，搭接尺寸应准确，不得扭曲、褶皱；搭接部位的接缝应满涂胶黏剂，辊压应粘贴牢固。

e. 合成高分子卷材铺好压粘后，应将搭接部位的黏合面清理干净，并应采用与卷材配套的接缝专用胶黏剂，在搭接缝黏合面上应涂刷均匀，不得露底、堆积，应排除缝间的空气，并用辊压粘贴牢固。

f. 合成高分子卷材搭接部位采用胶黏带黏结时，黏合面应清理干净，必要时可涂刷与卷材及胶黏带材性相容的基层胶黏剂，撕去胶黏带隔离纸后应及时黏合接缝部位的卷材，并应辊压粘贴牢固；低温施工时，宜采用热风机加热。

g. 搭接缝口应用材性相容的密封材料封严。

⑦ 热粘法铺贴卷材应符合下列规定。

a. 熔化热熔型改性沥青胶结料时，宜采用专用导热油炉加热，加热温度不应高于200℃，使用温度不宜低于180℃。

b. 粘贴卷材的热熔型改性沥青胶结料厚度宜为1.0～1.5mm。

c. 采用热熔型改性沥青胶结料铺贴卷材时，应随刮随滚铺，并应展平压实。

⑧ 热熔法铺贴卷材应符合下列规定。

a. 火焰加热器的喷嘴距卷材面的距离应适中，幅宽内加热应均匀，应以卷材表面熔融至光亮黑色为度，不得过分加热卷材；厚度小于3mm的高聚物改性沥青防水卷材，严禁采用热熔法施工。

b. 卷材表面沥青热熔后应立即滚铺卷材，滚铺时应排除卷材下面的空气。

c. 搭接缝部位宜以溢出热熔的改性沥青胶结料为度，溢出的改性沥青胶结料宽度宜为8mm，并宜均匀顺直；当接缝处的卷材上有矿物粒或片料时，应用火焰烘烤及清除干净后再进行热熔和接缝处理。

d. 铺贴卷材时应平整顺直，搭接尺寸应准确，不得扭曲。

⑨ 自粘法铺贴卷材应符合下列规定。

a. 铺贴卷材前，基层表面应均匀涂刷基层处理剂，干燥后应及时铺贴卷材。

b. 铺贴卷材时应将自粘胶底面的隔离纸完全撕净。

c. 铺贴卷材时应排除卷材下面的空气，并应辊压粘贴牢固。

d. 铺贴的卷材应平整顺直，搭接尺寸应准确，不得扭曲、皱折；低温施工时，立面、大坡面及搭接部位宜采用热风机加热，加热后应随即粘贴牢固。

e. 搭接缝口应采用材性相容的密封材料封严。

⑩ 焊接法铺贴卷材应符合下列规定。

a. 对热塑性卷材的搭接缝可采用单缝焊或双缝焊，焊接应严密。

b. 焊接前，卷材应铺放平整、顺直，搭接尺寸应准确，焊接缝的结合面应清理干净。

c. 应先焊长边搭接缝，后焊短边搭接缝。

d. 应控制加热温度和时间，焊接缝不得漏焊、跳焊或焊接不牢。

⑪ 机械固定法铺贴卷材应符合下列规定。

a. 固定件应与结构层连接牢固。

b. 固定件间距应根据抗风揭试验和当地的使用环境与条件确定，并不宜大于600mm。

c. 卷材防水层周边800mm范围内应满粘，卷材收头应采用金属压条钉压固定和密封处理。

⑫ 防水卷材的贮运、保管应符合下列规定。

a. 不同品种、规格的卷材应分别堆放。

b. 卷材应贮存在阴凉通风处，应避免雨淋、日晒和受潮，严禁接近火源。

c. 卷材应避免与化学介质及有机溶剂等有害物质接触。

⑬ 进场的防水卷材应检验下列项目。

a. 高聚物改性沥青防水卷材的可溶物含量、拉力、最大拉力时延伸率、耐热度、低温柔性，不透水性。

b. 合成高分子防水卷材的断裂拉伸强度、扯断伸长率、低温弯折性、不透水性。

⑭ 胶黏剂和胶黏带的贮运、保管应符合下列规定。

a. 不同品种、规格的胶黏剂和胶黏带应分别用密封桶或纸箱包装。

b. 胶黏剂和胶黏带应贮存在阴凉通风的室内，严禁接近火源和热源。

⑮ 进场的基层处理剂、胶黏剂和胶黏带应检验下列项目。

a. 沥青基防水卷材用基层处理剂的固体含量、耐热性、低温柔性、剥离强度。

b. 高分子胶黏剂的剥离强度、浸水 168h 后的剥离强度保持率。

c. 改性沥青胶黏剂的剥离强度。

d. 合成橡胶胶黏带的剥离强度、浸水 168h 后的剥离强度保持率。

⑯ 卷材防水层的施工环境温度应符合下列规定。

a. 热熔法和焊接法不宜低于－10℃。

b. 冷粘法和热粘法不宜低于 5℃。

c. 自粘法不宜低于 10℃。

必知要点 101：涂膜防水层施工

① 涂膜防水层的基层应坚实、平整、干净，应无孔隙、起砂和裂缝。基层的干燥程度应根据所选用的防水涂料特性确定；当采用溶剂型、热熔型和反应固体型防水涂料时，基层应干燥。

② 基层处理剂的施工应符合“必知要点 100：卷材防水层施工”中④的规定。

③ 双组分或多组分防水涂料应按配合比准确计量，应采用电动机具搅拌均匀，已配制的涂料应及时使用。配料时，可加入适量的缓凝剂或促凝剂调节固化时间，但不得混合已固化的涂料。

④ 涂膜防水层施工应符合下列规定。

a. 防水涂料应多遍均匀涂布，涂膜总厚度应符合设计要求。

b. 涂膜间夹铺胎体增强材料时，宜边涂布边铺胎体；胎体应铺贴平整，应排除气泡，并应与涂料黏结牢固。在胎体上涂布涂料时，应使涂料浸透胎体，并应覆盖完全，不得有胎体外露现象。最上面的涂膜厚度不应小于1.0mm。

c. 涂膜施工应先做好细部处理，再进行大面积涂布。

d. 屋面转角及立面的涂膜应薄涂多遍，不得流淌和堆积。

⑤ 涂膜防水层施工工艺应符合下列规定。

a. 水乳型及溶剂型防水涂料宜选用滚涂或喷涂施工。

b. 反应固化型涂料宜选用刮涂或喷涂施工。

c. 热熔型防水涂料宜选用刮涂施工。

d. 聚合物水泥防水涂料宜选用刮涂法施工。

e. 所有防水涂料用于细部构造时，宜选用刷涂或喷涂施工。

⑥ 防水涂料和胎体增强材料的贮运、保管，应符合下列规定。

a. 防水涂料包装容器应密封，容器表面应标明涂料名称、生产厂家、执行标准号、生产日期和产品有效期，并应分类存放。

b. 反应型和水乳型涂料贮运和保管环境温度不宜低于5℃。

c. 溶剂型涂料贮运和保管环境温度不宜低于0℃，并不得日晒、碰撞和渗漏；保管环境应干燥、通风，并应远离火源、热源。

d. 胎体增强材料贮运、保管环境应干燥、通风，并应远离火源、热源。

⑦ 进场的防水涂料和胎体增强材料应检验下列项目。

a. 高聚物改性沥青防水涂料的固体含量、耐热性、低温柔性、不透水性、断裂伸长率或抗裂性。

b. 合成高分子防水涂料和聚合物水泥防水涂料的固体含量、低温柔性、不透水性、拉伸强度、断裂伸长率。

c. 胎体增强材料的拉力、延伸率。

⑧ 涂膜防水层的施工环境温度应符合下列规定。

a. 水乳型及反应型涂料宜为5～35℃。

b. 溶剂型涂料宜为－5～35℃。

c. 热熔型涂料不宜低于－10℃。

d. 聚合物水泥涂料宜为5～35℃。

必知要点102：接缝密封防水施工

① 密封防水部位的基层应符合下列规定。

a. 基层应牢固，表面应平整、密实，不得有裂缝、蜂窝、麻面、起皮和起砂等现象。

b. 基层应清洁、干燥，应无油污、无灰尘。

c. 嵌入的背衬材料与接缝壁间不得留有空隙。

d. 密封防水部位的基层宜涂刷基层处理剂，涂刷应均匀，不得漏涂。

② 改性沥青密封材料防水施工应符合下列规定。

a. 采用冷嵌法施工时，宜分次将密封材料嵌填在缝内，并应防止裹入空气。

b. 采用热灌法施工时，应由下向上进行，并宜减少接头；密封材料熬制及浇灌温度，应按不同材料要求严格控制。

③ 合成高分子密封材料防水施工应符合下列规定。

a. 单组分密封材料可直接使用；多组分密封材料应根据规定的比例准确计量，并应拌和均匀；每次拌合量、拌合时间和拌合温度应按所用密封材料的要求严格控制。

b. 采用挤出枪嵌填时，应根据接缝的宽度选用口径合适的挤出嘴，应均匀挤出密封材料嵌填，并应由底部逐渐充满整个接缝。

c. 密封材料嵌填后，应在密封材料表干前用腻子刀嵌填修整。

④ 密封材料嵌填应密实、连续、饱满，应与基层黏结牢固；表面应平滑，缝边应顺直，不得有气泡、孔洞、开裂、剥离等现象。

⑤ 对嵌填完毕的密封材料，应避免碰损及污染；固化前不得踩踏。

⑥ 密封材料的贮运、保管应符合下列规定。

a. 运输时应防止日晒、雨淋、撞击、挤压。

b. 贮运、保管环境应通风、干燥，防止日光直接照射，并应远离火源、热源；乳胶型密封材料在冬季时应采取防冻措施。

c. 密封材料应按类别、规格分别存放。

⑦ 进场的密封材料应检验下列项目。

a. 改性石油沥青密封材料的耐热性、低温柔性、拉伸黏结性、施工度。

b. 合成高分子密封材料的拉伸模量、断裂伸长率、定伸黏结性。

⑧ 接缝密封防水的施工环境温度应符合下列规定。

a. 改性沥青密封材料和溶剂型合成高分子密封材料宜为0～35℃。

b. 乳胶型及反应型合成高分子密封材料宜为5～35℃。

必知要点103：瓦屋面施工

① 瓦屋面采用的木质基层、顺水条、挂瓦条的防腐、防火及防蛀处理，以及金属顺水条、挂瓦条的防锈蚀处理，均应符合设计要求。

② 屋面木基层应铺钉牢固、表面平整；钢筋混凝土基层的表面应平整、干净、干燥。

③ 防水垫层的铺设应符合下列规定。

a. 防水垫层可采用空铺、满粘或机械固定。

b. 防水垫层在瓦屋面构造层次中的位置应符合设计要求。

c. 防水垫层宜自下而上平行屋脊铺设。

d. 防水垫层应顺流水方向搭接，搭接宽度应符合现行国家标准《屋面工程技术规范》（GB 50345—2012）第4.8.6条的规定。

e. 防水垫层应铺设平整，下道工序施工时，不得损坏已铺设完成的防水垫层。

④ 持钉层的铺设应符合下列规定。

a. 屋面无保温层时，木基层或钢筋混凝土基层可视为持钉层；

钢筋混凝土基层不平整时，宜用1∶2.5的水泥砂浆进行找平。

b. 屋面有保温层时，保温层上应按设计要求做细石混凝土持钉层，内配钢筋网应骑跨屋脊，并应绷直与屋脊和檐口、檐沟部位的预埋锚筋连牢；预埋锚筋穿过防水层或防水垫层时，破损处应进行局部密封处理。

c. 水泥砂浆或细石混凝土持钉层可不设分格缝；持钉层与突出屋面结构的交接处应预留30mm宽的缝隙。

1. 烧结瓦、混凝土瓦屋面

① 顺水条应顺流水方向固定，间距不宜大于500mm，顺水条应铺钉牢固、平整。钉挂瓦条时应拉通线，挂瓦条的间距应根据瓦片尺寸和屋面坡长经计算确定，挂瓦条应铺钉牢固、平整，上棱应成一直线。

② 铺设瓦屋面时，瓦片应均匀分散堆放在两坡屋面基层上，严禁集中堆放。铺瓦时，应由两坡从下向上同时对称铺设。

③ 瓦片应铺成整齐的行列，并应彼此紧密搭接，应做到瓦榫落槽、瓦脚挂牢、瓦头排齐，且无翘角和张口现象，檐口应成一直线。

④ 脊瓦搭盖间距应均匀，脊瓦与坡面瓦之间的缝隙应用聚合物水泥砂浆填实抹平，屋脊或斜脊应顺直。沿山墙一行瓦宜用聚合物水泥砂浆做出披水线。

⑤ 檐口第一根挂瓦条应保证瓦头出檐口50～70mm；屋脊两坡最上面的一根挂瓦条，应保证脊瓦在坡面瓦上的搭盖宽度不小于40mm；钉檐口条或封檐板时，均应高出挂瓦条20～30mm。

⑥ 烧结瓦、混凝土瓦屋面完工后，应避免屋面受物体冲击，严禁任意上人或堆放物件。

⑦ 烧结瓦、混凝土瓦的贮运、保管应符合下列规定。

a. 烧结瓦、混凝土瓦运输时应轻拿轻放，不得抛扔、碰撞。

b. 进入现场后应堆垛整齐。

⑧ 进场的烧结瓦、混凝土瓦应检验抗渗性、抗冻性和吸水率

等项目。

2. 沥青瓦屋面

① 铺设沥青瓦前，应在基层上弹出水平及垂直基准线，并应按线铺设。

② 檐口部位宜先铺设金属滴水板或双层檐口瓦，并应将其固定在基层上，再铺设防水垫层和起始瓦片。

③ 沥青瓦应自檐口向上铺设，起始层瓦应由瓦片经切除垂片部分后制得，且起始层瓦沿檐口应平行铺设并伸出檐口10mm，再用沥青基胶结材料和基层黏结；第一层瓦应与起始层瓦叠合，但瓦切口应向下指向檐口；第二层瓦应压在第一层瓦上且露出瓦切口，但不得超过切口长度。相邻两层沥青瓦的拼缝及切口应均匀错开。

④ 檐口、屋脊等屋面边沿部位的沥青瓦之间、起始层沥青瓦与基层之间，应采用沥青基胶结材料满粘牢固。

⑤ 在沥青瓦上钉固定钉时，应将钉垂直钉入持钉层内；固定钉穿入细石混凝土持钉层的深度不应小于20mm，穿入木质持钉层的深度不应小于15mm，固定钉的钉帽不得外露在沥青瓦表面。

⑥ 每片脊瓦应用两个固定钉固定；脊瓦应顺年最大频率风向搭接，并应搭盖住两坡面沥青瓦每边不小于150mm；脊瓦与脊瓦的压盖面不应小于脊瓦面积的1/2。

⑦ 沥青瓦屋面与立墙或伸出屋面的烟囱、管道的交接处应做泛水，在其周边与立面250mm的范围内应铺设附加层，然后在其表面用沥青基胶结材料满粘一层沥青瓦片。

⑧ 铺设沥青瓦屋面的天沟应顺直，瓦片应黏结牢固，搭接缝应密封严密，排水应通畅。

⑨ 沥青瓦的贮运、保管应符合下列规定。

a. 不同类型、规格的产品应分别堆放。

b. 贮存温度不应高于45℃，并应平放贮存。

c. 应避免雨淋、日晒、受潮，并应注意通风和避免接近火源。

⑩ 进场的沥青瓦应检验可溶物含量、拉力、耐热度、柔度、

不透水性、叠层剥离强度等项目。

必知要点 104：金属板屋面施工

① 金属板屋面施工应在主体结构和支承结构验收合格后进行。

② 金属板屋面施工前应根据施工图纸进行深化排板图设计。金属板铺设时，应根据金属板板型技术要求和深化设计排板图进行。

③ 金属板屋面施工测量应与主体结构测量相配合，其误差应及时调整，不得积累；施工过程中应定期对金属板的安装定位基准点进行校核。

④ 金属板屋面的构件及配件应有产品合格证和性能检测报告，其材料的品种、规格、性能等应符合设计要求和产品标准的规定。

⑤ 金属板的长度应根据屋面排水坡度、板型连接构造、环境温差及吊装运输条件等综合确定。

⑥ 金属板的横向搭接方向宜顺主导风向；当在多维曲面上雨水可能翻越金属板板肋横流时，金属板的纵向搭接应顺流水方向。

⑦ 金属板铺设过程中应对金属板采取临时固定措施，当天就位的金属板材应及时连接固定。

⑧ 金属板安装应平整、顺滑，板面不应有施工残留物；檐口线、屋脊线应顺直，不得有起伏不平现象。

⑨ 金属板屋面施工完毕后，应进行雨后观察、整体或局部淋水试验，檐沟、天沟应进行蓄水试验，并应填写淋水和蓄水试验记录。

⑩ 金属板屋面完工后，应避免屋面受物体冲击，并不宜对金属面板进行焊接、开孔等作业，严禁任意上人或堆放物件。

⑪ 金属板应边缘整齐、表面光滑、色泽均匀、外形规则，不得有扭翘、脱膜和锈蚀等缺陷。

⑫ 金属板的吊运、保管应符合下列规定。

a. 金属板应用专用吊具安装，吊装和运输过程中不得损伤金属板材。

b. 金属板堆放地点宜选择在安装现场附近，堆放场地应平整坚实且便于排除地面水。

⑬ 进场的彩色涂层钢板及钢带应检验屈服强度、抗拉强度、断后伸长率、镀层质量、涂层厚度等项目。

⑭ 金属面绝热夹芯板的贮运、保管应符合下列规定：

a. 夹芯板应采取防雨、防潮、防火措施；

b. 夹芯板之间应用衬垫隔离，并应分类堆放，应避免受压或机械损伤。

⑮ 进场的金属面绝热夹芯板应检验剥离性能、抗弯承载力、防火性能等项目。

必知要点105：玻璃采光顶施工

① 玻璃采光顶施工应在主体结构验收合格后进行；采光顶的支承构件与主体结构连接的预埋件应按设计要求埋设。

② 玻璃采光顶的施工测量应与主体结构测量相配合，测量偏差应及时调整，不得积累；施工过程中应定期对采光顶的安装定位基准点进行校核。

③ 玻璃采光顶的支承构件、玻璃组件及附件，其材料的品种、规格、色泽和性能应符合设计要求和技术标准的规定。

④ 玻璃采光顶施工完毕，应进行雨后观察、整体或局部淋水试验，檐沟、天沟应进行蓄水试验，并应填写淋水和蓄水试验记录。

⑤ 框支承玻璃采光顶的安装施工应符合下列规定。

a. 应根据采光顶分格测量，确定采光顶各分格点的空间定位。

b. 支承结构应按顺序安装，采光顶框架组件安装就位、调整后应及时紧固；不同金属材料的接触面应采用隔离材料。

c. 采光顶的周边封堵收口、屋脊处压边收口、支座处封口处理，均应铺设平整且可靠固定。

d. 采光顶天沟、排水槽、通气槽及雨水排出口等细部构造应符合设计要求。

e. 装饰压板应顺流水方向设置，表面应平整，接缝应符合设计要求。

⑥ 点支承玻璃采光顶的安装施工应符合下列规定。

a. 应根据采光顶分格测量，确定采光顶各分格点的空间定位。

b. 钢桁架及网架结构安装就位、调整后应及时紧固；钢索杆结构的拉索、拉杆预应力施加应符合设计要求。

c. 采光顶应采用不锈钢驳接组件装配，爪件安装前应精确定出其安装位置。

d. 玻璃宜采用机械吸盘安装，并应采取必要的安全措施。

e. 玻璃接缝应采用聚硅氧烷耐候密封胶。

f. 中空玻璃钻孔周边应采取多道密封措施。

⑦ 明框玻璃组件组装应符合下列规定。

a. 玻璃与构件槽口的配合应符合设计要求和技术标准的规定。

b. 玻璃四周密封胶条的材质、型号应符合设计要求，镶嵌应平整、密实，胶条的长度宜大于边框内槽口长度1.5%～2.0%，胶条在转角处应斜面断开，并应用黏结剂黏结牢固。

c. 组件中的导气孔及排水孔设置应符合设计要求，组装时应保持孔道通畅。

d. 明框玻璃组件应拼装严密，框缝密封应采用聚硅氧烷耐候密封胶。

⑧ 隐框及半隐框玻璃组件组装应符合下列规定。

a. 玻璃及框料黏结表面的尘埃、油渍和其他污物，应分别使用带溶剂的擦布和干擦布清除干净，并应在清洁1h内嵌填密封胶。

b. 所用的结构黏结材料应采用聚硅氧烷结构密封胶，其性能应符合现行国家标准《建筑用硅酮结构密封胶》（GB 16776—2005）的有关规定；聚硅氧烷结构密封胶应在有效期内使用。

c. 聚硅氧烷结构密封胶应嵌填饱满，并应在温度15～30℃、相对湿度50%以上、洁净的室内进行，不得在现场嵌填。

d. 聚硅氧烷结构密封胶的黏结宽度和厚度应符合设计要求，胶缝表面应平整光滑，不得出现气泡。

e. 聚硅氧烷结构密封胶固化期间，组件不得长期处于单独受力状态。

⑨ 玻璃接缝密封胶的施工应符合下列规定：

a. 玻璃接缝密封应采用聚硅氧烷耐候密封胶，其性能应符合现行行业标准《幕墙玻璃接缝用密封胶》（JC/T 882—2001）的有关规定，密封胶的级别和模量应符合设计要求。

b. 密封胶的嵌填应密实、连续、饱满，胶缝应平整光滑、缝边顺直。

c. 玻璃间的接缝宽度和密封胶的嵌填深度应符合设计要求。

d. 不宜在夜晚、雨天嵌填密封胶，嵌填温度应符合产品说明书规定，嵌填密封胶的基面应清洁、干燥。

⑩ 玻璃采光顶材料的贮运、保管应符合下列规定。

a. 采光顶部件在搬运时应轻拿轻放，严禁发生互相碰撞。

b. 采光玻璃在运输中应采用有足够承载力和刚度的专用货架；部件之间应用衬垫固定，并应相互隔开。

c. 采光顶部件应放在专用货架上，存放场地应平整、坚实、通风、干燥，并严禁与酸碱类等的物质接触。

第7章 装饰装修工程

必知要点106：抹灰分类

抹灰工程是最初始和最直接的装饰工程，是建筑装饰的重要组成部分。

抹灰施工的条件如下。

① 主体结构验收合格。

② 水电预埋管线、配电箱外壳等安装正确，水暖管道做过压力试验。

③ 门窗框已安装和安装牢固，并预留有间隙以及进行保护。

④ 其他相关设施已安装和保护。

抹灰工程按使用的材料以及其装饰效果分为一般抹灰和装饰抹灰。一般抹灰所使用的材料有水泥砂浆、石灰砂浆、水泥混合砂浆、聚合物水泥砂浆、膨胀珍珠岩水泥砂浆等。一般抹灰的装饰效果主要体现在其表面平整光洁、有均匀的色泽、轮廓与线条美观、清晰、挺拔等。装饰抹灰的底层和中层与一般抹灰相同，但其面层材料往往有较大区别，装饰抹灰的面层材料主要有水泥石子浆、水泥色浆、聚合物水泥砂浆等。装饰抹灰施工时常常需要采用较特殊的施工工艺，如水刷石、斩假石、干粘石、假面砖、喷涂、滚涂、弹涂等。装饰抹灰的装饰效果主要体现在较充分地利用所用材料的质感、色泽等获得美感，能形成较多的形状、纹路和轮廓。

抹灰应分层进行。抹灰层分为底层、中层、面层。底层主要起黏结作用和初步找平作用，厚 5～7mm；中层主要起找平和传递荷载的作用，厚 5～12mm；面层主要起装饰作用，厚 2～5mm。

必知要点 107：一般抹灰施工

1. 基层处理

抹灰施工的基层主要有砖墙面、混凝土面、轻质隔墙材料面、板条面等。在抹灰前应对不同的基层进行适当的处理以保证抹灰层与基层黏结牢固。

① 应清除基层表面的灰尘、污垢、油渍、碱膜等。

② 凡室内管道穿越的墙洞和楼板洞、凿剔墙后安装的管道周边应用 1∶3 水泥砂浆填嵌密实。

③ 墙面上的脚手眼应填补好。

④ 浇水湿润。

⑤ 表面凹凸明显的部位，应事先剔平或用 1∶3 水泥砂浆补平。对平整光滑混凝土表面，可以有以下 3 种方法。

a. 凿毛或划毛处理。

b. 喷 1∶1 水泥细砂浆进行毛化。

c. 刷界面处理剂。

⑥ 门窗周边的缝隙应用水泥砂浆分层嵌塞密实。

⑦ 不同材料基体的交接处应采取加强措施，如铺钉金属网，金属网与各基体的搭接宽度不应小于 100mm。

2. 弹准线

将房间用角尺规方，在距墙阴角 100mm 处用线锤吊直，弹出竖线后，再按规方的线及抹灰层厚度向里反弹出墙角准线，挂上白线。

3. 抹灰饼、冲筋（标筋、灰筋）

做灰饼是在墙面的一定位置上抹上砂浆团，以控制抹灰层的平整度、垂直度和厚度。具体做法是：从阴角处开始，在距顶棚约200mm处先做两个灰饼（上灰饼），然后对应在踢脚线上方200～250mm处做两个下灰饼，再在中间按1200～1500mm间距做中间灰饼。灰饼大小一般以40～50mm为宜。灰饼的厚度为抹灰层厚度减去面层灰厚度。

标筋（也称冲筋）是在上下灰饼之间抹上砂浆带，同样起控制抹灰层平整度和垂直度的作用。标筋宽度一般为80～100mm，厚度同灰饼。标筋应抹成八字形（底宽面窄）。要检查标筋的平整度和垂直度。

4. 抹底层灰

标筋达到一定强度后（刮尺操作不致损坏或七成至八成干）即可抹底层灰。

抹底层灰可用托灰板盛砂浆，用力将砂浆推抹到墙面上，一般应从上而下进行。在两标筋之间抹满后，即用刮尺从下而上进行刮灰，使底灰层刮平刮实并与标筋面相平。操作中用木抹子配合去高补低，最后用铁抹子压平。

5. 抹中层灰

底层灰七八成干（用手指按压有指印但不软）时即可抹中层灰。操作时一般按自上而下、从左向右的顺序进行。先在底层灰上洒水，待其收水后在标筋之间装满砂浆，用刮尺刮平，并用木抹子来回搓抹，去高补低。搓平后用2m靠尺检查，超过质量标准允许偏差时应修整至合格。

6. 抹面层灰

在中层灰七八成干后即可抹罩面灰。先在中层灰上洒水，然后将面层砂浆分遍均匀抹涂上去。一般也应按从上而下、从左向右的顺序。抹满后用铁抹子分遍压实压光。铁抹子各遍的运行方向应相互垂直，最后一遍宜垂直方向。

① 阴阳角抹灰时应注意以下几点。

a. 用阴阳角方尺检查阴阳角的直角度，并检查垂直度，然后确定其抹灰厚度。

b. 用木制阴角器和阳角器分别进行阴阳角处抹灰，先抹底层灰，使其基本达到直角，再抹中层灰，使阴阳角方正。

c. 阴阳角找方应与墙面抹灰同时进行。

② 顶棚抹灰时应注意：顶棚抹灰可不做灰饼和标筋，只需在四周墙上弹出抹灰层的标高线（一般从500mm线向上控制）。顶棚抹灰的顺序宜从房间向门口进行。

抹底层灰前，应清扫干净楼板底的浮灰、砂浆残渣，清洗掉油污以及模板隔离剂，并浇水湿润。为使抹灰层和基层黏结牢固，可刷水泥胶浆一道。

抹底层灰时，抹压方向应与模板纹路或预制板板缝相垂直，应用力将砂浆挤入板条缝或网眼内。

抹中层灰时，抹压方向应与底层灰抹压方向垂直。抹灰应平整。

经调研发现，混凝土（包括预制混凝土）顶棚基体抹灰，由于各种因素的影响，抹灰层脱落的质量事故时有发生，严重危及人身安全。如要求施工单位不得在混凝土顶棚基体表面抹灰而仅用腻子找平应能取得良好的效果。

必知要点108：装饰抹灰施工

装饰抹灰的做法很多，下面介绍一些常用的装饰抹灰做法。

1. 水刷石施工要点

（1）弹线、粘分格条　待中层灰六七成干并经验收合格后，按照设计要求进行弹线分格，并粘贴好分格条。

（2）抹水泥石子浆　浇水湿润，刷一道水泥浆（水灰比0.37～0.40），随即抹水泥石子浆。配合水泥石子浆时应注意使石粒颗粒均匀、洁净、色泽一致，水泥石子浆稠度以50～70mm为宜。抹水泥石浆应一次成活，用铁抹子压紧揉平，但不应压得过死。每一分格内抹石子浆应按自下而上的顺序。阳角处应保证线条垂直、挺拔。

(3) 冲洗　冲洗是确保水刷石施工质量的重要环节。冲洗可分两遍进行，第一遍先用软毛刷刷掉面层水泥浆露出石粒，第二遍用喷雾器从上往下喷水，冲去水泥浆使石粒露出 1/3～1/2 粒径，达到显露清晰的效果。

开始冲洗的时间与气温和水泥品种有关，应根据具体情况去掌握。一般以能刷洗掉水泥浆而又不掉石粒为宜。冲洗应快慢适度。冲洗按照自上而下的顺序。冲洗中还应做好排水工作。

(4) 起分格条、修整　冲洗后随即起出分格条，起条应小心仔细。对局部可用水泥素浆修补。要及时对面层进行养护。

对外墙窗台、窗楣、雨篷、阳台、压顶、檐口以及突出的腰线等部位，应做出泄水坡度并做滴水槽或滴水线。

2. 干粘石施工要点

(1) 抹黏结层砂浆　中层灰验收合格后浇水湿润，刷水泥素浆一道，抹水泥砂浆黏结层。黏结层砂浆厚度 4～5mm，稠度以 60～80mm 为宜。黏结层应平整，阴阳角方正。

(2) 撒石粒、拍平　在黏结层砂浆干湿适宜时可以用手甩石粒，然后用铁抹子将石粒均匀拍入砂浆中。甩石粒应遵循“先边角后中间，先上面后下面”的原则。在阳角处应同时进行。甩石粒应尽量使石粒分布均匀，当出现过密或过稀处时一般不宜补甩，应直接剔除或补粘。拍石粒时也应用力合适，一般以石粒进入砂浆不小于其粒径的一半为宜。

(3) 修整　如局部有石粒不均匀、表面不平、石粒外露太多或石粒下坠等情况，应及时进行修整。起分格条时如局部出现破损也应用水泥浆修补。要使整个墙面平整、色泽均匀、线条顺直清晰。

必知要点 109：木门窗制作与安装工程

1. 木门窗制作

（1）放样　放样是根据施工图纸上设计好的木构件，按照 1∶1 的比例将木构件画出来，采用杉木制成样板（或样棒），双面刨光，厚约为 25mm，宽等于门窗樘子梃的截面宽，长比门窗长度大 200mm 左右，经过仔细校核后才能使用。放样是配料、裁料和划线的依据，在使用的过程中，注意保持其划线的清晰，不得使其弯曲或折断。

（2）配料、裁料　根据下料单进行长短搭配下料，不得大材小用、长材短用。

① 毛料断面尺寸均预留出刨光消耗量，一般一面刨光留 3mm，两面刨光留 5mm。

② 长度加工余量如表 7-1 所示。

表 7-1　门窗构件长度加工余量

构件名称	加工余量
门框立梃	按图纸规格放长 7cm
门窗框冒头	按图纸放长 10cm，无走头时放长 4cm
门窗框中冒头、窗框中竖梃	按图纸规格放长 1cm
门窗扇梃	按图纸规格放长 4cm
门窗扇冒头、玻璃棂子	按图纸规格放长 1cm
门扇中冒头	在五根以上者，有一根可考虑做半榫
门芯板	按图纸冒头及扇 梃内净距放长各 2cm

③ 配料时还需注意木材的缺陷，节疤应避开眼和榫头的部位，防止凿劈或榫头断掉，起线部位也禁止有节疤。

裁料时应按设计留出余头，以保证质量。

（3）刨料　刨料时，宜将纹理清晰的材料面作为正面，樘子料可任选一个窄面为正面，门、窗框的梃及冒头可只刨三面，不刨靠墙的一面；门、窗扇的梃和上冒头也可先刨三面，靠樘子的一面施工时再进行修刨。刨完后，应按同规格、同类型、同材质的樘扇料分别堆放，上、下对齐。每个正面相合，堆垛下面要垫实平整，加强防潮处理。

(4) 划线　划线是按门窗的构造要求，在各根刨好的木料上划出样线，打眼线、榫线等。榫、眼尺寸应符合设计要求，规格必须一致，一般先做样品，经审查合格后再全部划线。

门窗樘一般采用平肩插。樘梃宽超过 80mm 时，要画双实榫；门扇梃厚度超过 60mm 时，要画双头榫。60mm 以下画单榫。冒头料宽度大于 180mm 者，一般画上下双榫。榫眼厚度一般是料厚的 1/4～1/3。半榫眼深度一般不大于料截面的 1/3，冒头拉肩应和榫吻合，尺寸会略大一点。

成批画线应在画线架上进行。把门窗料叠放在架子上，用螺钉拧紧固定，然后用丁字尺一次画下来，或用墨斗直接弹线下来，不仅准确而且迅速，并标识出门窗料的背面或正面，再标注出全眼还是半眼，透榫还是半榫。用木工三角尺将正面眼线画到背面，并画好倒棱、裁口线，这样就已画好所有的线。一般应遵循的原则是：先正面后背面、先榫眼后冒头、先全眼后半眼、先透榫后半榫。

(5) 打眼　打眼之前，应选择好凿刀，凿出的眼，顺木纹两侧要直，不得出错槎。全眼应先打背面，先将凿刀沿榫眼线向里，顺着木纹方向凿到一定深度，然后凿横纹方向，凿到一半时，翻转过来再打正面直至贯穿。眼的正面要留半条墨线，反面不留线，但比正面略宽。这样装榫头时，可减少冲击，以免挤裂眼口四周。成批生产时，采用的是机械制作，因此要经常核对位置和尺寸。

(6) 开榫、拉肩　开榫又称倒卯，就是按榫头线纵向锯开。拉肩就是锯掉榫头两旁的肩头，通过开榫和拉肩操作就制成了榫头。开榫、拉肩均要留出半个墨线。锯出的榫头要方正、平直，榫眼处完整无损，没有被拉肩时锯伤。半榫的长度应比半眼的深度少 2～3mm。锯成的榫要求方正，不能伤榫眼。楔头倒棱，以防装楔头时将眼背面胀裂。机械加工时操作要领与人工一致。

(7) 裁口、倒角　裁口即刨去框的一个方形角，以供安装玻璃时用。用裁口刨子或歪嘴刨，快刨到线时，用单线刨子刨，刨到为止。裁好的口要求方正平直，防止出现起毛、凹凸不平的现象。倒棱也称为倒八字，即沿框刨去一个三角形部分。倒棱要平直、板实、不能过线。裁口也可用电锯切割，需留 1mm 再用单线刨子刨到需求位置为止。

(8) 拼装　拼装前要对构件进行检查，要求构件顺直、方正、线脚整齐分明、表面光滑、尺寸规格、式样符合设计要求，并用细刨将遗留墨线刨光。门窗框的组装，是在一根边梃的眼里，再装上另一边的梃；用锤轻轻敲打拼合，敲打时要垫木块，防止打坏榫头或留下敲打的痕迹。待整个拼好归方以后，再将所有样头敲实，锯断露出的排头。拼装时，先在楔头内抹上胶，再用锤轻轻敲打拼合。门窗扇的组装方法与门窗框基本相同。但木扇有门芯板，施工前须先把门芯板按尺寸裁好，一般门芯板下料尺寸比设计尺寸小 3～5mm，门芯板的四边应去棱，刨得光滑干净。然后，再把一根门梃平放，将冒头逐个装入，门芯板嵌入冒头与门梃的凹槽内，随后将另一根门梃的眼对准榫装入，并用锤敲紧。

门窗框、扇组装好后，为使其成为一个结实的整体，必须在眼中加木楔，将榫在眼中挤紧。木楔长度为榫头的 2/3，宽度比眼宽窄。楔子头用铲顺木纹铲尖，加楔时应先检查门窗框、扇的方正，掌握其歪扭程度，以便在加楔时调整、纠正。

为了防止木门窗在施工、运输过程中发生变形，应在门框锯口处钉拉杆，在窗框的四个角上钉八字撑杆。拉杆在楼地面施工完成后方可锯掉，八字撑杆在窗户安装完成后即可锯掉。

(9) 码放

① 加工好的门窗框、扇应码放在库房内。库房地面应平整，下垫垫木（离地 200mm），搁置平稳，以防门窗框、扇变形。库房内应通风良好，保持室内干燥，保证产品不受潮和暴晒。

② 按门窗型号分类码放，不得紊乱。

③ 门窗框靠砌体的一面应刷好防腐剂、防潮剂。

2. 木门窗安装

(1) 木门窗框的安装

① 将门窗框用木楔临时固定在门窗洞口内的相应位置。

② 用水平尺校正框冒头的水平度，用吊线坠校正框的正、侧面垂直度。

③ 高档硬木门框应用钻打孔木螺钉拧固并拧进木框 5mm，并用同等木补孔。

④ 用砸扁钉帽的钉子钉牢在木砖上。钉帽要冲入木框内 1～2mm，每块木砖要钉两处。

(2) 木门窗扇的安装

① 量出樘口净尺寸，考虑留缝宽度。确定门窗扇的高、宽尺寸，先画出中间缝处的中线，再画出边线，为保证梃宽一致，应四边画线。

② 若门窗扇高、宽尺寸过小，可在下边或装合页一边用胶和钉子绑钉刨光的木条。钉帽砸扁，钉入木条内 1～2mm，然后锯掉余头再刨平。

③ 若门窗扇高、宽尺寸过大，则应刨去多余部分。修刨时应先锯余头，再行修刨。门窗扇为双扇时，应先作打叠高低缝，并以开启方向的右扇压左扇。

④ 平开扇的底边、上悬扇的下边、中悬扇的上下边、下悬扇的上边等与框接触且容易发生摩擦的边，应刨成 1mm 斜面。

⑤ 试装门窗扇时，应先用木楔塞在门窗扇的下边，然后再检查缝隙，并注意玻璃芯子和窗楞是否平直对齐。合格后画出合页的位置线，剔槽装合页。

(3) 木门窗配件的安装

① 所有小五金必须用木螺钉固定安装，严禁用钉子代替。使用木螺钉时，首先用手锤钉入全长的 1/3，接着用旋具（螺丝刀）

拧入。当木门窗为硬木时，先钻孔径为木螺钉直径90%的孔，孔深为木螺钉全长的2/3，然后再拧入木螺钉。

② 铰链距门窗扇上下两端的距离为扇高的1/10，且避开上下冒头。安好后必须灵活。

③ 门窗拉手应位于门窗扇中线以下，窗拉手距地面宜为1.5～1.6m。

④ 门锁距地面高0.9～1.05m，应错开边梃的榫头和中冒头。

⑤ 门插销位于门拉手下边。装窗插销时应先固定插销底板，再关窗打插销压痕、凿孔，打入插销。

⑥ 窗风钩应装在窗框下冒头与窗扇下冒头夹角处，使窗开启后成90°角，并使上下各层窗扇开启后整齐划一。

⑦ 小五金应安装齐全，固定可靠，位置适宜。

⑧ 门扇开启后易碰墙的门，为固定门扇应安装门吸。

必知要点110：金属门窗安装工程

1. 钢门窗安装

(1) 弹控制线　钢门窗安装前，应在距地面、楼面500mm高的墙面上弹出一条水平控制线；再按门窗的安装标高、尺寸和开启方向，在墙体预留洞口四周弹出门窗落位线。若为双层钢窗，钢窗之间的距离应符合设计规定或生产厂家的产品要求，如设计无具体规定，两窗扇之间的净距应不小于100mm。

(2) 立钢门窗、校正　将钢门窗塞入洞口内，用对拔木楔（或称木榫）做临时固定。木楔固定钢门窗的位置应设置于框梃端部和门窗四角（图7-1），否则容易产生变形。此后用吊线锤、水平尺及对角线尺量等方法校正门窗框的水平与垂直度，同时调整木楔，使门窗达到横平竖直、高低一致。待同一墙面相邻的门窗就位固定后，再拉水平通线找齐；上下层窗框吊线应找垂直，以做到上下层顺直、左右通平。

(3) 门窗框固定　在实际工程中，钢门窗框的固定方法多有不

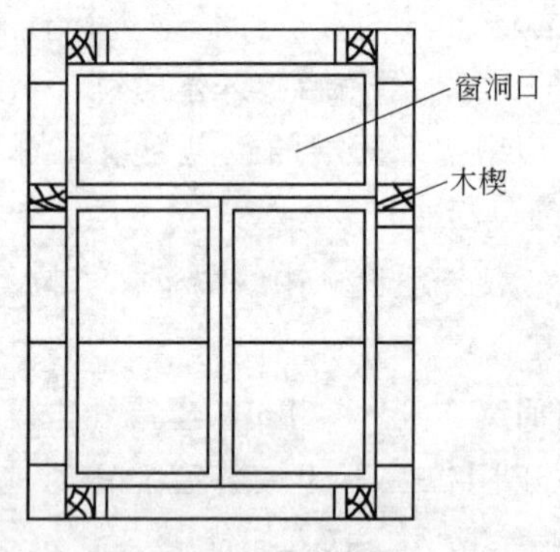

图 7-1　木楔的位置

同，最常用的一种做法是采用 3mm×(12～18)mm×(100～150)mm 的扁钢铁脚，其一端与预埋铁件焊牢，或是用水泥砂浆或豆石混凝土埋入墙内，另一端用螺钉与门窗框拧紧。另外，也有的用一端带有倒刺形状的圆铁埋入墙内，另一端用装有母螺钉圆头螺钉将门窗框旋牢。

另外一种做法是先把门窗以对拔木楔临时固定于洞口内，再用电钻（钻头 ϕ5.5mm）通过门窗框上的 ϕ7mm 孔眼在墙体上钻 ϕ5.6～ϕ5.8mm 的孔，孔深约为 35mm，把预制的 ϕ6mm 钢钉强行打入孔内挤紧，固定钢门窗后拔除木楔并在周边抹灰，洞口尺寸与钢门窗边距应小于 30mm，木楔应先拆两侧的而后再拔除上下者，但在镶砖和灰缝处不能采用此法，不允许先立樘后进行砌筑或浇筑。

(4) 安装小五金和附件

① 安装门窗小五金，宜在装饰完内外墙面后进行。高级建筑应在安装玻璃前将机螺丝拧在框上，待油漆做完后再安装小五金。

② 安装零附件之前，应检查门窗在洞口内是否牢固，开启是否灵活，关闭是否严密。如有缺陷应立即进行调整，合格后方可安装零附件。

③ 五金零件应按照生产厂家提供的装配图经试装鉴定合格后，

方可全面进行安装。

④ 密封条应在钢门窗的最后一遍涂料干燥后，按型号安装压实。如用直条密封条时，拐角处必须裁成45°角，再粘成直角安装。密封条应比门窗扇的密封槽口尺寸长10～20mm，避免收缩引起局部不密封现象。

⑤ 各类五金零件的转动和滑动配合处应灵活且无卡阻现象。

⑥ 装配螺钉，拧紧后不得松动，埋头螺钉不得高于零件表面。

⑦ 钢门上的灰尘应及时擦拭干净。

(5) 安装纱门窗

① 纱门窗扇如有变形，应校正后方可安装。

② 宽、高大于1400mm的纱扇，应在装纱前，在纱扇中用木条临时支撑，以防窗纱凹陷影响使用。

③ 检查压纱条和扇是否配套后，再将纱切成比实际尺寸大50mm。绷纱时先用机螺丝拧入上下压纱条再装两侧压纱条，切除多余纱头，然后将机螺丝的纱扣剔平，用钢板锉锉平。

④ 金属纱装完后，统一刷油漆。交工前再将纱门窗扇安在钢门窗框上，最后在纱门上安装护纱条和拉手。

2. 铝合金门窗安装

(1) 预埋件安装　主体结构施工时，门窗洞口和洞口预埋件应按施工图规定预留、预埋。

(2) 弹安装线　按照设计图纸和墙面+50cm水平基准线，在门窗洞口墙体和地面上弹出门窗安装位置线。超高层或高层建筑的外墙窗口必须用经纬仪从顶层到底层逐层施测边线，再量尺定中心线。各洞口中心线从顶层到底层偏差应不超过±5mm。同一楼层水平标高偏差不应大于5mm。周边安装缝应满足装饰要求，一般不应小于25mm。

(3) 门窗就位

① 在安装前后，铝框上的保护膜不要撕除或损坏。

② 框子安装在洞口的安装线上，调整正、侧面水平度、垂直

度和对角线合格后，用对拔木楔临时固定。木楔应垫在边、框框能受力的部位，避免框子被挤压变形。

③ 组合门窗应先按设计要求进行预拼装，然后先装通长拼樘料，后装分段拼樘料，最后安装基本门窗框的顺序进行。门窗框横向及竖向组合应采用套插，搭接应形成曲面组合，搭接量一般不少于 10mm，以避免因门窗冷热伸缩和建筑物变形而引起的门窗之间裂缝。缝隙需用密封胶条密封。组合方法如图 7-2 所示。

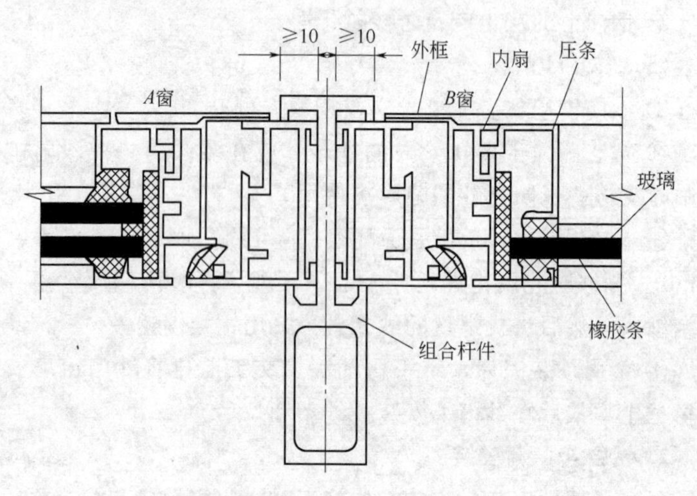

图 7-2　铝合金门窗组合方法示意

④ 组合门窗拼樘料如需加强时，其加强型材应采取防腐措施。连接部位采用镀锌螺钉（图 7-3）。

（4）门窗框固定

① 在洞口上弹出的门、窗位置线应符合设计要求，将门、窗框立于墙的中心线部位或内侧，使门、窗框表面与饰面层相适应。

② 将铝合金门、窗框临时用木楔固定，待检查立面垂直、左右间隙大小、上下位置一致，均符合要求后，再将镀锌锚板固定在门、窗洞口内。

③ 铝合金门、窗框上的锚固板与墙体的固定方法有膨胀螺钉

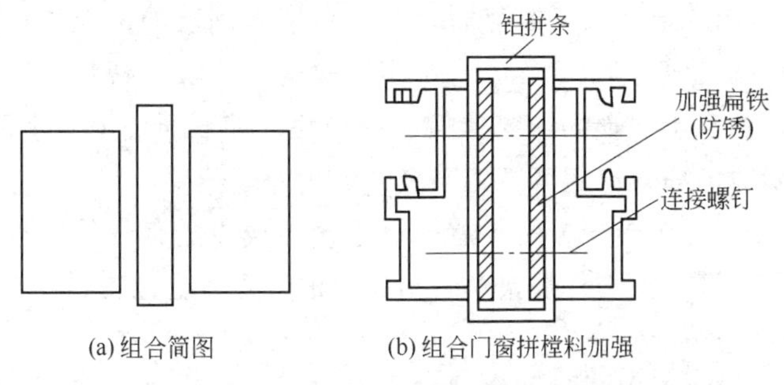

(a) 组合简图　　(b) 组合门窗拼樘料加强

图 7-3　铝合金组合门窗拼樘料加强示意

固定法、射钉固定法以及燕尾铁脚固定法等，如图 7-4 所示。

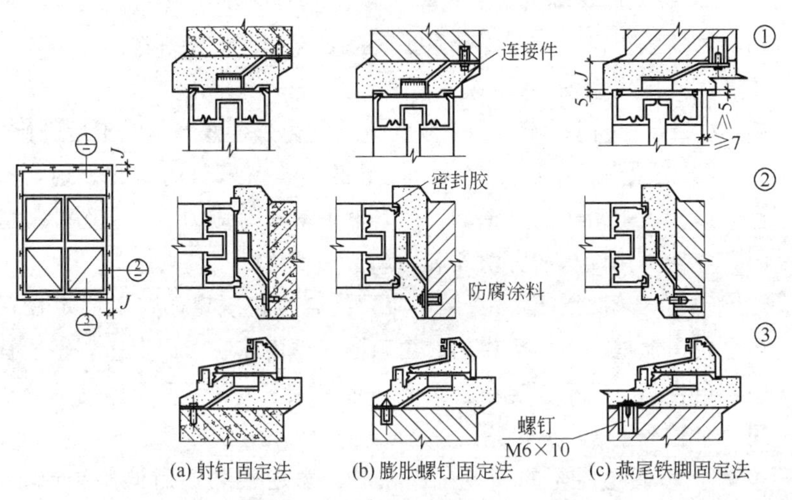

(a) 射钉固定法　　(b) 膨胀螺钉固定法　　(c) 燕尾铁脚固定法

图 7-4　锚固板与墙体固定方法

④ 锚固板是铝合金门、窗框与墙体固定的连接件，锚固板的一端固定在门、窗框的外侧，另一端固定在密实的洞口墙体内。

⑤ 锚固板应固定牢固，不得出现松动现象，锚固板的间距不应大于 500mm。如有条件时，锚固板方向宜在内、外交错布置。

⑥ 大型窗、带型窗的拼接处，如需增设槽钢或角钢加固，则其上、下部要与预埋钢板焊接，预埋件可按每 1000mm 的间距在洞口内均匀设置。

⑦ 铝合金门、窗框与洞口的间隙应采用玻璃棉毡条或矿棉条分层填塞，缝隙表面留 5～8mm 深的槽口，填嵌密封材料。在施工中，注意不得损坏门窗上面的保护膜；如表面沾上了水泥砂浆，则应随时擦净，以免腐蚀铝合金，影响外表美观。

⑧ 严禁在铝合金门、窗框上连接地线以进行焊接工作，当固定铁码与洞口预埋件焊接时，门、窗框上要盖上橡胶石棉布，避免焊接时烧伤门窗。

⑨ 严禁采用安装完毕的门、窗框搭设和捆绑脚手架，避免损坏门、窗框。

⑩ 竣工后，剥去门、窗框上的保护膜，如有油污、脏物，可用醋酸乙酯擦洗（醋酸乙酯系易燃品，操作时应特别注意防火）。

（5）门窗扇安装

① 铝合金门、窗扇的安装：应在室内外装修基本完工后进行。

② 推拉门、窗扇的安装：配好的门、窗扇分内扇和外扇，先将外扇插入上滑道的外槽内，便自然下落于对应的下滑道的外滑道内，然后再用同样的方法安装内扇。

③ 平开门、窗扇的安装：应先把合页按规定的位置固定在铝合金门、窗框上，然后将门、窗扇嵌入框内作临时固定，调整适宜后，再将门、窗扇固定在合页上，必须保证上、下两个转动部分在同一个轴线上。

④ 可调导向轮的安装：应在门、窗扇安装之后调整导向轮，调节门、窗扇在滑道上的高度，并使门、窗扇与边框间平行。

⑤ 地弹簧门扇的安装：应先将地弹簧主机埋设在地面上，并浇筑混凝土使其固定。中横档上的顶轴应与主机轴在同一垂线上，主机表面与地面齐平。待混凝土达到设计强度后，调节上门顶轴，再将门扇装上，最后调整门扇间隙及门扇的开启速度，如图 7-5 所示。

3. 涂色镀锌钢板门窗安装

（1）带副框的涂色镀锌钢板门窗安装

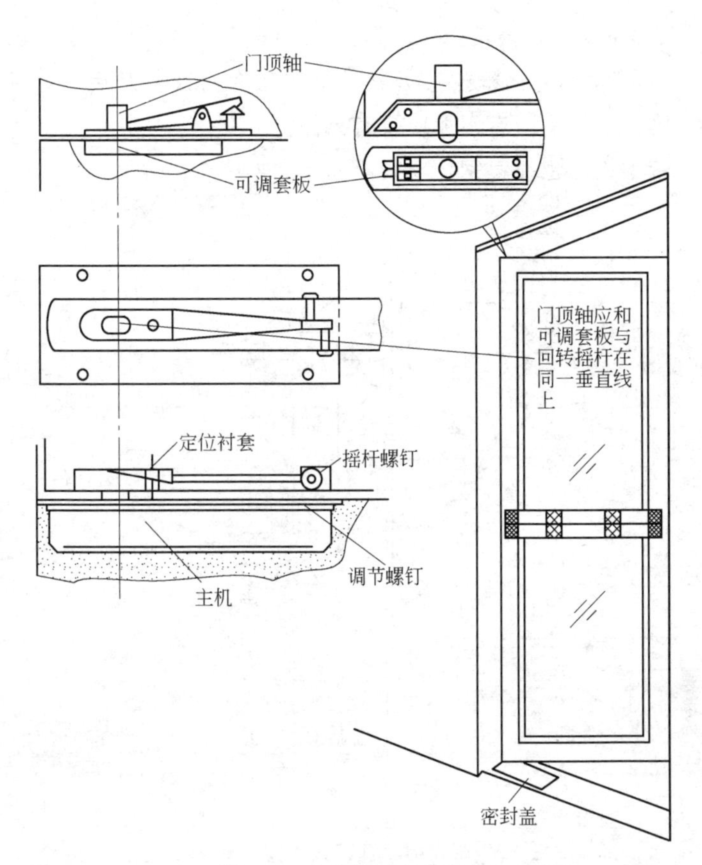

图 7-5　地弹簧门扇的安装

① 用自攻螺丝将连接件固定在副框上，然后将副框放进洞口内。用木楔将副框四角临时定位，同时调整副框至横平竖直，与相邻框标高一致，然后每隔 500mm 一个木楔，将副框支撑牢固。

② 将副框上的连接件与洞口内的预埋件焊接。

③ 在副框与门窗外框接触的侧面和顶面贴上密封胶条，将门窗镶入副框内，用自攻螺钉把副框和门窗框连接牢固，扣上孔盖。推拉门窗框扇要调整滑块及滑道，使门窗推拉灵活。

④ 外墙与门窗副框缝隙应分层填塞保温材料，外表面应预留

5～8mm，用密封膏密封。

⑤ 副框与门窗框拼接处间的缝隙用密封膏密封后，方可剥去保护膜。如门窗上有污垢应及时擦掉。

带副框涂色镀锌钢板门窗安装节点如图 7-6 所示。

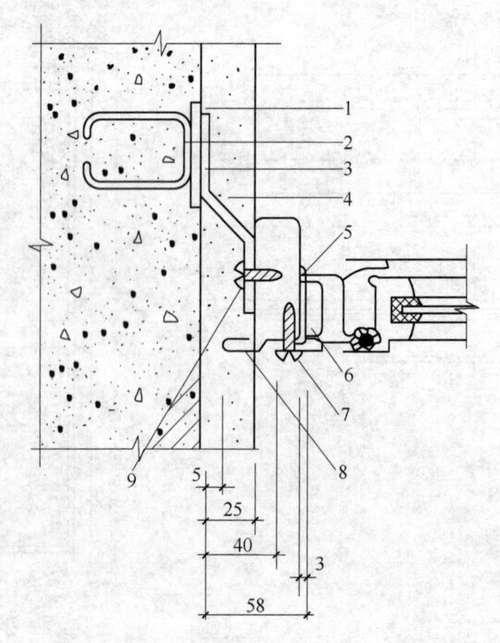

图 7-6　带副框涂色镀锌钢板门窗安装节点

1—预埋铁件；2—预埋件 ϕ10 圆铁；3—连接件；4—水泥砂浆；5—密封膏；6—垫片；7，9—自攻螺钉；8—副框

(2) 不带副框的涂色镀锌钢板门窗安装

① 在室内外装饰完成后，按设计规定在洞口内弹好门窗安装线。

② 根据门窗外框上膨胀螺栓的位置，在洞口相应位置的墙体上钻孔。

③ 门窗框放入洞口内，对准安装线，调整门窗的水平度、垂直度和对角线合格后，用木楔固定。

④ 用膨胀螺栓将门窗框固定，扣上孔盖。

⑤ 门窗框与洞口之间的缝隙用密封膏密封。

⑥ 完工后，剥去保护膜，擦净玻璃及框扇。

上述安装方式对洞口尺寸要求较严，其安装节点如图 7-7 所示。

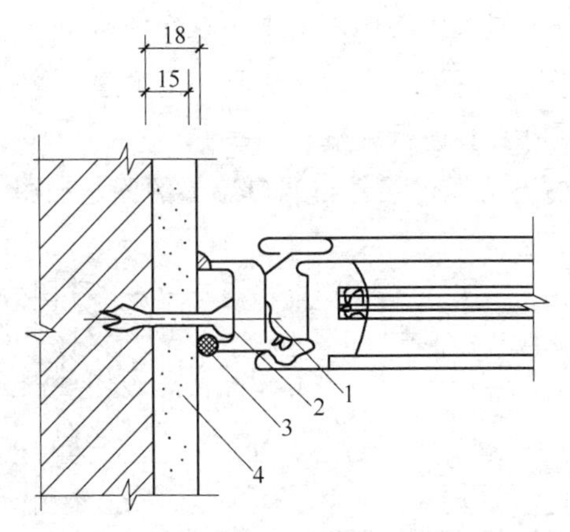

图 7-7　不带副框涂色镀锌钢板门窗安装节点

1—塑料盖；2—膨胀螺钉；3—密封膏；4—水泥砂浆

必知要点 111：塑料门窗安装工程

1. 弹门窗位置线

门窗洞口周边的低槽达到强度后，按施工设计图要求，弹出门窗安装位置线，同时检查洞口内预埋件的数量和位置。如预埋件的数量和位置不符合设计要求或未预埋铁件或防腐木砖，则应在门窗安装线上弹出膨胀螺栓的钻孔位置。钻孔位置应与框子连接铁件位置相对应。

2. 框子安装连接铁件

框子连接铁件的安装位置是从门窗框宽度和高度两端向内各标出 150mm，作为第一个连接件的安装点，中间安装点间距小于或等于 600mm。安装方法为先把连接铁件与框子成 45°角放入框子背面燕尾槽口内，顺时针方向将连接件扳成直角，然后成孔旋进$\phi 4\times$ 15mm 自攻螺钉。严禁锤子敲打框子，以防损坏。

3. 立樘子、校正

① 把门窗放入洞口安装线上就位，用对拔木楔临时固定。校正正、侧面垂直度、水平度和对角线合格后，将木楔固定牢靠。为防止门窗框受木楔挤压变形，木楔应塞在门窗角、中横框、中竖框等能受力的部位。框子固定后，应开启门窗扇，检查反复开关灵活度。若有问题应及时进行调整。

② 塑料门窗边框连接件与洞口墙体的固定如图 7-8 所示。

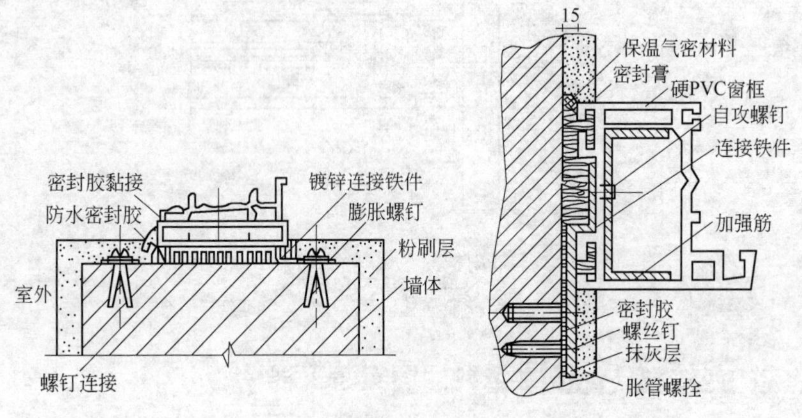

图 7-8 塑料门窗边框连接件与洞口墙体的固定

③ 塑料门窗底、顶框连接件与洞口基体的固定与边框固定方法相同。

④ 用膨胀螺栓固定连接件，一只连接件不宜少于 2 个螺栓。如洞口是预埋木砖，则用两只螺钉将连接件紧固于木砖上。

4. 塞缝

塑料门窗与墙体洞口间的缝隙，用软质保温材料（如泡沫聚氨酯条、泡沫塑料条、油毡条等）填塞饱满。填塞不得过紧，过紧会使门窗框受压发生变形；也不能填塞过松，过松会使缝隙密封不严，影响门窗防风、防寒功能。最后用密封膏将门窗框四周的内外缝隙密封。

5. 安装小五金

塑料门窗安装小五金时，必须先在框架上钻孔，然后用自攻螺钉拧入，严禁直接锤击打入。

6. 安装玻璃

扇、框连在一起的半玻平开门，可在安装后直接装玻璃。对可拆卸的窗扇，如推拉窗扇，可先将玻璃装在扇上，再将扇装在框上。玻璃应由专业玻璃工安装。

7. 清洁

门窗洞口墙面面层粉刷时，应先在门窗框、扇上贴好防污纸，以防水泥浆污染。局部受水泥浆污染的框扇，应及时用擦布抹拭干净。玻璃安装后，必须及时擦除玻璃上的胶液等污物，直至光洁明亮。

必知要点112：特种门安装工程

1. 自动门安装

（1）安装地面导向轨道　全玻璃自动门和铝合金自动门地面上装有导向性下轨道，异型钢管自动门无下轨道。有下轨道的自动门在土建做地坪时，需在地面上预埋1根50mm×75mm的方木条。自动门安装时，撬出方木条便可埋设下轨道，下轨道长度是开启门宽的2倍，如图7-9所示。

（2）安装横梁　将[18槽钢放置在已预埋铁件的门柱处，校平、吊直，应注意与下面轨道的位置关系，确定位置后焊牢。

自动门上部机箱层主梁是安装中的重要环节。由于机箱内装有电控及机械装置，因此对支撑横梁的土建支撑结构有一定的稳定性及强度要求。通常采用两种支承节点（图7-10），一般砌体结构宜采用如图7-10(a)所示节点，混凝土结构采用如图7-10(b)所示节点。

（3）调试　自动门安装后，接通电源，调整控制箱和微波传感

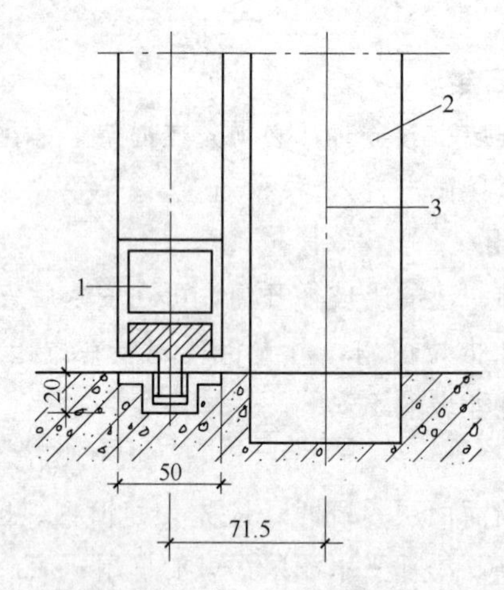

图 7-9　自动门下轨道埋设示意图

1—自动门扇下帽；2—门柱；3—门柱中心线

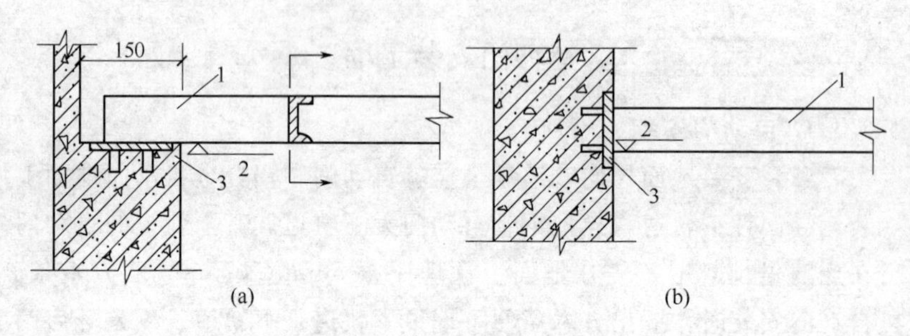

图 7-10　机箱横梁支承节点

1—机箱横梁；2—门扇高度；3—预埋铁件

器，使其达到最佳技术性能和工作状态。一旦调试正常，就不能随意变动各种旋钮位置，以免失去最佳工作状态。

2. 防火门安装

(1) 划线　按设计要求标高、尺寸和方向，画出门框框口位置线。

(2) 立门框　先拆掉门框下部的固定板，将门框用木楔临时固定在洞口内，经校正合格后再固定木楔。当门框内高度尺寸比门扇的高度大 30mm 时，洞口两侧地面应留设凹槽。门框一般埋入地（楼）面标高以下 20mm，要保证框口尺寸一致，允许误差小于 1.5mm，对角线允许误差小于 2mm。

将门框铁脚与预埋铁件焊牢，然后在门框两上角墙上开洞，向钢质门框空腔内灌注 M10 水泥素浆，待其凝固后方可装配门扇(水泥素浆浇注后的养护期为 21d)；冬季施工要注意防寒。另外一种做法是将防火门的钢质门框空腔内填充水泥珍珠岩砂浆（养护 48h)，砂浆的体积配合比为水泥∶砂∶珍珠岩＝1∶2∶5，先干拌均匀后再加入适量清水拌和，其稠度以外观松散、手握成团不散且挤不出浆为宜。

(3) 安装门扇附件　采用 1∶2 的水泥砂浆或强度不低于 10MPa 的细石混凝土嵌填门框周边缝隙，做到密实牢固，保证与墙体结合严整。经养护凝固后，再粉刷洞口墙面。然后即可安装门扇、五金配件及有关防火防盗装置。门扇关闭后，门缝应均匀平整，开启自由轻便，不得出现过松、过紧和反弹现象。

3. 防盗门安装

(1) 定位放线　按设计尺寸，在墙面上弹出门框四周边线。

(2) 检查预埋铁件　防盗门门框每边宜设置三个固定点。按门框固定点的位置，在预埋铁板上画出连接点。如没有预埋铁板，则应在门框连接件的相应位置准确量出尺寸，在墙体上定点钻膨胀螺栓孔。ϕ10 或 ϕ12 膨胀螺栓的长度为 100～150mm，螺栓孔的深度为 75～120mm。

(3) 安装门框　将门框装入门洞，经反复检查校正垂直度、平整度合格后，初步固定，用门框的预埋铁件与连接铁件点焊。另一种做法是将门框上的连接铁件与膨胀螺栓连接点焊，再次调整垂直度、平整度合格后，将焊点焊牢，膨胀螺栓螺帽紧固。采用焊接时，不得在门框上接地打火，还应用石棉布遮住门框，以防门框损坏。框与墙周边缝隙，用罐装聚氨酯泡沫剂压注。

(4) 安装门扇　防盗门的接缝缝隙比较精细，又不允许用锤敲打门框、门扇，因此，应严格控制门框的垂直、平整度。安装门扇时还应仔细校核。门扇就位后，按设计规定的开启方向安装隐形轴承铰链（合页）。若门框不平行于门扇，可在铁门框背面靠近螺栓位置加木楔试垫，直至门框与门扇垫平为止。最后，反复开启，无碰撞且活动自如为合格。

4. 全玻门安装

（1）安装玻璃板　首先用玻璃吸盘将玻璃板吸紧，然后进行玻璃就位。应先将玻璃板上边插入门框顶部的限位槽内，然后将其下边安放于木底托的不锈钢包面对口缝内，如图 7-11 所示。

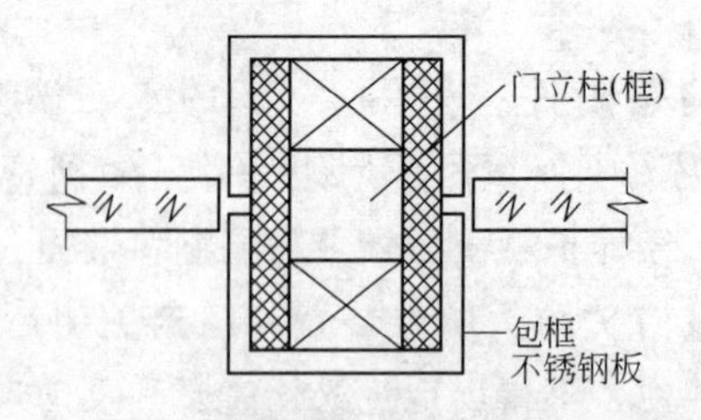

图 7-11　玻璃门框柱与玻璃板安装的构造关系

在底托上固定玻璃板的方法为：在底托木方上钉木板条，距玻璃板面 4mm 左右；然后在木板条上涂刷胶黏剂，将饰面不锈钢板片粘贴在木方上。玻璃板竖直方向各部位的安装构造如图 7-12 所示。

（2）注胶封口　玻璃门固定部分的玻璃板就位以后，即在底部的底托固定处和顶部的限位槽处，以及玻璃板与框柱的对缝等各缝隙处，均应注胶密封。首先将玻璃胶开封后装入打胶枪内，即用胶枪的后压杆端头板顶住玻璃胶罐的底部；然后用一只手托住胶枪身，另一只手握着注胶压柄并不断松压循环地操作压柄，将玻璃胶注于需要封口的缝隙端，如图 7-13 所示。从需要注胶的缝隙端头开始，顺缝隙匀速移动，使玻璃胶在缝隙处形成一条均匀的直线。最后用塑料片刮去多余的玻璃胶，用棉布擦净胶迹。

（3）玻璃板之间的对接　门上固定部分的玻璃板需要对接时，

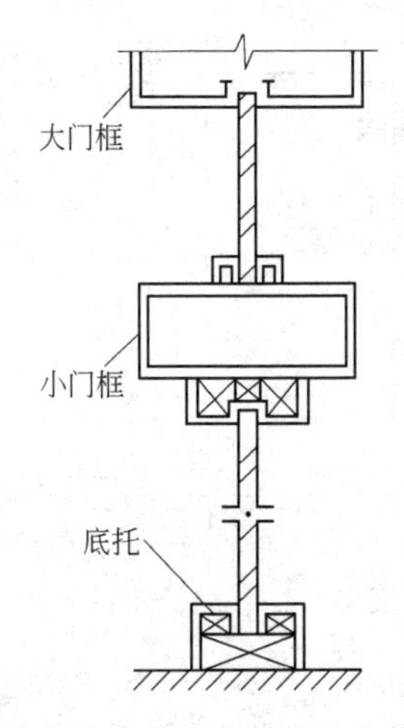

图 7-12　玻璃板竖直方向各部位的安装构造示意图

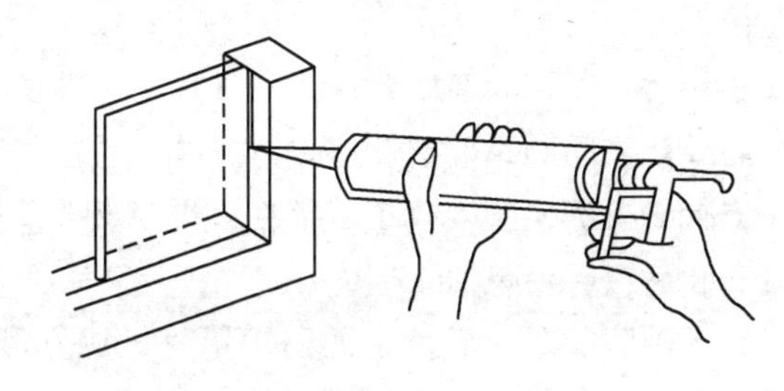

图 7-13　注胶封口操作示意图

其对接缝应有 2～3mm 的宽度，玻璃板边部要进行倒角处理。当玻璃块留缝定位并安装稳固后，即将玻璃胶注入其对接的缝隙，在玻璃板对缝的两面用塑料片把胶刮平，用布擦净胶迹。

(4) 玻璃活动门扇安装　全玻璃活动门扇的结构无门扇框，门扇的启闭由地弹簧实现，地弹簧与门扇的上、下金属横档进行铰接（图 7-14）。

5. 卷帘门安装

(1) 定位放线　测量洞口标高，弹出两导轨垂线和卷轴中心线。

(2) 墙体内的预埋件

① 当墙体洞口为混凝土时，应在洞口内埋设预埋件，然后与

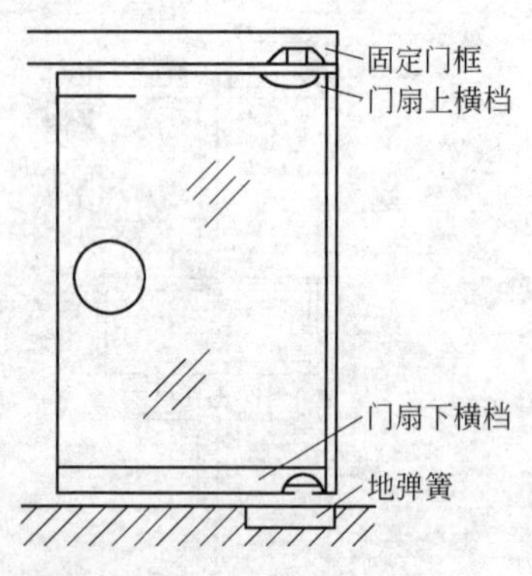

图 7-14　玻璃活动门扇构造

轴承架、导轨焊接连接。

② 当墙体洞口为砖砌体时，可采用钻孔埋设胀锚螺栓与轴承架、导轨连接。

(3) 安装卷筒　安装卷筒时，应先找好尺寸，并使卷筒轴保持水平，注意与导轨之间的距离两端应保持一致。卷筒临时固定后进行检查，并进行必要的调整、校正，合格后再与支架预埋件用电焊焊牢。卷筒安装后应转动灵活。

(4) 安装卷轴防护罩　卷筒上的防护罩可做成方形或半圆形。防护罩的尺寸大小应与门窗的宽度和门窗页片卷起后的尺寸相适应，保证卷筒将门窗的页片卷满后与防护罩依然保持一定的距离，防止相互碰撞。经检查无误后，再与防护罩预埋件焊牢。

(5) 安装卷门机　按说明书检查卷门机的规格、型号，无误后按说明书的要求进行安装。

(6) 安装门体　先将页片装配好，再安装在卷轴上，注意不要装反。

(7) 安装导轨　应先按图纸规定进行找直、吊正轨道，槽口尺寸应准确，上下保证一致，对应槽口应在同一垂直平面内，然后用连接件与洞口内的预埋件焊牢。导轨与轴承架安装应牢固，导轨预埋件间距不应大于 600mm。

（8）安装锁具　锁具的安装位置有两种，轻型卷门窗的锁具应安装在座板上，卷门的锁具亦可安装在距地面约1m处。

（9）安装水幕喷淋系统　水幕喷淋系统应装在防护罩下面，喷嘴倾斜15°。安装后，应试用。

（10）调试　安装完毕后，先手动调试行程，观察门体上下运行情况，正常后再用电动机启闭数次，调整至无阻滞、卡住及异常噪声等现象为合格。

必知要点113：门窗玻璃安装工程

1. 安装尺寸要求

单片玻璃、夹层玻璃和真空玻璃的最小安装尺寸应符合表7-2的规定；中空玻璃的最小安装尺寸应符合表7-3的规定。玻璃安装尺寸如图7-15所示。

表7-2　单片玻璃、夹层玻璃和真空玻璃的最小安装尺寸　单位：mm

玻璃公称厚度	前部余隙和后部余隙 a		嵌入深度 b	边缘间隙 c
	密封胶	胶条		
3～6	3.0	3.0	8.0	4.0
8～10	5.0	3.5	10.0	5.0
12～19		4.0	12.0	8.0

表7-3　中空玻璃的最小安装尺寸　单位：mm

玻璃公称厚度	前部余隙和后部余隙 a		嵌入深度 b	边缘间隙 c
	密封胶	胶条		
4+A+4	5.0	3.5	15.0	5.0
5+A+5				
6+A+6				
8+A+8	7.0	5.0	17.0	7.0
10+A+10				
12+A+12				

注：A为气体层的厚度，其数值可取6mm、9mm、12mm、15mm、16mm。

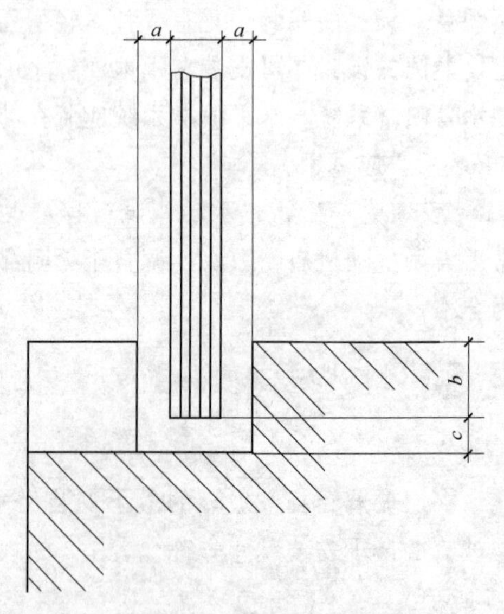

图 7-15 玻璃安装尺寸

2. 木门窗玻璃安装

(1) 分散玻璃 根据安装部位所需的规格、数量分散已裁好的玻璃，分散数量以当天安装数量为准。将玻璃放在安装地点，但不得靠近门窗开合摆动的范围之内，避免损坏。

(2) 清理裁口 玻璃安装前，必须将门窗的裁口（玻璃槽）清扫干净。清除灰渣、木屑、胶渍与尘土等，使油灰与槽口黏结牢固。

(3) 涂抹底油灰 在玻璃底面与裁口之间，沿裁口的全长涂抹1～3mm厚的底灰，要达到均匀饱满而不间断，随后用双手把玻璃推铺平正，轻按压实并使部分油灰挤出槽口，待油灰初凝有一定强度时，顺槽口方向把多余的底油灰刮平，遗留的灰渣应清除干净。

(4) 嵌钉固定 在玻璃四边分别钉上钉子，钉圆钉时钉帽要靠紧玻璃，但钉身不得靠玻璃，否则钉身容易把玻璃挤碎。所用圆钉的数量每边不少于1颗，若边长超过40cm，则每边需钉两颗，钉距不宜大于20cm。嵌钉完毕，用手轻敲玻璃，听声音鉴别是否平直，如底灰不饱满应立即重新安装。

（5）涂抹表面油灰　涂抹表面应选用无杂质、软硬适宜的油灰。

3. 钢门窗玻璃安装

（1）操作准备　首先检查门窗扇是否平整，如发现扭曲变形应立即校正；检查铁片卡子的孔眼是否准确齐全，如有不符合要求的应补钻。钢门窗安装玻璃使用的油灰应加适量的红丹，以使油灰具有防锈性能，再加适量的铅油，以增加油灰的硬度和黏性。

（2）清理槽口　清除槽口的焊渣、铁屑、污垢和灰尘，以使安装时油灰黏结牢固。

（3）涂底油灰　在槽口内涂抹底灰，油灰厚度宜为3mm，最厚不宜超过4mm，做到均匀一致，不堆积、不间断。

（4）装玻璃　用双手将玻璃揉平放正，不留偏差并将油灰挤出。将油灰与槽口、玻璃接触的边缘刮平、刮齐。

（5）安卡子　应用铁片卡子固定，卡子间距不应大于300mm，且每边不少于2个。卡脚应长短适宜，不能过长，用油灰填实抹光后，卡脚不得露于油灰表面。

如采用橡胶垫安装钢门窗玻璃，应将橡胶垫嵌入裁口内，并用螺钉和压条固定。将橡胶垫与玻璃、裁口、压条贴紧，大小尺寸适宜，不应露在压条之处。

4. 彩色镀锌钢板门窗框扇玻璃安装

彩色镀锌钢板门窗框扇玻璃安装时，应在抹灰等湿作业完成后进行，注意不宜在寒冷条件下操作。

（1）操作准备　玻璃裁割后边缘平直，不得有斜曲，尺寸大小准确，使其边缘与槽口的间隙符合设计要求。安装玻璃前，清除框扇槽口内的杂物、灰尘等，疏通排水孔。

（2）安装玻璃　玻璃的朝向应按设计要求安装，玻璃应放在定位垫块上。开扇和玻璃面积较大时，应在垂直边位置上设置隔片，上端的隔片应固定在框或扇上（楔或粘住）。固定框、扇的玻璃应放在两块相同的定位垫块上，搁置点设在距玻璃垂直边的距离为玻璃宽度的 1/4 处，定位垫块的宽度应大于所支撑的玻璃厚度，长度不宜小于 25mm，并应符合设计要求。定位垫块下面可设铝合金垫片，垫片和垫块均固定在框扇上，不得采用木质的垫片、垫块和隔片。玻璃嵌入槽口内，填塞填充材料、镶嵌条，使玻璃平整、受力均匀并不得翘曲。迎风面的玻璃应采用通长镶嵌压条或垫片固定；当镶嵌压条位于室外一侧时，应做防风处理。镶嵌条应与玻璃、槽口紧贴。后安的镶嵌条，在其转角处宜用少量密封胶封缝，应注意填充密实，表面平整光滑；密封胶污染框扇或玻璃时，应及时擦净。

必知要点 114：木吊顶施工

1. 弹水平线

首先将楼地面基准线弹在墙上，并以此为起点，弹出吊顶高度水平线。

2. 主龙骨的安装

主龙骨与屋顶结构或楼板结构连接主要有三种方式：用屋面结构或楼板内预埋铁件固定吊杆；用射钉将角铁等固定于楼底面固定吊杆；用金属膨胀螺栓固定铁件再与吊杆连接，如图 7-16 所示。

主龙骨安装后，沿吊顶标高线固定沿墙木龙骨，木龙骨的底边与吊顶标高线齐平。一般是用冲击电钻在标高线以上 10mm 处墙面打孔，孔内塞入木楔，将沿墙龙骨钉固于墙内木楔上。然后将拼接组合好的木龙骨架托到吊顶标高位置，整片调正调平后，将其与沿墙龙骨和吊杆连接，如图 7-17 所示。

3. 罩面板的铺钉

罩面板多采用人造板，应按设计要求切成方形、长方形等。板材安装前，按分块尺寸弹线，安装时由中间向四周呈对称排列，顶棚的接缝与墙面交圈应保持一致。面板应安装牢固且不得出现折裂、

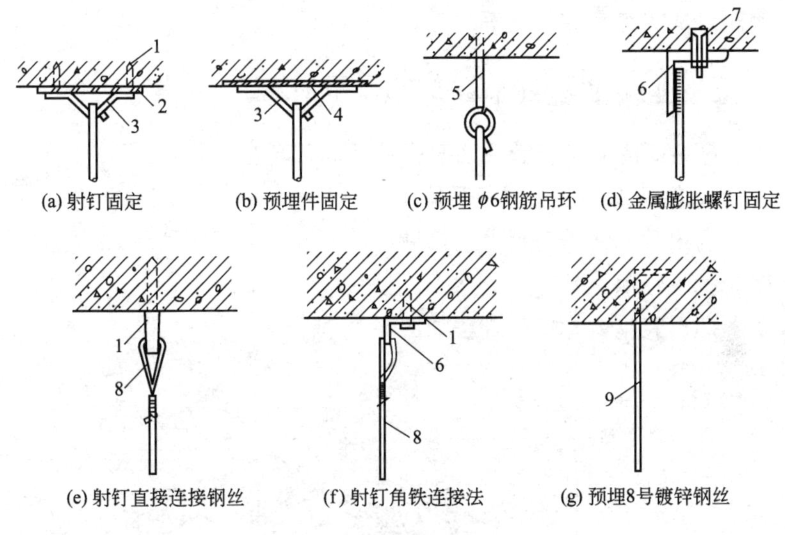

图 7-16　吊杆固定

1—射钉；2—焊板；3—ϕ10 钢筋吊环；4—预埋钢板；5—ϕ6 钢筋；6—角钢；7—金属膨胀螺钉；8—铝合金丝；9—8 号镀锌钢丝

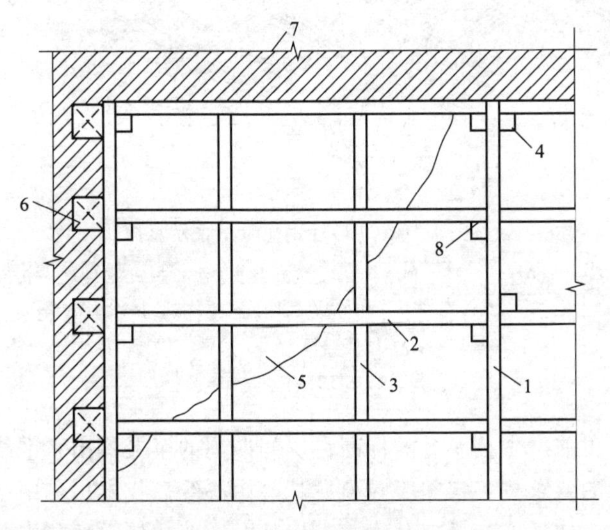

图 7-17　木龙骨吊顶

1，4—吊筋；2，5—罩面板；3—横撑龙骨；6—木砖；7—砖墙；8—吊木

翘曲、缺棱掉角和脱层等缺陷。

必知要点115：轻金属龙骨吊顶施工

轻金属龙骨按材料分为轻钢龙骨和铝合金龙骨。

1. 轻钢龙骨装配式吊顶施工

利用薄壁镀锌钢板带经机械冲压而成的轻钢龙骨即为吊顶的骨架型材。轻钢龙骨有U形和T形两种。

U形轻钢龙骨安装方法如图7-18所示。

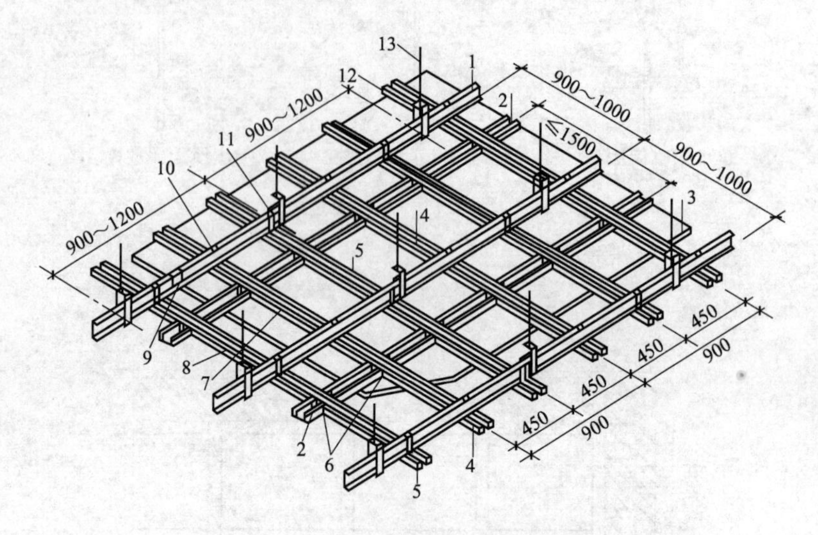

图7-18 U形轻钢龙骨吊顶示意图

1—BD大龙内；2—UZ横撑龙骨；3—吊顶板；4—UZ龙骨；5—UX龙骨；6—UZ_3支托连接；7—UZ_2连接件；8—UX_2连接件；9—BD_2连接件；10—UX_1吊挂；11—UX_2吊件；12—BD_1吊件；13—UX_3杆$\phi6\sim\phi10$

施工前，先按龙骨的标高在房间四周的墙上弹出水平线，再根据龙骨的要求按一定间距弹出龙骨的中心线，找出吊点中心，将吊杆固定在埋件上。吊顶结构未设埋件时，要按确定的节点中心用射钉固定螺钉或吊杆，吊杆长度计算好后，在一端套丝，丝扣的长度要考虑紧固的余量，并分别配好紧固用的螺母。

主龙骨的吊顶挂件连在吊杆上校平调正后，拧紧固定螺母，然后根据设计和饰面板尺寸要求确定的间距，用吊挂件将次龙骨固定在主龙骨上，调平调正后安装饰面板。

饰面板的安装方法有以下几种。

（1）搁置法　将饰面板直接放在T形龙骨组成的格框内。有些轻质饰面板，考虑刮风时会被掀起（包括空调口，通风口附近），可用木条、卡子固定。

（2）嵌入法　将饰面板事先加工成企口暗缝，安装时将T形龙骨两肢插入企口缝内。

（3）粘贴法　将饰面板用胶黏剂直接粘贴在龙骨上。

（4）钉固法　将饰面板用钉、螺钉、自攻螺钉等固定在龙骨上。

（5）卡固法　多用于铝合金吊顶，板材与龙骨直接卡接固定。

2. 铝合金龙骨装配式吊顶施工

铝合金龙骨吊顶按罩面板的要求不同分龙骨底面不外露和龙骨底面外露两种形式；按龙骨结构形式不同分T形和TL形。TL形龙骨属于安装饰面板后龙骨底面外露的一种（图7-19、图7-20）。

铝合金龙骨吊顶的安装方法与轻钢龙骨吊顶基本相同。

3. 常见饰面板的安装

铝合金龙骨吊顶与轻钢龙骨吊顶饰面板安装方法基本相同。石膏饰面板的安装可采用钉固法、粘贴法和暗式企口胶接法。U形轻钢龙骨采用钉固法安装石膏板时，使用镀锌自攻螺钉与龙骨固定。钉头要求嵌入石膏板内0.5～1mm，钉眼用腻子刮平，并用石膏板与同色的色浆腻子涂刷一遍。螺钉规格为M5×25或M5×35。螺钉与板边距离应不大于15mm，螺钉间距以150～170mm为宜，均匀布置，并与板面垂直。石膏板之间应留出8～10mm的安装缝。

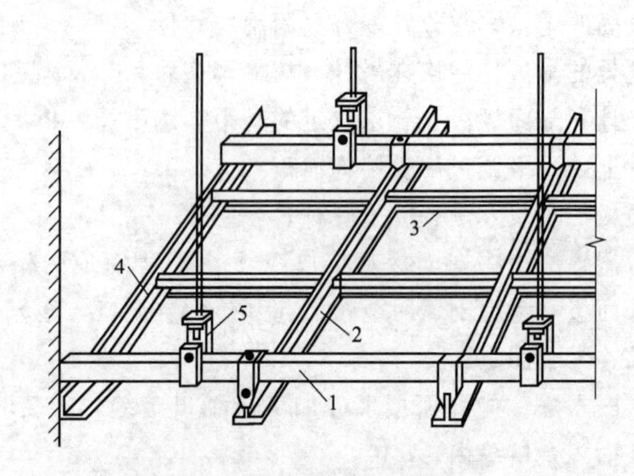

图 7-19　TL 形铝合金龙骨吊顶（一）

1—大龙骨；2—大 T；3—小 T；4—角条；5—大吊挂件

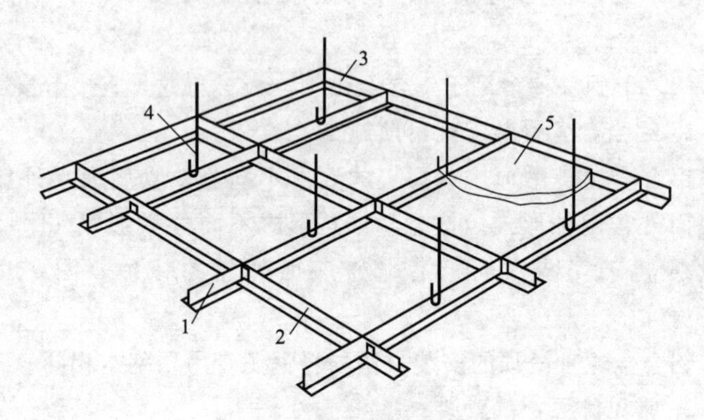

图 7-20　TL 形铝合金龙骨吊顶（二）

1—大 T；2—小 T；3—吊件；4—角条；5—饰面板

待石膏板全部固定好后，用塑料压缝条或铝压缝条压缝，钙塑泡沫板的主要安装方法有钉固和粘贴两种。钉固法即用圆钉或木螺丝，将面板钉在顶棚的龙骨上，要求钉距不大于 150mm，钉帽应与板面齐平，排列整齐，并用与板面颜色相同的涂料装饰。钙塑板的交角处，用木螺丝将塑料小花固定，并在小花之间沿板边按等距离加钉固定。用压条固定时，压条应平直，接口严密，不得翘曲。钙塑泡沫板用粘贴法安装时，胶黏剂可用401胶或氯丁胶浆聚异氧酸酯胶（10∶1），涂胶后应待稍干后，方可把板材粘贴压紧。胶合板、纤维板安装应用钉固法：要求胶合板钉距80～150mm，钉长25～35mm，钉帽应打扁，并进入板面0.5～1mm，钉眼用油性腻子抹平；纤维板钉距80～120mm，钉长20～30mm，钉帽进入板面0.5mm，钉眼用油性腻子抹平；硬质纤维板应用水浸透，自然阴干后安装。矿棉板安装的方法主要有搁置法、钉固法和粘贴法。顶棚为轻金属T形龙骨吊顶时，在顶棚龙骨安装放平后，将矿棉板直接平放在龙骨上，矿棉板每边应留有板材安装缝，缝宽不宜大于1mm。顶棚为木龙骨吊顶时，可在矿棉板每四块的交角处和板的中心用专门的塑料花托脚，用木螺丝固定在木龙骨上；混凝土顶面可按装饰尺寸做出平顶木条，然后再选用适宜的胶黏剂将矿棉板粘贴在平顶木条上。金属饰面板主要有金属条板、金属方板和金属格栅。板材安装方法有卡固法和钉固法。卡固法要求龙骨形式与条板配套；钉固法采用螺钉固定时，后安装的板块压住前安装的板块，将螺钉遮盖，拼缝严密。方形板可用搁置法和钉固法，也可用铜丝绑扎固定。格栅安装方法有两种，一种是将单体构件先用卡具连成整体，然后通过钢管与吊杆相连接；另一种是用带卡口的吊管将单体物体卡住，然后将吊管用吊杆悬吊。金属板吊顶与四周墙面空隙，应用同材质的金属压缝条找齐。

必知要点116：天然石材施工

大理石、花岗石镶贴墙面有粘贴法和干挂法两种。

1. 粘贴法

对于边长小于400mm的小规格的石材（或厚度小于10mm的薄板），可采用粘贴法安装。用12mm厚1∶2.5水泥砂浆打底，然后刮平，按中级抹灰标准检查验收。待底层灰结硬后，用线锤在墙柱面和门窗边吊垂线，确定出饰面板与基层的距离（一般为30～

40mm）。再根据垂线在地面上顺墙柱面弹出饰面板外轮廓线作为安装的基准线。然后在饰面板材背面均匀抹上 2～3mm 素水泥浆，按弹的准线粘贴于墙柱面上，并用木锤轻轻敲击，使其粘牢，用靠尺找平找直。

2. 干挂法

用连接件将薄型石材面板直接或间接挂在建筑结构表面称为干挂法。常见的干挂法有钢针式干挂法和金属夹干挂法。

钢针式干挂法是利用高强度螺栓和耐腐蚀强度高的柔性连接件将薄型饰面板挂在建筑物结构的外表面，板材与结构表面之间留出 40～50mm 的空腔。钢针式干挂法工艺流程如下。

板材钻孔→石材背面刷胶贴玻璃纤维网格布增强→墙面挂控制线→底层板材固定在托架上→基层结构钻孔→用膨胀螺栓安装 L 形不锈钢固定件→下层板材上部孔眼中灌专用的石材干挂胶，插入连接钢针→上层板材下部孔眼中灌专用的石材干挂胶→上层板材插入钢针就位→校正、临时固定板材。

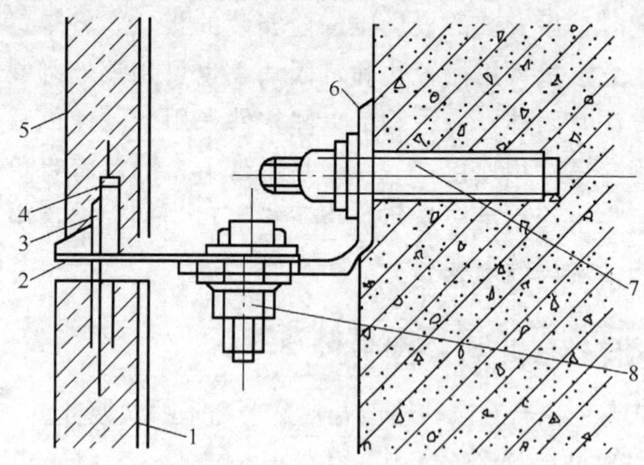

图 7-21　干挂安装示意图

1—玻纤布增强层；2—嵌封；3—钢针；

4—长孔（充填环氧树脂胶黏剂）；

5—石衫薄板；6—L 形不锈钢固定件；

7—膨胀螺钉；8—紧固螺栓

钻孔前应在板材侧面按要求定位后，用电钻钻出直径为5mm、孔深12～15mm的圆孔，然后将直径为5mm的销钉插入孔内。

用膨胀螺栓将固定和支承板块的连接件固定在墙面上，如图7-21所示。连接件是根据墙面与板块销孔的距离，用不锈钢加工成L形。为便于安装板块时调节销孔和膨胀螺栓的位置，在L形连接件上留槽型孔眼，待板块调整到正确位置时，随即拧紧膨胀螺栓螺帽进行固定，并用环氧树脂将销钉固定，或用麻丝粘上快干水泥将其固定，使之形成刚性节点。

另外也可参考金属饰面板安装工艺中固定骨架的方法，来进行大理石、花岗石的干挂施工。

必知要点117：室内镶贴釉面砖施工要点

(1) 抹灰层检查　应刮平抹实、搓毛。

(2) 排砖、弹线　底层灰六七成干时，根据大样图及墙面尺寸进行横竖向排砖，以保证面砖缝隙均匀，符合设计图纸要求，注意大面墙、柱子和垛子要排整砖，以及在同一墙面上的横竖排列，均不得有小于1/4砖的非整砖。

(3) 贴标准点　可用瓷砖贴标准点，控制贴釉面砖的平整度。

(4) 浸泡面砖　应按颜色、规格挑选，将面砖清扫干净，放入水中浸泡，取出晾干。

(5) 粘贴　粘贴应自下而上进行。要求灰浆饱满，要随时用靠尺检查平整度，要保证缝隙宽度一致。

(6) 勾缝　及时清理墙面，用勾缝胶、白水泥勾缝。

另外也可用瓷砖胶或胶粉来粘贴釉面砖。

必知要点118：涂饰工程

建筑装饰涂料一般适用于混凝土基层、水泥砂浆或混合砂浆抹面、水泥石棉板、加气混凝土、石膏板砖墙等各种基层面。一般采用刷、喷、滚、弹涂施工。

1. 基层处理和要求

① 新抹砂浆常温要求7d以上，现浇混凝土常温要求28d以上，方可涂饰建筑涂料，否则会出现粉化或色泽不均匀等现象。

② 基层要求平整，但又不应太光滑。孔洞和不必要的沟槽应提前进行修补，修补材料可采用108胶加水泥和适量水调成的腻子。太光滑的表面对涂料黏结性能又影响；太粗糙的表面，涂料消耗量大。

③ 在喷、刷涂料前，一般要先喷、刷一道与涂料体系相适应的冲稀了的乳液，稀释了的乳液渗透能力强，可使基层坚实、干净，黏结性好并节省涂料。如果在旧涂层上刷新涂料，应除去粉化、破碎、生锈、变脆、起鼓等部分，否则刷上的新涂料就不会牢固。

2. 涂饰程序

外墙面涂饰时，不论采取什么工艺，一般均应由上而下，分段分部进行涂饰，分段分片的部位应选择在门、窗、拐角、水落管等处，因为这些部位易于掩盖。内墙面涂饰时，应在顶棚涂饰完毕后进行，由上而下分段涂饰；涂饰分段的宽度要根据刷具的宽度以及涂料稠度决定；快干涂料慢涂宽度15～25cm，慢干涂料快涂宽度为45cm左右。

3. 刷、喷、滚、弹涂施工要点

（1）刷涂　涂刷时，其涂刷方向和行程长短均应一致。涂刷层次，一般不少于两度，在前一度涂层表干后才能进行后一度涂刷。前后两次涂刷的相隔时间与施工现场的温度、湿度有密切关系，通常不少于2～4h。

（2）喷涂

① 在喷涂施工中，涂料稠度、空气压力、喷射距离、喷枪运行中的角度和速度等方面均有一定要求。

② 施工时，应连续作业，一气呵成，争取到分格缝处再停歇。室内喷涂一般先喷顶后喷墙，两遍成活，间隔时间为2h；外墙喷

涂一般为两遍，较好的饰面为三遍。罩面喷涂时，喷离脚手架10～20cm处，往下另行再喷。作业段分割线应设在水落管、接缝、雨罩等处。

③ 灰浆管道产生堵塞而又不能马上排除故障时，要迅速改用喷斗上料继续喷涂，不留接搓，直到喷完为止，以免影响质量。

④ 要注意基层干湿度，尽量使其干湿度一致。

⑤ 颜料一次不要拌得太多，避免变稠再加水。

(3) 滚涂施工

① 施工时在辊子上蘸少量涂料后再在被滚墙面上轻缓平稳地来回滚动，直上直下，避免歪扭蛇行，以保证涂层厚度一致、色泽一致、质感一致。

② 滚涂分为干滚法和湿滚法两种。干滚法辊子上下一个来回，再向下走一遍，表面均匀拉毛即可；湿滚法要求辊子蘸水上墙，或向墙面洒少量的水，滚到花纹均匀为止。

③ 横滚的花纹容易积尘污染，不宜采用。

④ 如产生翻砂现象，应再薄抹一层砂浆重新滚涂，不得事后修补。

⑤ 因罩面层较薄，因此要求底层顺直平整，避免面层做后产生露底现象。

⑥ 滚涂应按分格缝或分段进行，不得任意甩槎。

(4) 弹涂施工（宜用云母片状和细料状涂料）

① 彩弹饰面施工的全过程都必须根据事先所设计的样板上的色泽和涂层表面形状的要求进行。

② 在基层表面先刷1～2道涂料，作为底色涂层。待底色涂层干燥后，才能进行弹涂。门窗等不必进行弹涂的部位应予遮挡。

③ 弹涂时，手提彩弹机，先调整和控制好浆门、浆量和弹棒，然后开动电机，使机口垂直对准墙面，保持适当距离（一般为30～50cm)，按一定手势和速度，自上而下，自右（左）至左（右)，循序渐进，要注意弹点密度均匀适当，上下左右接头不

明显。

④ 大面积弹涂后，如出现局部弹点不均匀或压花不合要求，影响装饰效果时，应进行修补，修补方法有补弹和笔绘两种。修补所用的涂料应与刷底或弹涂的涂料同一颜色。

第8章 冬期工程

必知要点 119：建筑地基基础工程

1. 一般规定

① 冬期施工的地基基础工程，除应有建筑场地的工程地质勘察资料外，尚应根据需要提出地基土的主要冻土性能指标。

② 建筑场地宜在冻结前清除地上和地下障碍物、地表积水，并应平整场地与道路。冬期应及时清除积雪，春融期应做好排水。

③ 对建筑物、构筑物的施工控制坐标点、水准点及轴线定位点的埋设，应采取防止土壤冻胀、融沉变位和施工振动影响的措施，并应定期复测校正。

④ 在冻土上进行桩基础和强夯施工时所产生的振动，对周围建筑物及各种设施有影响时，应采取隔振措施。

⑤ 靠近建筑物、构筑物基础的地下基坑施工时，应采取防止相邻地基土遭冻的措施。

⑥ 同一建筑物基槽（坑）开挖对应同时进行，基底不得留冻土层。基础施工中，应防止地基土被融化的雪水或冰水浸泡。

2. 土方工程

① 冻土挖掘应根据冻土层的厚度和施工条件，采用机械、人

工或爆破等方法进行，并应符合下列规定。

a. 人工挖掘冻土可采用锤击铁楔子劈冻土的方法分层进行；铁楔子长度应根据冻土层厚度确定，且宜在300～600mm之间取值。

b. 机械挖掘冻土可根据冻土层厚度按表8-1选用设备。

表8-1 机械挖掘冻土设备选择表

冻土厚度/mm	挖掘设备
<500	铲运机、挖掘机
500～1000	松土机、挖掘机
1000～1500	重锤或重球

c. 爆破法挖掘冻土应选择具有专业爆破资质的队伍，爆破施工应按国家有关规定进行。

② 在挖方上边弃置冻土时，其弃土堆坡脚至挖方边缘的距离应为常温下规定的距离加上弃土堆的高度。

③ 挖掘完毕的基槽（坑）应采取防止基底部受冻的措施，因故未能及时进行下道工序施工时，应在基槽（坑）底标高以上预留土层，并应覆盖保温材料。

④ 土方回填时，每层铺土厚度应比常温施工时减少20%～25%，预留沉陷量应比常温施工时增加。

对于大面积回填土和有路面的路基及其人行道范围内的平整场地填方，可采用含有冻土块的土回填，但冻土块的粒径不得大于150mm，其含量不得超过30%。铺填时冻土块应分散开，并应逐层夯实。

⑤ 冬期施工应在填方前清除基底上的冰和保温材料，填方上层部位应采用未冻的或透水性好的土方回填，其厚度应符合设计要求。填方边坡的表层1m以内，不得采用含有冻土块的土填筑。

⑥ 室外的基槽（坑）或管沟可采用含有冻土块的土回填，冻

土块粒径不得大于150mm，含量不得超过15%，且应均匀分布。管沟底以上500mm范围内不得用含有冻土块的土回填。

⑦ 室内的基槽（坑）或管沟不得采用含有冻土块的土回填，施工应连续进行并应夯实。当采用人工夯实时，每层铺土厚度不得超过200mm，夯实厚度宜为100～150mm。

⑧ 冻结期间暂不使用的管道及其场地回填时，冻土块的含量和粒径可不受限制，但融化后应做适当处理。

⑨ 室内地面垫层下回填的土方，填料中不得含有冻土块，并应及时夯实。填方完成后至地面施工前，应采取防冻措施。

⑩ 永久性的挖、填方和排水沟的边坡加固修整宜在解冻后进行。

3. 地基处理

① 强夯施工技术参数应根据加固要求与地质条件在场地内经试夯确定，试夯应按现行行业标准《建筑地基处理技术规范》（JGJ 79—2012）的规定进行。

② 强夯施工时，不应将冻结基土或回填的冻土块夯入地基的持力层，回填土的质量应符合2.的有关规定。

③ 黏性土或粉土地基的强夯宜在被夯土层表面铺设粗颗粒材料，并应及时清除黏结于锤底的土料。

④ 强夯加固后的地基越冬维护应按“必知要点127：越冬工程维护”的有关规定进行。

4. 桩基础

① 冻土地基可采用干作业钻孔桩、挖孔灌注桩等或沉管灌注桩、预制桩等施工。

② 桩基施工时，当冻土层厚度超过500mm时，冻土层宜采用钻孔机引孔，引孔直径不宜大于桩径20mm。

③ 钻孔机的钻头宜选用锥形钻头并镶焊合金刀片。钻进冻土时应加大钻杆对土层的压力，并应防止摆动和偏位。钻成的桩孔应及时覆盖保护。

④ 振动沉管成孔时，应制定保证相邻桩身混凝土质量的施工顺序。拔管时，应及时清除管壁上的水泥浆和泥土。当成孔施工有间歇时，宜将桩管埋入桩孔中进行保温。

⑤ 灌注桩的混凝土施工应符合下列规定。

a. 混凝土材料的加热、搅拌，运输、浇筑应按“必知要点122：混凝土工程”的有关规定进行；混凝土浇筑温度应根据热工计算确定，且不得低于5℃。

b. 地基土冻深范围内的和露出地面的桩身混凝土养护应按“必知要点122：混凝土工程”有关规定进行。

c. 在冻胀性地基土上施工时，应采取防止或减小桩身与冻土之间产生切向冻胀力的防护措施。

⑥ 预制桩施工应符合下列规定。

a. 施工前，桩表面应保持干燥与清洁。

b. 起吊前，钢丝绳索与桩机的夹具应采取防滑措施。

c. 沉桩施工应连续进行，施工完成后应采用保温材料覆盖于桩头上进行保温。

d. 接桩可采用焊接或机械连接，焊接和防腐要求应符合“必知要点125：钢结构工程”的有关规定。

e. 起吊、运输与堆放应符合“必知要点126：混凝土构件安装工程”的有关规定。

⑦ 桩基静荷载试验前，应将试桩周围的冻土融化或挖除。试验期间，应对试桩周围地表土和锚桩横梁支座进行保温。

5. 基坑支护

① 基坑支护冬期施工宜选用排桩和土钉墙的方法。

② 采用液压高频锤法施工的型钢或钢管排桩基坑支护工程，除应考虑对周边建筑物、构筑物和地下管疲乏的振动影响外，尚应符合下列规定。

a. 当在冻土上施工时，应采用钻机在冻土层内引孔，引孔的直径应大于型钢或钢管的最大边缘尺寸。

b. 型钢或钢管的焊接应按“必知要点125：钢结构工程”的有关规定进行。

③ 钢筋混凝土灌注柱的排桩施工应符合4.②和⑤的规定，并应符合下列规定。

a. 基坑土方开挖应待桩身混凝土达到设计强度时方可进行。

b. 基坑土方开挖时，排桩上部自由端外侧的基土应进行保温。

c. 排桩上部的冠梁钢筋混凝土施工应按“必知要点122：混凝土工程”的有关规定进行。

d. 桩身混凝土施工可选用掺防冻剂混凝土进行。

④ 锚杆施工应符合下列规定。

a. 锚杆注浆的水泥浆配制宜掺入适量的防冻剂。

b. 锚杆体钢筋端头与锚板的焊接应符合“必知要点125：钢结构工程”的相关规定。

c. 预应力锚杆张拉应待锚杆水泥浆体达到设计强度后方可进行。

⑤ 土钉施工应符合④的规定。严寒地区土钉墙混凝土面板施工应符合下列规定。

a. 面板下宜铺设60～100mm厚聚苯乙烯泡沫板。

b. 浇筑后的混凝土应按“必知要点122：混凝土工程”的相关规定立即进行保温养护。

必知要点120：砌体工程

1. 一般规定

① 冬期施工所用材料应符合下列规定。

a. 砖、砌块在砌筑前，应清除表面污物、冰雪等，不得使用遭水浸和受冻后表面结冰、污染的砖或砌块。

b. 砌筑砂浆宜采用普通硅酸盐水泥配制，不得使用无水泥拌制的砂浆。

c. 现场拌制砂浆所用砂中不得含有直径大于10mm的冻结块

或冰块。

d. 石灰膏、电石渣膏等材料应有保温措施，遭冻结时应经融化后方可使用。

e. 砂浆拌合水温不宜超过 80℃，砂加热温度不宜超过 40℃，且水泥不得与 80℃以上热水直接接触；砂浆稠度宜较常温适当增大，且不得二次加水调整砂浆和易性。

② 砌筑间歇期间，宜及时在砌体表面进行保护性覆盖，砌体面层不得留有砂浆。继续砌筑前，应将砌体表面清理干净。

③ 砌体工程宜选用外加剂法进行施工，对绝缘、装饰等有特殊要求的工程，应采用其他方法。

④ 施工日记中应记录大气温度、暖棚内温度、砌筑时砂浆温度、外加剂掺量等有关资料。

⑤ 砂浆试块的留置，除应按常温规定要求外，尚应增设一组与砌体同条件养护的试块，用于检验转入常温 28d 的强度。如有特殊需要，可另外增加相应龄期的同条件试块。

2. 外加剂法

① 采用外加剂法配制砂浆时，可采用氯盐或亚硝酸盐等外加剂。氯盐应以氯化钠为主，当气温低于－15℃时，可与氯化钙复合使用。氯盐外加剂掺量可按表 8-2 选用。

表 8-2　氯盐外加剂掺量

<table>
<tr><th colspan="3" rowspan="2">氯盐及砌体材料种类</th><th colspan="4">日最低气温/℃</th></tr>
<tr><th>≥－10</th><th>－11～－15</th><th>－16～－20</th><th>－21～－25</th></tr>
<tr><td colspan="2" rowspan="2">单掺氯化钠/%</td><td>砖、砌块</td><td>3</td><td>5</td><td>7</td><td>—</td></tr>
<tr><td>石材</td><td>4</td><td>7</td><td>10</td><td>—</td></tr>
<tr><td rowspan="2">复掺/%</td><td>氯化钠</td><td rowspan="2">砖、砌块</td><td>—</td><td>—</td><td>5</td><td>7</td></tr>
<tr><td>氯化钙</td><td>—</td><td>—</td><td>2</td><td>3</td></tr>
</table>

注：氯盐以无水盐计，掺量为占拌合水质量百分比。

② 砌筑施工时，砂浆温度不应低于 5℃。

③ 当设计无要求，且最低气温等于或低于−15℃时，砌体砂浆强度等级应较常温施工提高一级。

④ 氯盐砂浆中复掺引气型外加剂时，应在氯盐砂浆搅拌的后期掺入。

⑤ 采用氯盐砂浆时，应对砌体中配置的钢筋及钢预埋件进行防腐处理。

⑥ 砌体采用氯盐砂浆施工，每日砌筑高度不宜超过1.2m，墙体留置的洞口，距交接墙处不应小于500mm。

⑦ 下列情况不得采用掺氯盐的砂浆砌筑砌体。

a. 对装饰工程有特殊要求的建筑物。

b. 使用环境湿度大于80%的建筑物。

c. 配筋、钢埋件无可靠防腐处理措施的砌体。

d. 接近高压电线的建筑物（如变电所、发电站等）。

e. 经常处于地下水位变化范围内，以及在地下未设防水层的结构。

3. 暖棚法

① 暖棚法适用于地下工程、基础工程以及工期紧迫的砌体结构。

② 暖棚法施工时，暖棚内的最低温度不应低于5℃。

③ 砌体在暖棚内的养护时间应根据暖棚内的温度确定，并应符合表8-3的规定。

表8-3　暖棚法施工时的砌体养护时间

暖棚内温度/℃	5	10	15	20
养护时间/d	≥6	≥5	≥4	≥3

必知要点121：钢筋工程

1. 一般规定

① 钢筋调直冷拉温度不宜低于−20℃。预应力钢筋张拉温度

不宜低于－15℃。

② 钢筋负温焊接，可采用闪光对焊、电弧焊、电渣压力焊等方法。当采用细晶粒热轧钢筋时，其焊接工艺应经试验确定。当环境温度低于－20℃时，不宜进行施焊。

③ 负温条件下使用的钢筋，施工过程中应加强管理和检验，钢筋在运输和加工过程中应防止撞击和刻痕。

④ 钢筋张拉与冷拉设备、仪表和液压工作系统油液应根据环境温度选用，并应在使用温度条件下进行配套校验。

⑤ 当环境温度低于－20℃时，不得对 HRB335、HRB400 钢筋进行冷弯加工。

2. 钢筋负温焊接

① 雪天或施焊现场风速超过三级风焊接时，应采取遮蔽措施，焊接后未冷却的接头应避免碰到冰雪。

② 热轧钢筋负温闪光对焊，宜采用预热-闪光焊或闪光-预热-闪光焊工艺。钢筋端面比较平整时，宜采用预热-闪光焊；端面不平整时，宜采用闪光-预热-闪光焊。

③ 钢筋负温闪光对焊工艺应控制热影响区长度。焊接参数应根据当地气温按常温参数调整。

采用较低变压器级数，宜增加调整长度、预热留量、预热次数、预热间歇时间和预热接触压力，并宜减慢烧化过程的中期速度。

④ 钢筋负温电弧焊宜采取分层控温施焊。热轧钢筋焊接的层间温度宜控制在 150～350℃之间。

⑤ 钢筋负温电弧焊可根据钢筋牌号、直径、接头形式和焊接位置选择焊条和焊接电流。焊接时应采取防止产生过热、烧伤、咬肉和裂缝等措施。

⑥ 钢筋负温帮条焊或搭接焊的焊接工艺应符合下列规定。

a. 帮条与主筋之间应采用四点定位焊固定，搭接焊时应采用两点固定；定位焊缝与帮条或搭接端部的距离不应小于 20mm。

b. 帮条焊的引弧应在帮条钢筋的一端开始，收弧应在帮条钢筋端头上，弧坑应填满。

c. 焊接时，第一层焊缝应具有足够的熔深，主焊缝或定位焊缝应熔合良好；平焊时，第一层焊缝应先从中间引弧，再向两端运弧；立焊时，应先从中间向上方运弧，再从下端向中间运弧；在以后各层焊缝焊接时，应采用分层控温施焊。

d. 帮条接头或搭接接头的焊缝厚度不应小于钢筋直径的30%，焊缝宽度不应小于钢筋直径的70%。

⑦ 钢筋负温坡口焊的工艺应符合下列规定。

a. 焊缝根部、坡口端面以及钢筋与钢垫板之间均应熔合，焊接过程中应经常除渣。

b. 焊接时，宜采用几个接头轮流施焊。

c. 加强焊缝的宽度应超出V形坡口边缘3mm，高度应超出V形坡口上下边缘3mm，并应平缓过渡至钢筋表面。

d. 加强焊缝的焊接应分两层控温施焊。

⑧ HRB335和HRB400钢筋多层施焊时，焊后可采用回火焊道施焊，其回火焊道的长度应比前一层焊道的两端缩短4～6mm。

⑨ 钢筋负温电渣压力焊应符合下列规定。

a. 电渣压力焊宜用于HRB335、HRB400热轧带肋钢筋。

b. 电渣压力焊机容量应根据所焊钢筋直径选定。

c. 焊剂应存放于干燥库房内，在使用前经250～300℃烘焙2h以上。

d. 焊接前，应进行现场负温条件下的焊接工艺试验，经检验满足要求后方可正式作业。

e. 电渣压力焊焊接参数可按表8-4进行选用。

f. 焊接完毕，应停歇20s以上方可卸下夹具回收焊剂，回收的焊剂内不得混入冰雪，接头渣壳应待冷却后清理。

表 8-4　钢筋负温电渣压力焊焊接参数

<table>
<tr><th rowspan="2">钢筋直径/mm</th><th rowspan="2">焊接温度/℃</th><th rowspan="2">焊接电流/A</th><th colspan="2">焊接电压/V</th><th colspan="2">焊接通电时间/s</th></tr>
<tr><th>电弧过程</th><th>电渣过程</th><th>电弧过程</th><th>电渣过程</th></tr>
<tr><td rowspan="2">14～18</td><td>－10</td><td>300～350</td><td rowspan="8">35～45</td><td rowspan="8">18～22</td><td rowspan="2">20～25</td><td rowspan="2">6～8</td></tr>
<tr><td>－20</td><td>350～400</td></tr>
<tr><td rowspan="2">20</td><td>－10</td><td>350～400</td><td rowspan="6">25～30</td><td rowspan="6">8～10</td></tr>
<tr><td>－20</td><td>400～450</td></tr>
<tr><td rowspan="2">22</td><td>－10</td><td>400～450</td></tr>
<tr><td>－20</td><td>500～550</td></tr>
<tr><td rowspan="2">25</td><td>－10</td><td>450～550</td></tr>
<tr><td>－20</td><td>550～650</td></tr>
</table>

注：本表系采用常用 HJ431 焊剂和半自动焊机参数。

必知要点 122：混凝土工程

1. 一般规定

① 冬期浇筑的混凝土，其受冻临界强度应符合下列规定。

a. 采用蓄热法、暖棚法、加热法等施工的普通混凝土，采用硅酸盐水泥、普通硅酸盐水泥配制时，其受冻临界强度不应小于设计混凝土强度等级值的 30％；采用矿渣硅酸盐水泥、粉煤灰硅酸盐水泥、火山灰质硅酸盐水泥、复合硅酸盐水泥时，不应小于设计混凝土强度等级值的 40％。

b. 当室外最低气温不低于－15℃时，采用综合蓄热法、负温养护法施工的混凝土受冻临界强度不应小于 4.0MPa；当室外最低气温不低于－30℃时，采用负温养护法施工的混凝土受冻临界强度不应小于 5.0MPa。

c. 对强度等级等于或高于 C50 的混凝土，不宜小于设计混凝土强度等级值的 30％。

d. 对有抗渗要求的混凝土，不宜小于设计混凝土强度等级值的 50％。

e. 对有抗冻耐久性要求的混凝土，不宜小于设计混凝土强度等级值的 70％。

f. 当采用暖棚法施工的混凝土中掺入早强剂时，可按综合蓄热法受冻临界强度取值。

g. 当施工需要提高混凝土强度等级时，应按提高后的强度等级确定受冻临界强度。

② 混凝土工程冬期施工应按现行行业标准《建筑工程冬期施工规程》(JGJ/T 104—2011) 附录 A 进行混凝土热工计算。

③ 混凝土的配制宜选用硅酸盐水泥或普通硅酸盐水泥，并应符合下列规定。

a. 当采用蒸汽养护时，宜选用矿渣硅酸盐水泥。

b. 混凝土最小水泥用量不宜低于 $280kg/m^3$，水胶比不应大于0.55。

c. 大体积混凝土的最小水泥用量可根据实际情况决定。

d. 强度等级不大于 C15 的混凝土，其水胶比和最小水泥用量可不受以上限制。

④ 拌制混凝土所用骨料应清洁，不得含有冰、雪、冻块及其他易冻裂物质。掺加含有钾、钠离子的防冻剂混凝土，不得采用活性骨料或在骨料中混有此类物质的材料。

⑤ 冬期施工混凝土选用外加剂应符合现行国家标准《混凝土外加剂应用技术规范》(GB 50119—2003) 的相关规定。非加热养护法混凝土施工，所选用的外加剂应含有引气组分或掺入引气剂，含气量宜控制在3.0%～5.0%。

⑥ 钢筋混凝土掺用氯盐类防冻剂时，氯盐掺量不得大于水泥质量的1.0%。掺用氯盐的混凝土应振捣密实，且不宜采用蒸汽养护。

⑦ 在下列情况下，不得在钢筋混凝土结构中掺用氯盐。

a. 排出大量蒸汽的车间、浴池、游泳馆、洗衣房和经常处于空气相对湿度大于 80%的房间以及有顶盖的钢筋混凝土蓄水池等在高湿度空气环境中使用的结构。

b. 处于水位升降部位的结构。

c. 露天结构或经常受雨、水淋的结构。

d. 有镀锌钢材或铝铁相接触部位的结构和有外露钢筋、预埋件而无防护措施的结构。

e. 与含有酸、碱或硫酸盐等侵蚀介质相接触的结构。

f. 使用过程中经常处于环境温度为60℃以上的结构。

g. 使用冷拉钢筋或冷拔低碳钢丝的结构。

h. 薄壁结构，中级和重级工作制吊车梁、屋架、落锤或锻锤基础结构。

i. 电解车间和直接靠近直流电源的结构。

j. 直接靠近高压电源（发电站、变电所）的结构。

k. 预应力混凝土结构。

⑧ 模板外和混凝土表面覆盖的保温层，不应采用潮湿状态的材料，也不应将保温材料直接铺盖在潮湿的混凝土表面，新浇混凝土表面应铺一层塑料薄膜。

⑨ 采用加热养护的整体结构，浇筑程序和施工缝位置的设置应采取能防止产生较大温度应力的措施。当加热温度超过45℃时，应进行温度应力核算。

⑩ 型钢混凝土组合结构，浇筑混凝土前应对型钢进行预热，预热温度宜大于混凝土入模温度，预热方法可按5. 相关规定进行。

2. 混凝土原材料加热、搅拌、运输和浇筑

① 混凝土原材料加热宜采用加热水的方法。当加热水仍不能满足要求时，可对骨料进行加热。拌合水及骨料加热的最高温度应符合表8-5的规定。

表8-5　拌合水及骨料加热的最高温度

水泥强度等级	拌合水/℃	骨料/℃
小于42.5	80	60
42.5、42.5R及以上	60	40

当水和骨料的温度仍不能满足热工计算要求时，可提高水温到

100℃，但水泥不得与80℃以上的水直接接触。

② 水加热宜采用蒸汽加热、电加热、汽水热交换罐或其他加热方法。水箱或水池容积及水温应能满足连续施工的要求。

③ 砂加热应在开盘前进行，加热应均匀。当采用保温加热料斗时，宜配备两个，交替加热使用。每个料斗容积可根据机械可装高度和侧壁厚度等要求进行设计，每一个斗的容量不宜小于3.5m³。

预拌混凝土用砂应提前备足料，运至有加热设施的保温封闭储料棚（室）或仓内备用。

④ 水泥不得直接加热，袋装水泥使用前宜运入暖棚内存放。

⑤ 混凝土搅拌的最短时间应符合表8-6的规定。

表8-6 混凝土搅拌的最短时间

混凝土坍落度/mm	搅拌机容积/L	混凝土搅拌最短时间/s
≤80	<250	90
	250～500	135
	>500	180
>80	<250	90
	250～500	90
	>500	135

注：采用自落式搅拌机时，应较本表搅拌时间延长30～60s；采用预拌混凝土时，应较常温下预拌混凝土搅拌时间延长15～30s。

⑥ 混凝土在运输、浇筑过程中的温度和覆盖的保温材料应按现行行业标准《建筑工程冬期施工规程》（JGJ/T 104—2011）附录A进行热工计算后确定，且入模温度不应低于5℃。当不符合要求时，应采取措施进行调整。

⑦ 混凝土运输与输送机具应进行保温或具有加热装置。泵送混凝土在浇筑前应对泵管进行保温，并应采用与施工混凝土同配比砂浆进行预热。

⑧ 混凝土浇筑前，应清除模板和钢筋上的冰雪和污垢。

⑨ 冬期不得在强冻胀性地基土上浇筑混凝土；在弱冻胀性地基土上浇筑混凝土时，基土不得受冻。在非冻胀性地基土上浇筑混凝土时，混凝土受冻临界强度应符合1.①的规定。

⑩ 大体积混凝土分层浇筑时，已浇筑层的混凝土在未被上一层混凝土覆盖前，温度不应低于2℃。采用加热法养护混凝土时，养护前的混凝土温度也不得低于2℃。

3. 混凝土蓄热法和综合蓄热法养护

① 当室外最低温度不低于－15℃时，地面以下的工程或表面系数不大于$5m^{-1}$的结构，宜采用蓄热法养护。对结构易受冻的部位，应加强保温措施。

② 当室外最低气温不低于－15℃时，对于表面系数为$5 \sim 15m^{-1}$的结构，宜采用综合蓄热法养护，围护层散热系数宜控制在$50 \sim 200kJ/(m^3 \cdot h \cdot K)$之间。

③ 综合蓄热法施工的混凝土中应掺入早强剂或早强型复合外加剂，并应具有减水、引气作用。

④ 混凝土浇筑后应采用塑料布等防水材料对裸露表面覆盖并保温。对边、棱角部位的保温层厚度应增大到面部位的2～3倍。混凝土在养护期间应防风、防失水。

4. 混凝土蒸汽养护法

① 混凝土蒸汽养护法可采用棚罩法、蒸汽套法、热模法、内部通汽法等方式进行，其适用范围应符合下列规定。

a. 棚罩法适用于预制梁、板、地下基础、沟道等。

b. 蒸汽套法适用于现浇梁、板、框架结构，墙、柱等。

c. 热模法适用于墙、柱及框架结构。

d. 内部通汽法适用于预制梁、柱、桁架，现浇梁、柱、框架单梁。

② 蒸汽养护法应采用低压饱和蒸汽，当工地有高压蒸汽时，应通过减压阀或过水装置后方可使用。

③ 蒸汽养护的混凝土，采用普通硅酸盐水泥时最高养护温度

不得超过80℃，采用矿渣硅酸盐水泥时可提高到85℃，但采用内部通汽法时，最高加热温度不应超过60℃。

④ 整体浇筑的结构采用蒸汽加热养护时，升温和降温速度不得超过表8-7的规定。

表8-7 蒸汽加热养护混凝土升温和降温速度

结构表面系数/m^{-1}	升温速度/(℃/h)	降温速度/(℃/h)
≥6	15	10
<6	10	5

⑤ 蒸汽养护应包括升温—恒温—降温三个阶段，各阶段加热延续时间可根据养护结束时要求的强度确定。

⑥ 采用蒸汽养护的混凝土可掺入早强剂或非引气型减水剂。

⑦ 蒸汽加热养护混凝土时，应排除冷凝水，并应防止渗入地基土中。当有蒸汽喷出口时，喷嘴与混凝土外露面的距离不得小于300mm。

5. 电加热法养护混凝土

① 电加热法养护混凝土的温度应符合表8-8的规定。

表8-8 电加热法养护混凝土的温度 单位：℃

水泥强度等级	结构表面系数/m^{-1}		
	<10	10～15	>15
32.5	70	50	45
42.5	40	40	35

注：采用红外线辐射加热时，其辐射表面温度可采用70～90℃。

② 电极加热法养护混凝土的适用范围宜符合表8-9的规定。

③ 混凝土采用电极加热法养护应符合下列规定。

a. 电路接好应经检查合格后方可合闸送电。当结构工程量较大，需边浇筑边通电时，应将钢筋接地线。电加热现场应设安全围栏。

表 8-9　电极加热法养护混凝土的适用范围

<table>
<tr><th colspan="2">分 类</th><th>常用电极规格</th><th>设置方法</th><th>适用范围</th></tr>
<tr><td rowspan="2">内部电极</td><td>棒形电极</td><td>ϕ6～ϕ12 的钢筋短棒</td><td>混凝土浇筑后，将电极穿过模板或在混凝土表面插入混凝土体内</td><td>梁、柱、厚度大于 150mm 的板、墙及设备基础</td></tr>
<tr><td>弦形电极</td><td>ϕ6～ϕ12 的钢筋，长为 2.0～2.5m</td><td>在浇筑混凝土前将电极装入，与结构纵向平行。电极两端弯成直角，由模板孔引出</td><td>含筋较少的墙、柱、梁、大型柱基础以及厚度大于 200mm 单侧配筋的板</td></tr>
<tr><td colspan="2">表面电极</td><td>ϕ6 钢筋或厚 1～2mm、宽 30～60mm 的扁钢</td><td>电极固定在模板内侧，或装在混凝土的外表面</td><td>条形基础、墙及保护层大于 50mm 的大体积结构和地面等</td></tr>
</table>

b. 棒形和弦形电极应固定牢固，并不得与钢筋直接接触。电极与钢筋之间的距离应符合表 8-10 的规定；当因钢筋密度大而不能保证钢筋与电极之间的距离满足表 8-10 的规定时，应采取绝缘措施。

表 8-10　电极与钢筋之间的距离

工作电压/V	最小距离/mm
65.0	50～70
87.0	80～100
106.0	120～150

c. 电极加热法应采用交流电。电极的形式、尺寸、数量及配置应能保证混凝土各部位加热均匀，且应加热到设计的混凝土强度标准值的 50%。在电极附近的辐射半径方向每隔 10mm 距离的温度差不得超过 1℃。

d. 电极加热应在混凝土浇筑后立即送电，送电前混凝土表面应保温覆盖。混凝土在加热养护过程中，洒水应在断电后进行。

④ 混凝土采用电热毯法养护应符合下列规定。

a. 电热毯宜由四层玻璃纤维布中间夹以电阻丝制成。其几何尺寸应根据混凝土表面或模板外侧与龙骨组成的区格大小确定。电热毯的电压宜为60～80V，功率宜为75～100W。

b. 布置电热毯时，在模板周边的各区格应连续布毯，中间区格可间隔布毯，并应与对面模板错开。电热毯外侧应设置岩棉板等性质的耐热保温材料。

c. 电热毯养护的通电持续时间应根据气温及养护温度确定，可采取分段、间断或连续通电养护工序。

⑤ 混凝土采用工频涡流法养护应符合下列规定。

a. 工频涡流法养护的涡流管应采用钢管，其直径宜为12.5mm，壁厚宜为3mm。钢管内穿铝芯绝缘导线，其截面宜为25～35mm²，技术参数宜符合表8-11的规定。

表8-11　工频涡流管技术参数

项　　目	取　　值
饱和电压降值/(V/m)	1.05
饱和电流值/A	200
钢管极限功率/(W/m)	195
涡流管间距/mm	150～250

b. 各种构件涡流模板的配置应通过热工计算确定，也可按下列规定配置。

Ⅰ. 柱：四面配置。

Ⅱ. 梁：当高宽比大于2.5时，侧模宜采用涡流模板，底模宜采用普通模板；当高宽比小于等于2.5时，侧模和底模皆宜采用涡流模板。

Ⅲ. 墙板：距墙板底部600mm范围内，应在两侧对称拼装涡流板；600mm以上部位，应在两侧采用涡流和普通钢模交错拼装，并应使涡流模板对应面为普通模板。

Ⅳ. 梁、柱节点：可将涡流钢管插入节点内，钢管总长度应根据混凝土量按6.0kW/m³功率计算；节点外围应保温养护。

c. 当采用工频涡流法养护时，各阶段送电功率应使预养与恒温阶段功率相同，升温阶段功率应大于预养阶段功率的2.2倍。预养、恒温阶段的变压器一次接线为Y形，升温阶段接线应为△形。

⑥ 线圈感应加热法养护宜用于梁、柱结构以及各种装配式钢筋混凝土结构的接头混凝土的加热养护；亦可用于型钢混凝土组合结构的钢体、密筋结构的钢筋和模板预热，以及受冻混凝土结构构件的解冻。

⑦ 混凝土采用线圈感应加热养护应符合下列规定。

a. 变压器宜选择50kVA或100kVA低压加热变压器，电压宜在36～110V间调整。当混凝土量较少时，也可采用交流电焊机。变压器的容量宜比计算结果增加20%～30%。

b. 感应线圈宜选用截面面积为35mm^2铝质或铜质电缆，加热主电缆的截面面积宜为150mm^2。电流不宜超过400A。

c. 当缠绕感应线圈时，宜靠近钢模板。构件两端线圈导线的间距应比中间加密一倍，加密范围宜由端部开始向内至一个线圈直径的长度为止。端头应密缠5圈。

d. 最高电压值宜为80V，新电缆电压值可采用100V，但应确保接头绝缘。养护期间电流不得中断，并应防止混凝土受冻。

e. 通电后应采用钳形电流表和万能表随时检查测定电流，并应根据具体情况随时调整参数。

⑧ 采用电热红外线加热器对混凝土进行辐射加热养护，宜用于薄壁钢筋混凝土结构和装配式钢筋混凝土结构接头处混凝土加热，加热温度应符合①的规定。

6. 暖棚法施工

① 暖棚法施工适用于地下结构工程和混凝土构件比较集中的工程。

② 暖棚法施工应符合下列规定。

a. 应设专人监测混凝土及暖棚内温度，暖棚内各测点温度不得低于5℃。测温点应选择具有代表性位置进行布置，在离地面500mm高度处应设点，每昼夜测温不应少于4次。

b. 养护期间应监测暖棚内的相对湿度，混凝土不得有失水现象，否则应及时采取增湿措施或在混凝土表面洒水养护。

c. 暖棚的出入口应设专人管理，并应采取防止棚内下降或引起风口处混凝土受冻的措施。

d. 在混凝土养护期间应将烟或燃烧气体排至棚外，并应采取防止烟气中毒和防火的措施。

7. 负温养护法

① 混凝土负温养护法适用于不易加热保温，且对强度增长要求不高的一般混凝土结构工程。

② 负温养护法施工的混凝土应以浇筑后5d内的预计日最低气温来选用防冻剂，起始养护温度不应低于5℃。

③ 混凝土浇筑后，裸露表面应采取保湿措施；同时，应根据需要采取必要的保温覆盖措施。

④ 负温养护法施工应按9. ③规定加强测温；混凝土内部温度降到防冻剂规定温度之前，混凝土的抗压强度应符合1. ①的规定。

8. 硫铝酸盐水泥混凝土负温施工

① 硫铝酸盐水泥混凝土可在不低于－25℃环境下施工，适用于下列工程。

a. 工业与民用建筑工程的钢筋混凝土梁、柱、板、墙的现浇结构。

b. 多层装配式结构的接头以及小截面和薄壁结构混凝土工程。

c. 抢修、抢建工程及有硫酸盐腐蚀环境的混凝土工程。

② 使用条件经常处于温度高于80℃的结构部位或有耐火要求的结构工程，不宜采用硫铝酸盐水泥混凝土施工。

③ 硫铝酸盐水泥混凝土冬期施工可选用 $NaNO_2$ 防冻剂或 $NaNO_2$ 与 Li_2CO_3 复合防冻剂，其掺量可按表8-12选用。

表 8-12 硫铝酸盐水泥用防冻剂掺量表

环境最低气温/℃		≥−5	−5～−15	−15～−25
单掺 $NaNO_2$/%		0.50～1.00	1.00～3.00	3.00～4.00
复掺 $NaNO_2$ 与 Li_2CO_3/%	$NaNO_2$	0.00～1.00	1.00～2.00	2.00～4.00
	Li_2CO_3	0.00～0.02	0.02～0.05	0.05～0.10

注：防冻剂掺量按水泥质量百分比计。

④ 拼装接头或小截面构件、薄壁结构施工时，应适当提高拌合物温度，并应加强保温措施。

⑤ 硫铝酸盐水泥可与硅酸盐类水泥混合使用，硅酸盐类水泥的掺用比例应小于10%。

⑥ 硫铝酸盐水泥混凝土可采用热水拌和，水温不宜超过50℃，拌合物温度宜为5～15℃，坍落度应比普通混凝土增加10～20mm。水泥不得直接加热或直接与30℃以上热水接触。

⑦ 采用机械搅拌和运输车运输，卸料时应将搅拌筒及运输车内混凝土排空，并应根据混凝土凝结时间情况，及时清洗搅拌机和运输车。

⑧ 混凝土应随拌随用，并应在拌制结束30min内浇筑完毕，不得二次加水拌和使用。混凝土入模温度不得低于2℃。

⑨ 混凝土浇筑后，应立即在混凝土表面覆盖一层塑料薄膜防止失水，并应根据气温情况及时覆盖保温材料。

⑩ 混凝土养护不宜采用电热法或蒸汽法。当混凝土结构体积较小时，可采用暖棚法养护，但养护温度不宜高于30℃；当混凝土结构体积较大时，可采用蓄热法养护。

⑪ 模板和保温层的拆除应符合9.⑥的规定。

9. 混凝土质量控制及检查

① 混凝土冬期施工质量检查除应符合现行国家标准《混凝土结构工程施工质量验收规范》（2010年版）（GB 50204—2002）以及国家现行有关标准规定外，尚应符合下列规定。

a. 应检查外加剂质量及掺量；外加剂进入施工现场后应进行

抽样检验，合格后方准使用。

b. 应根据施工方案确定的参数检查水、骨料、外加剂溶液和混凝土出机、浇筑、起始养护时的温度。

c. 应检查混凝土从入模到拆除保温层或保温模板期间的温度。

d. 采用预拌混凝土时，原材料、搅拌、运输过程中的温度检查及混凝土质量检查应由预拌混凝土生产企业进行，并应将记录资料提供给施工单位。

② 施工期间的测温项目与频次应符合表8-13的规定。

表8-13 施工期间的测温项目与频次

测温项目	频次
室外气温	测量最高、最低气温
环境温度	每昼夜不少于4次
搅拌机棚温度	每一工作班不少于4次
水、水泥、矿物掺合料、砂、石及外加剂溶液温度	每一工作班不少于4次
混凝土出机、浇筑、入模温度	每一工作班不少于4次

③ 混凝土养护期间的温度测量应符合下列规定。

a. 采用蓄热法或综合蓄热法时，在达到受冻临界强度之前应每隔4～6h测量一次。

b. 采用负温养护法时，在达到受冻临界强度之前应每隔2h测量一次。

c. 采用加热法时，升温和降温阶段应每隔1h测量一次，恒温阶段每隔2h测量一次。

d. 混凝土在达到受冻临界强度后，可停止测温。

e. 大体积混凝土养护期间的温度测量尚应符合现行国家标准《大体积混凝土施工规范》（GB 50496—2009）的相关规定。

④ 养护温度的测量方法应符合下列规定。

a. 测温孔应编号，并应绘制测温孔布置图，现场应设置明显标识。

b. 测温时，测温元件应采取措施与外界气温隔离；测温元件测量位置应处于结构表面下 20mm 处，留置在测温孔内的时间不应少于 3min。

c. 采用非加热法养护时，测温孔应设置在易于散热的部位；采用加热法养护时，应分别设置在离热源不同的位置。

⑤ 混凝土质量检查应符合下列规定。

a. 应检查混凝土表面是否受冻、粘连、收缩裂缝，边角是否脱落，施工缝处有无受冻痕迹。

b. 应检查同条件养护试块的养护条件是否与结构实体相一致。

c. 按现行行业标准《建筑工程冬期施工规程》（JGJ/T 104—2011）附录 B 成熟度法推定混凝土强度时，应检查测温记录与计算公式要求是否相符。

d. 采用电加热养护时，应检查供电变压器二次电压和二次电流强度，每一工作班不应少于两次。

⑥ 模板和保温层在混凝土达到要求强度并冷却到 5℃后方可拆除。拆模时混凝土表面与环境温差大于 20℃时，混凝土表面应及时覆盖，缓慢冷却。

必知要点 123: 保温及屋面防水工程

1. 一般规定

① 保温及屋面防水工程冬期施工应选择晴朗天气进行，不得在雨、雪天和五级风及其以上或基层潮湿、结冰、霜冻条件下进行。

② 保温及屋面工程应依据材料性能确定施工气温界限，最低施工环境气温宜符合表 8-14 的规定。

③ 保温与防水材料进场后，应存放于通风、干燥的暖棚内，并严禁接近火源和热源。棚内温度不宜低于 0℃，且不得低于表 8-14规定的温度。

表 8-14 保温及屋面工程施工环境气温要求

防水与保温材料	施工环境气温
黏结保温板	有机胶黏剂不低于－10℃；无机胶黏剂不低于5℃
现喷硬泡聚氨酯	15～30℃
高聚物改性沥青防止卷材	热熔法不低于－10℃
合成高分子防水卷材	冷粘法不低于5℃；焊接法不低于－10℃
高聚物改性沥青防水涂料	溶剂型不低于5℃；热熔型不低于－10℃
合成高分子防水涂料	溶剂型不低于－5℃
防水混凝土、防水砂浆	符合《建筑工程冬期施工规程》(JGJ/T 104—2011)混凝土、砂浆相关规定
改性石油沥青密封材料	不低于0℃
合成高分子密封材料	溶剂型不低于0℃

④ 屋面防水施工时，应先做好排水比较集中的部位，凡节点部位均应加铺一层附加层。

⑤ 施工时，应合理安排隔气层、保温层、找平层、防水层的各项工序，连续操作，已完成部位应及时覆盖，防止受潮与受冻。穿过屋面防水层的管道、设备或预埋件，应在防水施工前安装完毕并做好防水处理。

2. 外墙外保温工程施工

① 外墙外保温工程冬期施工宜采用EPS板薄抹灰外墙外保温系统、EPS板现浇混凝土外墙外保温系统或EPS钢丝网架板现浇混凝土外墙外保温系统。

② 建筑外墙外保温工程冬期施工最低温度不应低于－5℃。

③ 外墙外保温工程施工期间以及完工后24h内，基层及环境空气温度不应低于5℃。

④ 进场的EPS板胶黏剂、聚合物抹面胶浆应存放于暖棚内。液态材料不得受冻，粉状材料不得受潮，其他材料应符合本节有关规定。

⑤ EPS板薄抹灰外墙外保温系统应符合下列规定。

a. 应采用低温型EPS板胶黏剂和低温型聚合物抹面胶浆，并应按产品说明书要求进行使用。

b. 低温型EPS板胶黏剂和低温型EPS板聚合物抹面胶浆的性能应符合表8-15和表8-16的规定。

表8-15 低温型EPS板胶黏剂技术指标

<table>
<tr><th colspan="2">试 验 项 目</th><th>性能指标</th></tr>
<tr><td rowspan="2">拉伸黏结强度/MPa
(与水泥砂浆)</td><td>原强度</td><td>≥0.60</td></tr>
<tr><td>耐水</td><td>≥0.40</td></tr>
<tr><td rowspan="2">拉伸黏结强度/MPa
(与EPS板)</td><td>原强度</td><td>≥0.10,破坏界面在EPS板上</td></tr>
<tr><td>耐水</td><td>≥0.10,破坏界面在EPS板上</td></tr>
</table>

表8-16 低温型EPS板聚合物抹面胶浆技术指标

<table>
<tr><th colspan="2">试 验 项 目</th><th>性能指标</th></tr>
<tr><td rowspan="3">拉伸黏结强度/MPa
(与EPS板)</td><td>原强度</td><td>≥0.10,破坏界面在EPS板上</td></tr>
<tr><td>耐水</td><td>≥0.10,破坏界面在EPS板上</td></tr>
<tr><td>耐冻融</td><td>≥0.10,破坏界面在EPS板上</td></tr>
<tr><td>柔韧性</td><td>抗压强度/抗折强度</td><td>≤3.00</td></tr>
</table>

注：低温型胶黏剂与聚合物抹面胶浆检验方法与常温一致，试件养护温度取施工环境温度。

c. 胶黏剂和聚合物抹面胶浆拌合温度皆应高于5℃，聚合物抹面胶浆拌合水温度不宜大于80℃，且不宜低于40℃。

d. 拌和完毕的EPS板胶黏剂和聚合物抹面胶浆每隔15min搅拌一次，1h内使用完毕。

e. 施工前应按常温规定检查基层施工质量，并确保干燥、无结冰、霜冻。

f. EPS板粘贴应保证有效粘贴面积大于50%。

g. EPS板粘贴完毕后，应养护至表8-15、表8-16规定强度后方可进行面层薄抹灰施工。

⑥ EPS板现浇混凝土外墙外保温系统和EPS钢丝网架板现浇混凝土外墙外保温系统冬期施工应符合下列规定。

a. 施工前应经过试验确定负温混凝土配合比，选择合适的混凝土防冻剂。

b. EPS板内外表面应预先在暖棚内喷刷界面砂浆。

c. EPS板现浇混凝土外墙外保温系统和EPS钢丝网架板现浇混凝土外墙外保温系统的外抹面层施工应符合“必知要点124：建筑装饰装修工程”的有关规定，抹面抗裂砂浆中可掺入非氯盐类砂浆防冻剂。

d. 抹面层厚度应均匀，钢丝网应完全包覆于抹面层中；分层抹灰时，底层灰不得受冻，抹灰砂浆在硬化初期应采取保温措施。

⑦ 其他施工技术要求应符合现行行业标准《外墙外保温工程技术规程》(JGJ 144—2004) 的相关规定。

3. 屋面保温工程施工

① 屋面保温材料应符合设计要求，且不得含有冰雪、冻块和杂质。

② 干铺的保温层可在负温下施工；采用沥青胶结的保温层应在气温不低于−10℃时施工；采用水泥、石灰或其他胶结料胶结的保温层应在气温不低于5℃时施工。当气温低于上述要求时，应采取保温、防冻措施。

③ 采用水泥砂浆粘贴板状保温材料以及处理板间缝隙，可采用掺有防冻剂的保温砂浆。防冻剂掺量应通过试验确定。

④ 干铺的板状保温材料在负温施工时，板材应在基层表面铺平垫稳，分层铺设。板块上下层缝应相互错开，缝间隙应采用同类材料的碎屑填嵌密实。

⑤ 倒置式屋面所选用材料应符合设计及现行行业标准《建筑工程冬期施工规程》(JGJ/T 104—2011) 的相关规定，施工前应检查防水层平整度及有无结冰、霜冻或积水现象，满足要求后方可施工。

4. 屋面防水工程施工

① 屋面找平层施工应符合下列规定。

a. 找平层应牢固坚实、表面无凹凸、起砂、起鼓现象。如有积雪、残留冰霜、杂物等，应清扫干净，并应保持干燥。

b. 找平层与女儿墙、立墙、天窗壁、变形缝、烟囱等突出屋面结构的连接处，以及找平层的转角处、水落口、檐口、天沟、檐沟、屋脊等均应做成圆弧。采用沥青防水卷材的圆弧，半径宜为100～150mm；采用高聚物改性沥青防水卷材，圆弧半径宜为50mm；采用合成高分子防水卷材，圆弧半径宜为20mm。

② 采用水泥砂浆或细石混凝土找平层时，应符合下列规定。

a. 应依据气温和养护温度要求掺入防冻剂，且掺量应通过试验确定。

b. 采用氯化钠作为防冻剂时，宜选用普通硅酸盐水泥或矿渣硅酸盐水泥，不得使用高铝水泥。施工温度不应低于－7℃。氯化钠掺量可按表8-17采用。

表8-17 氯化钠掺量

<table>
<tr><td colspan="2">施工时室外气温/℃</td><td>0～－2</td><td>－3～－5</td><td>－6～－7</td></tr>
<tr><td rowspan="2">氯化钠掺量(占水泥质量百分比)/%</td><td>用于平面部位</td><td>2</td><td>4</td><td>6</td></tr>
<tr><td>用于檐口、天沟等部位</td><td>3</td><td>5</td><td>7</td></tr>
</table>

③ 找平层宜留设分格缝，缝宽宜为20mm，并应填充密封材料。当分格缝兼作排汽屋面的排汽道时，可适当加宽，并应与保温层连通。找平层表面宜平整，平整度不应超过5mm，且不得有酥松、起砂、起皮现象。

④ 高聚物改性沥青防水卷材、合成高分子防水卷材、高聚物改性沥青防水涂料、合成高分子防水涂料等防水材料的物理性能应符合现行国家标准《屋面工程质量验收规范》（GB 50207—2012）的相关规定。

⑤ 热熔法施工宜使用高聚物改性沥青防水卷材，并应符合下

列规定。

a. 基层处理剂宜使用挥发快的溶剂，涂刷后应干燥10h以上，并应及时铺贴。

b. 水落口、管根、烟囱等容易发生渗漏部位的周围200mm范围内，应涂刷一遍聚氨酯等溶剂型涂料。

c. 热熔铺贴防水层应采用满粘法。当坡度小于3%时，卷材与屋脊应平行铺贴；坡度大于15%时卷材与屋脊应垂直铺贴；坡度为3%～15%时，可平行或垂直屋脊铺贴。铺贴时应喷灯或热喷枪均匀加热基层和卷材，喷灯或热喷枪距卷材的距离宜为0.5m，不得过热或烧穿，应待卷材表面熔化后，缓缓地滚铺铺贴。

d. 卷材搭接应符合设计规定。当设计无规定时，横向搭接宽度宜为120mm，纵向搭接宽度宜为100mm。搭接时应采用喷灯或热喷枪加热搭接部位，趁卷材熔化尚未冷却时，用铁抹子把接缝边抹好，再用喷灯或热喷枪均匀细致地密封。平面与立面相连接的卷材，应由上向下压缝铺贴，并应使卷材紧贴阴角，不得有空鼓现象。

e. 卷材搭接缝的边缘以及末端收头部位应以密封材料嵌缝处理，必要时也可在经过密封处理的末端接头处再用掺防冻剂的水泥砂浆压缝处理。

⑥ 热熔法铺贴卷材施工安全应符合下列规定。

a. 易燃性材料及辅助材料库和现场严禁烟火，并应配备适当灭火器材。

b. 溶剂型基层处理剂未充分挥发前不得使用喷灯或热喷枪操作；操作时应保持火焰与卷材的喷距，严防火灾发生。

c. 在大坡度屋面或挑檐等危险部位施工时，施工人员应系好安全带，四周应设防护措施。

⑦ 冷粘法施工宜采用合成高分子防水卷材。胶黏剂应采用密封桶包装，储存在通风良好的室内，不得接近火源和热源。

⑧ 冷粘法施工应符合下列规定。

a. 基层处理时应将聚氨酯涂膜防水材料的甲料：乙料：二甲苯按1：1.5：3的比例配合，搅拌均匀，然后均匀涂布在基层表面上，干燥时间不应少于10h。

b. 采用聚氨酯涂料做附加层处理时，应将聚氨酯甲料和乙料按1：1.5的比例配合搅拌均匀，再均匀涂刷在阴角、水落口和通气口根部的周围，涂刷边缘与中心的距离不应小于200mm，厚度不应小于1.5mm，并应在固化36h以后，方能进行下一工序的施工。

c. 铺贴立面或大坡面合成高分子防水卷材宜用满粘法。胶黏剂应均匀涂刷在基层或卷材底面，并应根据其性能，控制涂刷与卷材铺贴的间隔时间。

d. 铺贴的卷材应平整顺直黏结牢固，不得有皱折。搭接尺寸应准确，并应辊压排除卷材下面的空气。

e. 卷材铺好压粘后，应及时处理搭接部位。并应采用与卷材配套的接缝专用胶黏剂，在搭接缝黏合面上涂刷均匀。根据专用胶黏剂的性能，应控制涂刷与黏合间隔时间，排除空气、辊压黏结牢固。

f. 接缝口应采用密封材料封严，其宽度不应小于10mm。

⑨ 涂膜屋面防水施工应选用溶剂型合成高分子防水涂料。涂料进场后，应储存于干燥、通风的室内，环境温度不宜低于0℃，并应远离火源。

⑩ 涂膜屋面防水施工应符合下列规定。

a. 基层处理剂可选用有机溶剂稀释而成。使用时应充分搅拌，涂刷均匀，覆盖完全，干燥后方可进行涂膜施工。

b. 涂膜防水应由两层以上涂层组成，总厚度应达到设计要求，其成膜厚度不应小于2mm。

c. 可采用涂刮或喷涂施工。当采用涂刮施工时，每遍涂刮的推进方向宜与前一遍互相垂直，并应在前一遍涂料干燥后，方可进行后一遍涂料的施工。

d. 使用双组分涂料时应按配合比正确计量，搅拌均匀，已配成的涂料及时使用。配料时可加入适量的稀释剂，但不得混入固化涂料。

e. 在涂层中夹铺胎体增强材料时，位于胎体下面的涂层厚度不应小于1mm，最上层的涂料层不应少于两遍。胎体长边搭接宽度不得小于50mm，短边搭接宽度不得小于70mm。采用双层胎体增强材料时，上下层不得互相垂直铺设，搭接缝应错开，间距不应小于一个幅面宽度的1/3。

f. 天沟、檐沟、檐口、泛水等部位，均应加铺有胎体增强材料的附加层。水落口周围与屋面交接处，应作密封处理，并应加铺两层有胎体增强材料的附加层，涂膜伸入水落口的深度不得小于50mm，涂膜防水层的收头应用密封材料封严。

g. 涂膜屋面防水工程在涂膜层固化后应做保护层。保护层可采用分格水泥砂浆或细石混凝土或块材等。

⑪ 隔气层可采用气密性好的单层卷材或防水涂料。冬期施工采用卷材时，可采用花铺法施工，卷材搭接宽度不应小于80mm；采用防水涂料时，宜选用溶剂型涂料。隔气层施工的温度不应低于－5℃。

必知要点124：建筑装饰装修工程

1. 一般规定

① 室外建筑装饰装修工程施工不得在五级及以上大风或雨、雪天气下进行。施工前，应采取挡风措施。

② 外墙饰面板、饰面砖以及马赛克饰面工程采用湿贴法作业时，不宜进行冬期施工。

③ 外墙抹灰后需进行涂料施工时，抹灰砂浆内所掺的防冻剂品种应与所选用的涂料材质相匹配，具有良好的相溶性，防冻剂掺量和使用效果应通过试验确定。

④ 装饰装修施工前，应将墙体基层表面的冰、雪、霜等清理干净。

⑤ 室内抹灰前，应提前做好屋面防水层、保温层及室内封闭保温层。

⑥ 室内装饰施工可采用建筑物正式热源、临时性管道或火炉、电气取暖。若采用火炉取暖时，应采取预防煤气中毒的措施。

⑦ 室内抹灰、块料装饰工程施工与养护期间的温度不应低于5℃。

⑧ 冬期抹灰及粘贴面砖所用砂浆应采取保温、防冻措施。室外用砂浆内可掺入防冻剂，其掺量应根据施工及养护期间环境温度经试验确定。

⑨ 室内粘贴壁纸时，其环境温度不宜低于5℃。

2. 抹灰工程

① 室内抹灰的环境温度不应低于5℃。抹灰前，应将门口和窗口、外墙脚手眼或孔洞等封堵好，施工洞口、运料口及楼梯间等处应封闭保温。

② 砂浆应在搅拌棚内集中搅拌，并应随用随拌，运输过程中应进行保温。

③ 室内抹灰工程结束后，在7d以内应保持室内温度不低于5℃。当采用热空气加温时，应注意通风，排除湿气。当抹灰砂浆中掺入防冻剂时，温度可相应降低。

④ 室外抹灰采用冷作法施工时，可使用掺防冻剂水泥砂浆或水泥混合砂浆。

⑤ 含氯盐的防冻剂不宜用于有高压电源部位和有油漆墙面的水泥砂浆基层内。

⑥ 砂浆防冻剂的掺量应按使用温度与产品说明书的规定经试验确定。当采用氯化钠作为砂浆防冻剂时，其掺量可按表8-18选用。当采用亚硝酸钠作为砂浆防冻剂时，其掺量可按表8-19选用。

⑦ 当抹灰基层表面有冰、霜、雪时，可采用与抹灰砂浆同浓度的防冻剂溶剂冲刷，并应清除表面的尘土。

表 8-18　砂浆内氯化钠掺量

室外气温/℃		0～-5	-5～-10
氯化钠掺量（占拌合水质量百分比）/%	挑檐、阳台、雨罩、墙面等抹水泥砂浆	4	4～8
	墙面为水刷石、干粘石水泥砂浆	5	5～10

表 8-19　砂冰镇内亚硝酸钠掺量

室外温度/℃	0～-3	-4～-9	-10～-15	-16～-20
亚硝酸钠掺量（占水泥质量百分比）/%	1	3	5	8

⑧ 当施工要求分层抹灰时，底层灰不得受冻。抹灰砂浆在硬化初期应采取防止受冻的保温措施。

3. 油漆、刷浆、裱糊、玻璃工程

① 油漆、刷浆、裱糊、玻璃工程应在采暖条件下进行施工。当需要在室外施工时，其最低环境温度不应低于5℃。

② 刷调合漆时，应在其内加入调合漆质量2.5%的催干剂和5.0%的松香水，施工时应排除烟气和潮气，防止失光和发黏不干。

③ 室外喷、涂、刷油漆、高级涂料时应保持施工均衡。粉浆类料浆宜采用热水配制，随用随配并应将料冻保温，料浆使用温度宜保持15℃左右。

④ 裱糊工程施工时，混凝土或抹灰基层含水率不应大于8%。施工中当室内温度高于20℃，且相对湿度大于80%时，应开窗换气，防止壁纸皱褶起泡。

⑤ 玻璃工程施工时，应将玻璃、镶嵌用合成橡胶等材料运到有采暖设备的室内，施工环境温度不宜低于5℃。

⑥ 外墙铝合金、塑料框、大扇玻璃不宜在冬期安装。

必知要点125：钢结构工程

1. 一般规定

① 在负温下进行钢结构的制作和安装时，应按照负温施工的

要求，编制钢结构制作工艺规程和安装施工组织设计文件。

② 钢结构制作和安装采用的钢尺和量具，应和土建单位使用的钢尺和量具相同，并应采用同一精度级别进行鉴定。土建结构和钢结构应采取不同的温度膨胀系数差值调整措施。

③ 钢构件在正温下制作，负温下安装时，施工中应采取相应调整偏差的技术措施。

④ 参加负温钢结构施工的电焊工应经过负温焊接工艺培训，并应取得合格证，方能参加钢结构的负温焊接工作。定位点焊工作应由取得定位点焊合格证的电焊工来担任。

2. 材料

① 冬期施工宜采用 Q345 钢、Q390 钢、Q420 钢，其质量应分别符合国家现行标准的规定。

② 负温下施工用钢材应进行负温冲击韧性试验，合格后方可使用。

③ 负温下钢结构的焊接梁、柱接头板厚大于 40mm，且在板厚方向承受拉力作用时，钢材板厚方向的伸长率应符合现行国家标准《厚度方向性能钢板》(GB/T 5313—2010) 的规定。

④ 负温下施工的钢铸件应按现行国家标准《一般工程用铸造碳钢件》(GB/T 11352—2009) 中规定的 ZG200-400、ZG230-450、ZG270-500、ZG310-570 号选用。

⑤ 钢材及有关连接材料应附有质量证明书，性能应符合设计和产品标准的要求。根据负温下结构的重要性、荷载特征和连接方法，应按国家有关标准的规定进行复验。

⑥ 负温下钢结构焊接用的焊条、焊丝应在满足设计强度要求的前提下，选择屈服强度较低、冲击韧性较好的低氢型焊条，重要结构可采用高韧性超低氢型焊条。

⑦ 负温下钢结构用低氢型焊条烘焙温度宜为 350～380℃，保温时间宜为 1.5～2h，烘焙后应缓冷存放在 110～120℃烘箱内，使用时应取出放在保温筒内，随用随取。当负温下使用的焊条外露超

过4h时，应重新烘焙。焊条的烘焙次数不宜超过2次，受潮的焊条不应使用。

⑧ 焊剂在使用前应按照质量证明书的规定进行烘焙，其含水量不得大于0.1%。在负温下露天进行焊接工作时，焊剂重复使用的时间间隔不得超过2h，当超过时应重新进行烘焙。

⑨ 气体保护焊采用的二氧化碳，气体纯度按体积比计不宜低于99.5%，含水量按质量比计不得超过0.005%。

使用瓶装气体时，瓶内气体压力低于1MPa时应停止使用。在负温下使用时，要检查瓶嘴有无冰冻堵塞现象。

⑩ 在负温下钢结构使用的高强螺栓、普通螺栓应有产品合格证，高强螺栓应在负温下进行扭矩系数、轴力的复验工作，符合要求后方能使用。

⑪ 钢结构使用的涂料应符合负温下涂刷的性能要求，不得使用水基涂料。

⑫ 负温下钢结构基础锚栓施工时，应保护好锚栓螺纹端，不宜进行现场对焊。

3. 钢结构制作

① 钢结构在负温下放样时，切割、铣刨的尺寸应考虑负温对钢材收缩的影响。

② 端头为焊接接头的构件下料时，应根据工艺要求预留焊缝收缩量，多层框架和高层钢结构的多节柱应预留荷载使柱子产生的压缩变形量。焊接收缩量和压缩变形量应与钢材在负温下产生的收缩变形时相协调。

③ 形状复杂和要求在负温下弯曲加工的构件，应按制作工艺规定的方向取料。弯曲构件的外侧不应有大于1mm的缺口和伤痕。

④ 普通碳素结构钢工作地点温度低于−20℃、低合金钢工作地点温度低于−15℃时，不得剪切、冲孔，普通碳素结构钢工作地点温度低于−16℃、低合金结构钢工作地点温度低于−12℃时，不

得进行冷矫正和冷弯曲。当工作地点温度低于－30℃时，不宜进行现场火焰切割作业。

⑤ 负温下对边缘加工的零件应采用精密切割机加工，焊缝坡口宜采用自动切割。采用坡口机、刨条机进行坡口加工时，不得出现鳞状表面。重要结构的焊缝坡口，应采用机械加工或自动切割加工，不宜采用手工气焊切割加工。

⑥ 构件的组装应按工艺规定的顺序进行，由里往外扩展组拼。在负温下组装焊接结构时，预留焊缝收缩值宜由试验确定，点焊缝的数量和长度应经计算确定。

⑦ 零件组装应把接缝两侧各 50mm 内铁锈、毛刺、泥土、油污、冰雪等清理干净，并应保持接缝干燥，不得残留水分。

⑧ 焊接预热温度应符合下列规定。

a. 焊接作业区环境温度低于 0℃时，应将构件焊接区各方向大于或等于 2 倍钢板厚度且不小于 100mm 范围内的母材，加热到 20℃以上时方可施焊，且在焊接过程中均不得低于 20℃。

b. 负温下焊接中厚钢板、厚钢板、厚钢管的预热温度可由试验确定，当无试验资料时可按表 8-20 选用。

表 8-20　负温下焊接中厚钢板、厚钢板、厚钢管的预热温度

钢材种类	钢材厚度/mm	工作地点温度/℃	预热温度/℃
普通碳素钢构件	＜30	＜－30	36
	30～50	－30～－10	36
	50～70	－10～0	36
	＞70	＜0	100
普通碳素钢管构件	＜16	＜－30	36
	16～30	－30～－20	36
	30～40	－20～－10	36
	40～50	－10～0	36
	＞50	＜0	100

续表

钢材种类	钢材厚度/mm	工作地点温度/℃	预热温度/℃
低合金钢构件	<10	<－26	36
	10～16	－26～－10	36
	16～24	－10～－5	36
	24～40	－5～0	36
	>40	<0	100～150

⑨ 在负温下构件组装定型后进行焊接应符合焊接工艺规定。单条焊缝的两端应设置引弧板和熄弧板，引弧板和熄弧板的材料应和母材相一致。严禁在焊接的母材上引弧。

⑩ 负温下厚度大于 9mm 的钢板应分多层焊接，焊缝应由下往上逐层堆焊。每条焊缝应一次焊完，不得中断。当发生焊接中断，在再次施焊时，应先清除焊接缺陷，合格后方可按焊接工艺规定再继续施焊，且再次预热温度应高于初期预热温度。

⑪ 在负温下露天焊接钢结构时，应考虑雨、雪和风的影响。当焊接场地环境温度低于－10℃时，应在焊接区域采取相应保温措施；当焊接场地环境温度低于－30℃时，宜搭设临时防护棚。严禁雨水、雪花飘落在尚未冷却的焊缝上。

⑫ 当焊接场地环境温度低于－15℃时，应适当提高焊机的电流强度，每降低 3℃，焊接电流应提高 2%。

⑬ 采用低氢型焊条进行焊接时，焊接后焊缝宜进行焊后消氢处理，消氢处理的加热温度应为 200～250℃，保温时间应根据工件的板厚确定，且每 25mm 板厚不小于 0.5h，总保温时间不得小于 1h，达到保温时间后应缓慢冷却至常温。

⑭ 在负温下厚钢板焊接完成后，在焊缝两侧板厚的 2～3 倍范围内，应立即进行焊后热处理，加热温度宜为 150～300℃，并宜保持 1～2h。焊缝焊完或焊后热处理完毕后，应采取保温措施，使焊缝缓慢冷却，冷却速度不应大于 10℃/min。

⑮ 当构件在负温下进行热矫正时，钢材加热矫正温度应控制

在750～900℃之间，加热矫正后应保温覆盖使其缓慢冷却。

⑯ 负温下钢构件需成孔时，成孔工艺应选用钻成孔或先冲后扩钻孔。

⑰ 在负温下制作的钢构件在进行外形尺寸检查验收时，应考虑检查当时的温度影响。焊缝外观检查应全部合格，等强接头和要求焊透的焊缝应100％超声波检查，其余焊缝可按30％～50％超声波抽样检查。如设计有要求时，应按设计要求的数量进行检查。负温下超声波探伤仪用的探头与钢材接触面间应采用不冻结的油基耦合剂。

⑱ 不合格的焊缝应铲除重焊，并仍应按在负温下钢结构焊接工艺的规定进行施焊，焊后应采用同样的检验标准进行检验。

⑲ 低于0℃的钢构件上涂刷防腐或防火涂层前，应进行涂刷工艺试验。涂刷时应将构件表面的铁锈、油污、边沿孔洞的飞边毛刺等清除干净，并应保持构件表面干燥。可用热风或红外线照射干燥，干燥温度和时间应由试验确定。雨雪天气或构件上薄冰时不得进行涂刷工作。

⑳ 钢结构焊接加固时，应由对应类别合格的焊工施焊；施焊镇静钢板的厚度不大于30mm时，环境空气温度不应低于－15℃，当厚度超过30mm时，温度不应低于0℃；当施焊沸腾钢板时，环境空气温度应高于5℃。

㉑ 栓钉施焊环境温度低于0℃时，打弯试验的数量应增加1％；当栓钉采用手工电弧焊或其他保护性电弧焊焊接时，其预热温度应符合相应工艺的要求。

4. 钢结构安装

① 冬期运输、堆存钢结构时，应采取防滑措施。构件堆放场地应平整坚实并无水坑，地面无结冰。同一型号构件叠放时，构件应保持水平，垫块应在同一垂直线上，并应防止构件溜滑。

② 钢结构安装前除应按常温规定要求内容进行检查外，尚应根据负温条件下的要求对构件质量进行详细复验。凡是在制作中漏

检和运输、堆放中造成的构件变形等，偏差大于规定影响安装质量时，应在地面进行修理、矫正，符合设计和规范要求后方能起吊安装。

③ 在负温下绑扎、起吊钢构件用的钢壳与构件直接接触时，应加防滑隔垫。凡是与构件同时起吊的节点板、安装人员用的挂梯、校正用的卡具，应采用绳壳绑扎牢固。直接使用吊环、吊耳起吊构件时应检查吊环、吊耳连接焊缝有无损伤。

④ 在负温下安装构件时，应根据气温条件编制钢构件安装顺序图表，施工中应按照规定的顺序进行安装。平面上应从建筑物的中心逐步向四周扩展安装，立面上宜从下部逐件往上安装。

⑤ 钢结构安装的焊接工作应编制焊接工艺。在各节柱的一层构件安装、校正、栓接并预留焊缝收缩量后，平面上应从结构中心开始向四周对称扩展焊接，不得从结构外圈向中心焊接，一个构件的两端不得同时进行焊接。

⑥ 构件上有积雪、结冰、结露时，安装前应清除干净，但不得损伤涂层。

⑦ 在负温下安装钢结构用的专用机具应按负温要求进行检验。

⑧ 在负温下安装柱子、主梁、支撑等大构件时应立即进行校正，位置校正正确后应立即进行永久固定。当天安装的构件，应形成空间稳定体系。

⑨ 高强螺栓接头安装时，构件的摩擦面应干净，不得有积雪、结冰，且不得雨淋、接触泥土、油污等脏物。

⑩ 多层钢结构安装时，应限制楼面上堆放的荷载。施工活荷载、积雪、结冰的质量不得超过钢梁和楼板（压型钢板）的承载能力。

⑪ 栓钉焊接前，应根据负温值的大小，对焊接电流、焊接时间等参数进行测定。

⑫ 在负温下钢结构安装的质量除应符合现行国家标准《钢结构工程施工质量验收规范》（GB 50205—2001）规定外，尚应按设

计的要求进行检查验收。

⑬ 钢结构在低温安装过程中，需要进行临时固定或连接时，宜采用螺栓连接形式；当需要现场临时焊接时，应在安装完毕后及时清理临时焊缝。

必知要点 126：混凝土构件安装工程

1. 构件的堆放及运输

① 混凝土构件运输及堆放前，应将车辆、构件、垫木及堆放场地的积雪、结冰清除干净，场地应平整、坚实。

② 混凝土构件在冻胀性土壤的自然地面上或冻结前回填土地面上堆放时，应符合下列规定：

a. 每个构件在满足刚度、承载力条件下，应尽量减少支承点数量。

b. 对于大型板、槽板及空心板等板类构件，两端的支点应选用长度大于板宽的垫木。

c. 构件堆放时，如支点为两个及以上时，应采取可靠措施防止土壤的冻胀和融化下沉。

d. 构件用垫木垫起时，地面与构件间隙应大于150mm。

③ 在回填冻土并经一般压实的场地上堆放构件时，如构件重叠堆放时间长，应根据构件质量，尽量减少重叠层数，底层构件支垫与地面接触面积应适当加大。在冻土融化之前，应采取防止因冻土融化下沉造成构件变形和破坏的措施。

④ 构件运输时，混凝土强度不得小于设计混凝土强度等级值75%。在运输车上的支点设置应按设计要求确定。对于重叠运输的构件，应与运输车固定并防止滑移。

2. 构件的吊装

① 吊车行走的场地应平整，并应采取防滑措施。起吊的支撑点地基应坚实。

② 地锚应具有稳定性，回填冻土的质量应符合设计要求。活

动地锚应设防滑措施。

③ 构件在正式起吊前，应先松动、后起吊。

④ 凡使用滑行法起吊的构件，应采取控制定向滑行，防止偏离滑行方向的措施。

⑤ 多层框架结构的吊装，接头混凝土强度未达到设计要求前，应加设缆风绳等防止整体倾斜的措施。

3. 构件的连接与校正

① 装配整浇式构件接头的冬期施工应根据混凝土体积小、表面系数大、配筋密等特点，采取相应的保证质量措施。

② 构件接头采用现浇混凝土连接时，应符合下列规定。

a. 接头部位的积雪、冰霜等应清除干净。

b. 承受内力接头的混凝土，当设计无要求时，其受冻临界强度不应低于设计强度等级值的70%。

c. 接头处混凝土的养护应符合“必知要点122：混凝土工程”有关规定。

d. 接头处钢筋的焊接应符合“必知要点121：钢筋工程”有关规定。

③ 混凝土构件预埋连接板的焊接除应符合“必知要点125：钢结构工程”相关规定外，尚应分段连接，并应防止累积变形过大影响安装质量。

④ 混凝土柱、屋架及框架冬期安装，在阳光照射下校正时，应计入温差的影响。各固定支撑校正后，应立即固定。

必知要点127：越冬工程维护

1. 一般规定

① 对于有采暖要求，但却不能保证正常采暖的新建工程、跨年施工的在建工程以及停建、缓建工程等，在入冬前均应编制越冬维护方案。

② 越冬工程保温维护应就地取材，保温层的厚度应由热工计

算确定。

③ 在制定越冬维护措施之前，应认真检查核对有关工程地质、水文、当地气温以及地基土的冻胀特征和最大冻结深度等资料。

④ 施工场地和建筑物周围应做好排水，地基和基础不得被水浸泡。

⑤ 在山区坡地建造的工程，入冬前应根据地表水流动的方向设置截水沟、泄水沟，但不得在建筑物底部设暗沟和盲沟疏水。

⑥ 凡按采暖要求设计的房屋竣工后，应及时采暖，室内温度不得低于5℃。当不能满足上述要求时，应采取越冬防护措施。

2. 在建工程

① 在冻胀土地区建造房屋基础时，应按设计要求做防冻害处理。当设计无要求时，应按下列规定进行：

a. 当采用独立式基础或桩基础时，基础梁下部应进行掏空处理。强冻胀性土可预留200mm，弱冻胀性土可预留100～150mm，空隙两侧应用立砖挡土回填。

b. 当采用条形基础时，可在基础侧壁回填厚度为150～200mm的混砂、炉渣或贴一层油纸，其深度宜为800～1200mm。

② 设备基础、构架基础、支墩、地下沟道以及地墙等越冬工程，均不得在已冻结的土层上施工，且应进行维护。

③ 支撑在基土上的雨篷、阳台等悬臂构件的临时支柱，入冬后当不能拆除时，其支点应采取保温防冻胀措施。

④ 水塔、烟囱、烟道等构筑物基础在入冬前应回填至设计标高。

⑤ 室外地沟、阀门井、检查井等除应回填至设计标高外，尚应覆盖盖板进行越冬维护。

⑥ 供水、供热系统试水、试压后，不能立即投入使用时，在入冬前应将系统内的存、积水排净。

⑦ 地下室、地下水池在入冬前应按设计要求进行越冬维护。当设计无要求时，应采取下列措施：

a. 基础及外壁侧面回填土应填至设计标高，当不具备回填条件时，应填充松土或炉渣进行保温；

b. 内部的存积水应排净，底板应采用保温材料覆盖，覆盖厚度应由热工计算确定。

3. 停、缓建工程

① 冬期停、缓建工程越冬停工时的停留位置应符合下列规定。

a. 混合结构可停留在基础上部地梁位置，楼层间的圈梁或楼板上皮标高位置。

b. 现浇混凝土框架应停留在施工缝位置。

c. 烟囱、冷却塔或筒仓宜停留在基础上皮标高或筒身任何水平位置。

d. 混凝土水池底部应按施工缝要求确定，并应设有止水设施。

② 已开挖的基坑或基槽不宜挖至设计标高，应预留 200～300mm 土层；越冬时，应对基坑或基槽保温维护，保温层厚度可按现行行业标准《建筑工程冬期施工规程》（JGJ/T 104—2011）附录 C 计算确定。

③ 混凝土结构工程停、缓建时，入冬前混凝土的强度应符合下列规定：

a. 越冬期间不承受外力的结构构件，除应符合设计要求外，尚应符合“必知要点 122：混凝土工程”1. 中的规定。

b. 装配式结构构件的整浇接头不得低于设计强度等级值的 70％。

c. 预应力混凝土结构不应低于混凝土设计强度等级值的 75％。

d. 升板结构应将柱帽浇筑完毕，混凝土应达到设计要求的强度等级。

④ 对于各类停、缓建的基础工程，顶面均应弹出轴线，标注标高后，用炉渣或松土回填保护。

⑤ 装配式厂房柱子吊装就位后，应按设计要求嵌固好；已安装就位的屋架或屋面梁应安装上支撑系统，并应按设计要求固定。

⑥ 不能起吊的预制构件，除应符合“必知要点126：混凝土构件安装工程”1. 中①、②的规定外，尚应弹上轴线，做记录。外露铁件应涂刷防锈油漆，螺栓应涂刷防腐油进行保护。

⑦ 对于有沉降观测要求的建（构）筑物，应会同有关部门做沉降观测记录。

⑧ 现浇混凝土框架越冬，当裸露时间较长时，除应按设计要求留设伸缩缝外，尚应根据建筑物长度和温差留设后浇缝。后浇缝的位置，应与设计单位研究确定。后浇缝伸出的钢筋应进行保护，待复工后应经检查合格方可浇筑混凝土。

⑨ 屋面工程越冬可采取下列简易维护措施。

a. 在已完成的基层上，做一层卷材防水，待气温转暖复工时，经检查认定该层卷材没有起泡、破裂、皱褶等质量缺陷时，方可在其上继续铺贴上层卷材。

b. 在已完成的基层上，当基层为水泥砂浆无法做卷材防水时，可在其上刷一层冷底子油，涂一层热沥青玛琋脂做临时防水，但雪后应及时清除积雪。当气温转暖后，经检查确定该层玛琋脂没有起层、空鼓、龟裂等质量缺陷时，可在其上涂刷热沥青玛琋脂铺贴卷材防水层。

⑩ 所有停、缓建工程均应由施工单位、建设单位和工程监理部门，对已完工程在入冬前进行检查和评定，并应做记录，存入工程档案。

⑪ 停、缓建工程复工时，应先按图纸对标高、轴线进行复测，并应与原始记录对应检查，当偏差超出允许限值时，应分析原因，提出处理方案，经与设计、建设、监理等单位商定后，方可复工。

参 考 文 献

[1] 国家标准. GB 50108—2008 地下工程防水技术规范 [S]. 北京：中国计划出版社，2009.

[2] 国家标准. GB 50202—2002 建筑地基基础工程施工质量验收规范 [S]. 北京：中国计划出版社，2002.

[3] 国家标准. GB 50203—2011 砌体结构工程施工质量验收规范 [S]. 北京：中国建筑工业出版社，2012.

[4] 国家标准. GB 50207—2012 屋面工程质量验收规范 [S]. 北京：中国建筑工业出版社，2012.

[5] 国家标准. GB 50208—2011 地下防水工程质量验收规范 [S]. 北京：中国建筑工业出版社，2012.

[6] 国家标准. GB 50210—2001 建筑装饰装修工程质量验收规范 [S]. 北京：中国建筑工业出版社，2001.

[7] 国家标准. GB 50345—2012 屋面工程技术规范 [S]. 北京：中国建筑工业出版社，2012.

[8] 国家标准. GB 50666—2011 混凝土结构工程施工规范 [S]. 北京：中国建筑工业出版社，2011.

[9] 国家标准. GB 50755—2012 钢结构工程施工规范 [S]. 北京：中国建筑工业出版社，2012.

[10] 行业标准. JGJ 79—2012 建筑地基处理技术规范 [S]. 北京：中国建筑工业出版社，2013.

[11] 行业标准. JGJ 94—2008 建筑桩基技术规范 [S]. 北京：中国建筑工业出版社，2008.

[12] 行业标准. JGJ/T 104—2011 建筑工程冬期施工规程 [S]. 北京：中国建筑工业出版社，2011.

[13] 毛鹤琴. 建筑施工 [M]. 北京：中国建筑工业出版社，2000.

[14] 石海均，马哲. 土木工程施工技术 [M]. 北京：北京大学出版社，2009.

ISBN	书　名	定价/元	出版日期
9787122164018	实用混凝土结构加固技术	39.80	2013年7月
9787122165350	施工现场细节详解丛书——建筑电气工程施工现场细节详解	38.00	2013年6月
9787122161970	实用钢结构施工技术手册	58.00	2013年5月
9787122158949	实用钢结构工程设计与施工系列图书——钢结构施工图识读与实例详解	36.00	2013年3月
9787122143587	钢筋工程实用技术丛书——钢筋工程常用数据速查	20.00	2013年3月
9787122160263	建筑工长技能培训系列——水暖工长技能图解	25.00	2013年4月
9787122159380	建筑工长技能培训系列——焊工工长技能图解	25.00	2013年3月
9787122158765	建筑工长技能培训系列——钢筋工长技能图解	25.00	2013年3月
9787122155023	建筑工长技能培训系列——砌筑工长技能图解	18.00	2013年3月
9787122155009	建筑工长技能培训系列——混凝土工长技能图解	19.00	2013年3月
9787122143587	钢筋工程实用技术丛书——钢筋工程常用数据速查	20.00	2013年3月
9787122152169	砌体结构设计规范释义与应用	39.00	2013年1月
9787122149206	建筑结构CAD绘图快速入门(附光盘)	48.00	2013年1月
9787122148346	建筑水暖电施工技术与实例(第二版)	49.00	2013年1月
9787122151605	就业金钥匙——家装电工上岗一路通	29.00	2013年1月
9787122155740	施工现场细节详解丛书——地基基础工程施工现场细节详解	28.00	2013年1月
9787122142948	幕墙工程技术要点精解	45.00	2013年1月
9787122153043	施工现场细节详解丛书——防水工程施工现场细节详解	26.00	2013年1月
9787122153296	施工现场细节详解丛书——钢结构工程施工现场细节详解	28.00	2013年1月
9787122153685	实用钢结构工程设计与施工系列图书——钢结构设计计算实例详解	29.00	2013年1月
9787122153678	实用钢结构工程设计与施工系列图书——钢结构工程造价与实例详解	38.00	2013年1月
9787122142955	施工现场常用计算实例系列——建筑工程现场常用计算实例	39.80	2013年1月

9787122151155	施工现场细节详解丛书——消防工程施工现场细节详解	28.00	2013年1月
9787122137494	建筑电气工程师实用手册	49.00	2013年1月
9787122145352	建筑工程施工现场管理人员必备系列——安全员传帮带	36.00	2013年1月
9787122156990	地基基础处理技术与实例(第二版)	49.00	2013年1月
9787122156570	施工现场细节详解丛书——高层建筑工程施工现场细节详解	26.00	2013年1月
9787122143419	建筑电气施工图快速识读	58.00	2012年11月
9787122142313	土木工程设计宝典丛书——水工结构设计要点	48.00	2012年9月
9787122142580	建筑工程施工现场管理人员必备系列——施工员传帮带	29.80	2012年9月
9787122144348	建筑工程施工现场管理人员必备系列——预算员传帮带	32.00	2012年9月
9787122143143	建筑工程施工现场管理人员必备系列——监理员传帮带	35.00	2012年9月
9787122144126	钢筋工程实用技术丛书——钢筋翻样方法与技巧	28.00	2012年9月
9787122138576	铁道工程土建施工技术指南	58.00	2012年8月
9787122139849	工程结构(邵军义)(新规范版)	68.00	2012年8月
9787122134844	建筑工程常用资料备查手册系列——建筑结构常用资料备查手册	168.00	2012年8月
9787122139108	建筑工程快速识图丛书——建筑给水排水施工图识读(第二版)	38.00	2012年8月
9787122140012	建筑工程施工现场管理人员必备系列——资料员传帮带	29.00	2012年8月
9787122138644	就业金钥匙——建筑电气识图一点通(图解版)	29.00	2012年8月
9787122140036	建筑工程施工现场管理人员必备系列——测量员传帮带	29.00	2012年8月
9787122134318	就业金钥匙——建筑识图一点通(图解版)	26.00	2012年7月
9787122127525	精品施工组织与方案设计系列——施工组织设计编制与范例精选(附光盘)	39.80	2012年7月
9787122133052	结构工程师实用手册	58.00	2012年6月
9787122135919	钢筋工程实用技术丛书——钢筋连接方法与技巧	22.00	2012年6月
9787122135285	新编建筑工程施工实用技术手册	85.00	2012年6月

9787122137531	建筑工程快速识图丛书——建筑结构识图(第二版)	38.00	2012年6月
9787122131188	建筑电气安装实用技能手册	58.00	2012年5月
9787122137562	建筑工程快速识图丛书——建筑工程识图(二版)	38.00	2012年5月
9787122130266	施工现场常用计算实例系列——道桥隧工程施工常用计算实例	39.80	2012年5月
9787122125224	建筑工程施工人员操作流程与禁忌丛书——防水工操作流程与禁忌	16.00	2012年2月
9787122126535	建筑工程施工人员操作流程与禁忌丛书——建筑焊工操作流程与禁忌	16.00	2012年2月
9787122125231	建筑工程施工人员操作流程与禁忌丛书——砌筑工操作流程与禁忌	15.00	2012年2月
9787122129055	建筑工程施工人员操作流程与禁忌丛书——混凝土工操作流程与禁忌	18.00	2012年2月
9787122121431	建筑工程施工手册	68.00	2012年2月
9787122125286	建筑工程施工人员操作流程与禁忌丛书——建筑电工操作流程与禁忌	18.00	2012年2月
9787122126399	建筑工程施工人员操作流程与禁忌丛书——钢筋工操作流程与禁忌	18.00	2012年2月
9787122128461	建筑工程施工人员操作流程与禁忌丛书——管道工操作流程与禁忌	16.00	2012年2月
9787122123664	测量放线工必备技能	28.00	2012年2月
9787122127495	幕墙与采光工程施工问答实例	45.00	2012年2月
9787122074300	中国仿古建筑构造精解	68.00	2011年11月
9787122098146	结构施工图识读技巧与要诀	36.00	2011年10月
9787122117038	实用建筑结构设计	58.00	2011年10月
9787122114471	河道工程施工·管理·维护	68.00	2011年10月
9787122083937	零起点就业直通车——钢筋工	15.00	2011年10月
9787122094889	建筑施工企业会计核算实务	58.00	2011年8月
9787122068002	民用建筑空调设计(二版)	78.00	2011年8月
9787122102546	民用建筑太阳能热水系统工程技术手册(第二版)	58.00	2011年7月
9787122104922	建筑工程技术细节指导丛书——建筑电气技术细节与要点	38.00	2011年6月
9787122099327	建筑施工图识读技巧与要诀	29.00	2011年6月
9787122102652	顶管工程技术	49.00	2011年5月
9787122101952	建筑工程常用资料备查手册系列——暖通空调常用资料备查手册	90.00	2011年5月

9787122101938	建筑工程常用资料备查手册系列——建筑给水排水常用资料备查手册	98.00	2011年5月
9787122101945	建筑工程常用资料备查手册系列——建筑电气常用资料备查手册	85.00	2011年5月
9787122101174	建筑工程技术细节指导丛书——建筑结构设备技术细节与要点	45.00	2011年5月
9787122103581	建筑工程技术细节指导丛书——建筑设备技术细节与要点	45.00	2011年5月
9787122097897	实用建筑钢结构技术	49.00	2011年5月
9787122100344	建筑钢材速查手册	58.00	2011年4月
9787122076427	建筑电气专业CAD绘图快速入门(附光盘)	39.80	2011年4月
9787122089205	建筑电气图解与数据——电力、照明、防雷接地分册	38.00	2011年2月
9787122095367	结构力学解题指导	25.00	2011年2月
9787122096647	玻璃工程施工现场技术与实例	45.00	2011年2月
9787122098443	桥梁工程材料与施工现场技术问答详解	48.00	2011年2月
9787122025913	建筑工程快速识图丛书——建筑结构识图	28.00	2011年2月
9787122097545	建筑电气工长实用手册	66.00	2011年2月
9787122096258	实用建筑测量技术	35.00	2011年2月
9787122091796	建筑工长常用数据速查掌中宝丛书——电工工长速查	25.00	2011年2月
9787122050038	建筑施工现场制图与读图技术实例	35.00	2011年2月
9787122095046	图解施工细部工艺系列——图解暖通空调工程细部工艺	20.00	2011年2月
9787122096098	从大学生到造价工程师——安装工程造价指导	29.80	2011年2月
9787122096104	建筑工长常用数据速查掌中宝丛书——架子工长速查	28.00	2011年2月
9787122095053	建筑工长常用数据速查掌中宝丛书——装饰装修工长速查	28.00	2011年2月
9787122092847	建筑工长常用数据速查掌中宝丛书——管道工长速查	28.00	2011年2月
9787122095978	建筑工长常用数据速查掌中宝丛书——通风工长速查	28.00	2011年2月
9787122093059	建筑工长常用数据速查掌中宝丛书——焊工工长速查	25.00	2011年1月

9787122092786	建筑工长常用数据速查掌中宝丛书——电气工长速查	28.00	2011年1月
9787122068958	建筑工程业务管理人员速学丛书——施工员速学手册	28.00	2011年1月
9787122035714	建筑工程快速识图丛书——建筑电气施工图识读	28.00	2010年11月
9787122093103	预应力碳纤维布加固混凝土结构技术	38.00	2010年10月
9787122037732	建筑施工图工程量清单计价实例(二版)	28.00	2010年10月
9787122035639	建筑水暖电施工技术与实例	48.00	2010年10月
9787122090898	建筑工长常用数据速查掌中宝丛书——木工工长速查	18.00	2010年9月
9787122089199	建筑工长常用数据速查掌中宝丛书——抹灰工长速查	18.00	2010年9月
9787122090447	建筑工长常用数据速查掌中宝丛书——混凝土工长速查	20.00	2010年9月
9787122087201	建筑工长常用数据速查掌中宝丛书——油漆工长速查	26.00	2010年9月
9787122087379	建筑工地实用技术手册	68.00	2010年9月
9787122085825	节能住宅施工技术	39.00	2010年9月
9787122072641	建筑工长常用数据速查掌中宝丛书——砌筑工长速查	18.00	2010年8月
9787122085665	建筑工长常用数据速查掌中宝丛书——防水工长速查	28.00	2010年8月
9787122082695	建筑电气数据选择指南	58.00	2010年8月
9787122082831	桩基工程理论与实践	48.00	2010年8月
9787122082244	建筑工程不可忽视的问题丛书——建筑结构工程师不可忽视的问题	45.00	2010年7月
9787122084477	市政工程材料与施工现场技术问答详解	39.00	2010年7月
9787122084347	建筑工长常用数据速查掌中宝丛书——模板工长速查	25.00	2010年7月
9787122084637	建筑工长常用数据速查掌中宝丛书——水暖工长速查	25.00	2010年7月
9787122080752	市政管道施工技术(二版)	48.00	2010年6月
9787122079978	建筑工程不可忽视的问题丛书——建筑设备工程师不可忽视的问题	36.00	2010年6月
9787122081766	建设工程工程量计算规则实例解释	19.00	2010年6月

9787122079268	水利工程材料与施工现场技术问答详解	39.00	2010年5月
9787122069733	钢结构工程设计与施工系列——实用钢结构工程设计与计算	38.00	2010年2月
9787122070609	钢结构工程设计与施工系列——钢结构工程质量控制手册	36.00	2010年2月
9787122065704	英汉·汉英建筑施工词汇	49.00	2010年1月
9787122066671	实用新型建材施工技术百问	28.00	2010年1月
9787122067654	看图学施工丛书——看图学通风空调工程施工	28.00	2010年1月